普通高等教育"十一五"国家级规划教材

新编高等职业教育电子信息、机电类规划教材·机电一体化技术专业

电子技术

（第3版）

汪　红　主　编

王　彦

李　擎　副主编

程　周　主　审

电子工业出版社

Publishing House of Electronics Industry

北京·BEIJING

内 容 简 介

本书是高等职业教育教材。

本书主要内容有：二极管及应用、三极管及放大电路、集成运算放大器及应用、反馈与振荡、直流稳压电源、数字电路基础、组合逻辑电路、触发器及时序逻辑电路、脉冲波形的产生和整形、模拟量和数字量的转换等。

本书可供高等职业院校机电一体化技术专业及计算机、电子技术等非电类专业使用，也可作为岗位培训和自学用书。

图书在版编目（CIP）数据

电子技术 / 汪红主编. —3 版. —北京：电子工业出版社，2013.2
新编高等职业教育电子信息、机电类规划教材·机电一体化技术专业
ISBN 978-7-121-19515-0

Ⅰ . ①电… Ⅱ . ①汪… Ⅲ . ①电子技术－高等职业教育－教材 Ⅳ . ①TN

中国版本图书馆 CIP 数据核字（2013）第 018878 号

策 划：陈晓明
责任编辑：赵云峰 特约编辑：张晓雪
印 刷：涿州市京南印刷厂
装 订：涿州市京南印刷厂
出版发行：电子工业出版社
  北京市海淀区万寿路 173 信箱 邮编：100036
开 本：787×1092 1/16 印张：15.5 字数：397 千字
印 次：2014 年 1 月第 3 次印刷
印 数：4 000 册 定价：30.00 元

凡所购买电子工业出版社图书有缺损问题，请向购买书店调换。若书店售缺，请与本社发行部联系，联系及邮购电话：（010）88254888。

质量投诉请发邮件至 zlts@phei.com.cn，盗版侵权举报请发邮件至 dbqq@phei.com.cn。

服务热线：（010）88258888。

前　言

本书是高等职业教育"十一五"国家级规划教材。《电子技术》(第2版)自出版以来，得到了大多数读者的肯定，同时收到了很多教师、读者的反馈，主要是目前各学校调整教学计划，教学时数有所减少，生源水平参差不齐，所以本书的特点是少讲原理，降低难度，注重实际操作。

为提高教学效果，编者在总结多年电子技术教学实践的基础上，把电子技术教材章节内容重新规划排列，更适于目前的教学。

本书的编写体现以下特色：

1. 本书结构合理，重点突出，内容深入浅出，通俗易懂。

2. 适当拓展了教材的广度，其目的是为方便不同学校、不同专业的学生选用。

3. 精选习题，题型尽量避免问答式、叙述式，而多为技能型、解决问题型。

4. 删掉晶闸管部分有关内容，因为许多专业已经把这部分内容并入到电力电子技术教材中。

5. 删掉了实训内容，因各学校实训设备不同，选做的实训相差很大。把这部分内容放入教学资源网，供需要的学校使用。

6. 将电子教案及习题答案放在华信教育资源网上(网址见本书封底)，以便于老师教学和学术交流。

本书由河北化工医药职业技术学院汪红担任主编，天津职业大学王彦、石家庄信息工程职业学院李擎担任副主编；安徽职业技术学院程周担任主审。河北化工医药职业技术学院沈光玲、李新民，安徽职业技术学院杨洁霞，军事交通学院朱建业，石家庄市职业技术教育中心高建国参加了修订工作。全书由汪红统稿。

由于编者水平有限，书中难免缺点和疏漏，恳请广大读者批评指正。

编　者

2012 年 12 月

参加"新编高等职业教育电子信息、机电类规划教材"

编写的院校名单（排名不分先后）

江西信息应用职业技术学院	南京理工大学高等职业技术学院
吉林电子信息职业技术学院	南京金陵科技学院
保定职业技术学院	无锡职业技术学院
安徽职业技术学院	西安科技学院
黄石高等专科学校	西安电子科技大学
天津职业技术师范学院	河北化工医药职业技术学院
湖北汽车工业学院	石家庄信息工程职业学院
广州铁路职业技术学院	三峡大学职业技术学院
台州职业技术学院	桂林电子科技大学
重庆科技学院	桂林工学院
四川工商职业技术学院	南京化工职业技术学院
吉林交通职业技术学院	江西工业职业技术学院
天津滨海职业技术学院	柳州职业技术学院
杭州职业技术学院	邢台职业技术学院
重庆电子工程职业学院	苏州经贸职业技术学院
重庆工业职业技术学院	金华职业技术学院
重庆工程职业技术学院	绵阳职业技术学院
广州大学科技贸易技术学院	成都电子机械高等专科学校
湖北孝感职业技术学院	河北师范大学职业技术学院
广东轻工职业技术学院	常州轻工职业技术学院
广东技术师范职业技术学院	常州机电职业技术学院
西安理工大学	无锡商业职业技术学院
天津职业大学	河北工业职业技术学院
天津大学机械电子学院	安徽电子信息职业技术学院
九江职业技术学院	合肥通用职业技术学院
北京轻工职业技术学院	安徽职业技术学院
黄冈职业技术学院	上海电子信息职业技术学院

上海天华学院　　　　　　　　顺德职业技术学院
浙江工商职业技术学院　　　　无锡工艺职业技术学院
深圳信息职业技术学院　　　　江阴职业技术学院
河北工业职业技术学院　　　　南通航运职业技术学院
江西交通职业技术学院　　　　山东电子职业技术学院
温州职业技术学院　　　　　　潍坊学院
温州大学　　　　　　　　　　广州轻工高级技工学校
湖南铁道职业技术学院　　　　江苏工业学院
南京工业职业技术学院　　　　长春职业技术学院
浙江水利水电专科学校　　　　广东松山职业技术学院
吉林工业职业技术学院　　　　徐州工业职业技术学院
上海新侨职业技术学院　　　　扬州工业职业技术学院
江门职业技术学院　　　　　　徐州经贸高等职业学校
广西工业职业技术学院　　　　海南软件职业技术学院
广州市今明科技公司

目　　录

第1章 二极管及应用

内容提要

本章在简单介绍半导体的基本知识后，重点介绍了半导体二极管的结构、特性、主要参数及二极管的各种应用，最后介绍了特殊二极管的知识，为后面的学习奠定基础。

1.1 二极管

1.1.1 半导体基本知识

所谓半导体是指导电能力介于导体和绝缘体之间的物质。半导体具有光敏性（导电能力随光线照射强度的增大而增强）、热敏性（导电能力随温度的升高而增强）、掺杂特性（在纯净半导体中掺入微量的杂质元素，则其导电能力大大增强）。半导体理论证实，在半导体中存在两种能够导电的带电粒子：带负电的自由电子（简称电子）和带正电的空穴。它们在外电场的作用下都有定向移动的效应，运载电荷形成电流，称为载流子，如图1.1所示。

纯净的不含杂质的半导体称为本征半导体。在本征半导中掺入不同杂质能形成两种杂质半导体，即：

N型半导体（又称电子型半导体），其内部自由电子是多数载流子，空穴是少数载流子。如在硅单晶体中掺入微量磷元素，可得到N型硅。

P型半导体（又称空穴型半导体），其内部空穴数量多于自由电子数量，即空穴是多数载流子，自由电子是少数载流子。如在硅单晶体中掺入微量硼元素，可得到P型硅。

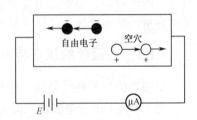

图1.1 半导体的两种载流子

如果通过专门技术把P型半导体和N型半导体结合起来，在它们的交界处就会形成一个特殊的薄层，称为PN结。PN结对来自两个方向的电流呈现不同的性质，在外加电压足够大时，电流只能从P区流向N区，反方向是不能导通的，即PN结具有单向导电性。

1.1.2 二极管简介

半导体二极管，实际上是由一个PN结加上电极引线与外壳制成的。由P区引出的电极称为阳极或正极，由N区引出的电极称为阴极或负极。因PN结具有单向导电性，所以二极管也具有单向导电性。如图1.2所示为二极管的外形、内部结构示意和符号（用VD表示）。

二极管按所用半导体材料可分为硅（Si）二极管和锗（Ge）二极管，不同材料的二极管的导电性能存在差异。按用途分类除了普通二极管外，还有稳压二极管、发光二极管、光电二极管、变容二极管等；按内部结构可分为点接触型二极管、面接触型二极管。不同结构的二极管所能通过的电流大小不同，如图1.3所示。

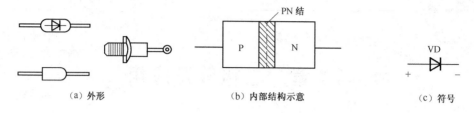

（a）外形　　　　　　　　（b）内部结构示意　　　　　　　（c）符号

图 1.2　二极管的外形、内部结构示意和符号

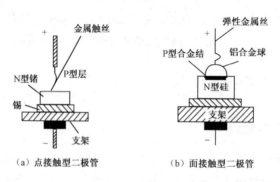

（a）点接触型二极管　　　　　（b）面接触型二极管

图 1.3　二极管的结构

点接触型二极管是由一根很细的金属丝热压在 N 型锗晶片上制成的，由于金属触丝与 N 型半导体的接触面很小，允许通过电流也很小，但结电容小，工作频率高，适合作高频检波器件。面接触型二极管是用合金法制成的，PN 结面积较大，允许通过较大电流和具有较大功率容量，结电容较大，适于较低频率下工作，一般用作整流器件。

1.1.3　二极管的伏安特性

二极管的伏安特性是指二极管两端的电压和其中流过的电流之间的关系曲线。

图 1.4（a）所示是测试二极管正向伏安特性的电路。R 为限流电阻，调节电位器 R_P 使二极管两端正向电压从零开始逐渐增大，读出电压表（V）和对应的毫安表（mA）数据，画出正向伏安特性曲线。图 1.4（b）所示是测试二极管反向伏安特性的电路。图 1.5 给出了较为典型的硅管伏安特性曲线。

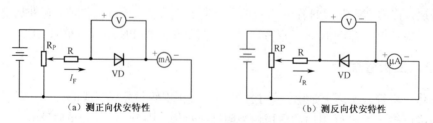

（a）测正向伏安特性　　　　　　　　（b）测反向伏安特性

图 1.4　测试二极管伏安特性电路

1. 正向特性

二极管阳极接高电位，阴极接低电位，称为二极管的正向偏置，如图 1.4（a）所示。

死区：由图 1.5 可见，对某一给定的二极管，当外加的正向电压低于一定值时，其正向电流很小，几乎为零。而当正向电压超过此值时，正向电流增长很快，这个正向电压的定值通常被称为"死区电压"，其大小与材料及环境温度有关。一般来说，硅管的死区电压约为 0.5V，锗管的死区电压约为 0.1V。

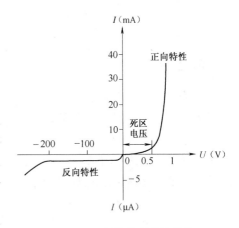

图 1.5　二极管伏安特性曲线

正向工作区：当二极管正向电压超过死区电压后，正向电流变化很大，而电压的变化极小，硅管的导通电压约为 0.6~0.7V，锗管的导通电压约为 0.2~0.3V。通常认为二极管正向导通后电压固定在某个值，这个值被称为导通电压，以后我们在讨论计算时，统一取硅管的导通电压为 0.7V，锗管的导通电压为 0.3V。

2．反向特性

二极管阳极接低电位，阴极接高电位，称为二极管的反向偏置，如图 1.4（b）所示。

反向截止区：当外加电压为负时，即加以反向电压，由图 1.5 可见，反向电流很小，且在某一范围内基本保持不变，称为反向饱和电流。由于半导体的热敏特性，反向饱和电流将随温度的升高而增大。

反向击穿区：当外加电压过高而超过某一值时，则反向电流突然增大，二极管失去了单向导电性，这种现象称为反向击穿，此时的反向电压称为反向击穿电压。

1.1.4　二极管的主要参数

二极管的特性除用伏安特性曲线表示外，还可用它的参数来说明，二极管的主要参数有如下几个。

1．最大整流电流 I_{FM}

最大整流电流 I_{FM} 是指二极管长时间使用时，允许通过的最大正向平均电流。使用时工作电流要小于这个电流，否则，电流过大，将有可能使二极管烧坏。

2．最高反向工作电压 U_{RM}

最高反向工作电压 U_{RM} 是指允许加在二极管两端的最大反向电压。最高反向工作电压一般为击穿电压的 1/2 或 2/3。

1.2　二极管的应用

利用二极管的单向导电性，可以组成开关、整流、限幅、钳位、隔离等应用电路。

1．开关

二极管在数字电路中应用时，常将其理想化为一个无触点开关器件（如小电键为有触点开关器件)。二极管正向导通时,正向压降为 0V,相当于开关闭合;二极管反向截止时,视其反向电流为 0A,相当于开关断开。

2. 整流

整流就是指将交流电变为直流电。利用二极管的单向导电性可组成各种整流电路,图 1.6 所示为一个单相半波整流电路。

由于二极管 VD 的单向导电性,在 u_2 的正半周,其极性是上正下负,二极管因承受正向电压而导通,负载电阻 R_L 两端的电压为 u_o;在 u_2 的负半周,其极性是上负下正,二极管因承受反向电压而截止,负载电阻 R_L 上没有电压。因此在负载 R_L 上得到的是半波整流电压 u_o,图 1.7 为其工作波形。

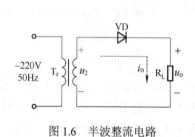

图 1.6 半波整流电路

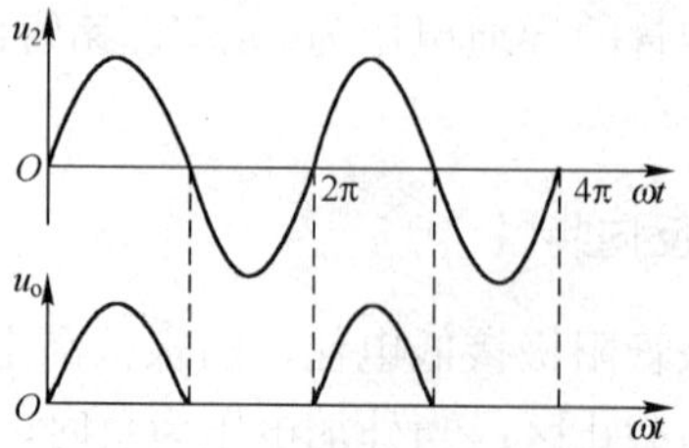

图 1.7 半波整流工作波形

3. 限幅

当输入信号幅度变化较大时,限制输出信号幅度的电路称为限幅电路,如图 1.8 所示。

假定二极管是理想的,当输入电压 u_i 为正半周时,且 $u_i \geq E$(E 为直流电压),二极管 VD 导通,将输出 u_o 的幅度限制在 $u_o = E$ 上;当 $u_i < E$ 时,二极管承受反向电压而截止,二极管 VD 两端相当于开路,$u_o = u_i$。从波形图中不难看出,输出电压幅度被限制在 $u_o \leq E$ 以下。

4. 钳位

在图 1.9 所示电路中,输入端 A 的电位 $U_A = 0V$,输入端 B 的电位 $U_B = 3V$,输出端 Y 的电位应为多少呢?

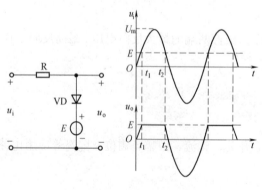

图 1.8 二极管限幅电路

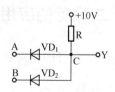

图 1.9 钳位电路

由于 A 端电位比 B 端低，因此二极管 VD₁ 优先导通，则 VD₁ 正极端 C 点电位 $U_C = 0.7V$ ≈0V，此时 VD₂ 负极端电位 U_B=3V，正极端电位为 0V，承受反向电压，因而截止。

这里 VD₁ 起钳制电位的作用，把输出端 Y 的电位钳制在 0V。二极管这种作用称为钳位。

5. 隔离

在图 1.9 所示电路中，注意到 VD₂ 两边的电位不同，VD₂ 把输入端 B 和输出端 Y 隔离开来，VD₂ 在这里的作用称为隔离，即把两种不同电位的电路隔离开来，互不影响，电子电路中常常要用到这一点。

*6. 检波

在广播、电视及通信中，为了使声音、图像能远距离传送，需要将一低频信号"装载"到高频信号（叫载波信号）上，以便从天线上发射出去，这个过程称为调制。经高频传送以后，在接收端将低频信号从已调制信号（高频信号）中取出，称为检波或解调。

二极管检波电路如图 1.10 所示，输入信号 u_i 为已调制高频信号，即带有低频信号的特征，由收音机、电视机接收后，首先由检波二极管 VD 将此信号的负半周去掉得 u_A，然后利用电容器 C 将 u_A 信号中的高频信号滤去，留下低频信号 u_o，可以再放大这一低频信号，送给负载（扬声器或显像管），还原成声音或图像。

*7. 续流

图 1.11 所示是继电器触点的保护电路。续流二极管 VD 并联在继电器电感线圈 J 两端，当继电器触点断开时，电感线圈的电流突然被切断，继电器线圈会产生很高的自感电动势 e_L（方向如图所示），与电源电压叠加作用到继电器触点上，并产生火花。增设续流二极管以后，由它提供通路（正偏、导通），将电感的磁场能量消耗于续流电路中，把自感电动势 e_L 限定在很低数值（0.7V），从而保护了继电器触点和晶体管不受损坏。二极管的这种作用称为续流。

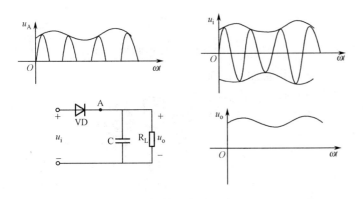

图 1.10　二极管检波电路及波形

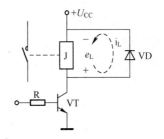

图 1.11　二极管续流保护电路

续流二极管通常应用在开关电源、继电器电路、晶闸管电路中，一般选择快速恢复二极管或者肖特基二极管。续流二极管的极性不能接错，即二极管的负极接直流电的正极。续流二极管工作在正向导通状态，并不是工作在击穿状态或高速开关状态。

1.3 特殊二极管

1.3.1 稳压管

稳压管是一种特殊的面接触型硅二极管，其符号和伏安特性曲线如图 1.12 所示。

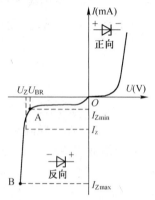

图 1.12 稳压管的符号和伏安特性曲线

其正向特性曲线与普通二极管基本相同。但反向击穿特性曲线很陡且稳压管的反向击穿是可逆的，故它可长期工作在反向击穿区 AB 段而不致损坏。正常情况下稳压管工作在反向击穿区，由于曲线很陡，反向电流在很大范围内变化时，稳压管两端的电压却几乎稳定不变，稳压管就是利用这一特性在电路中起稳压作用的。只要反向电流不超过其最大稳定电流，就不会引起破坏性的热击穿，因此，在电路中稳压管常串联一适当的限流电阻。

与一般二极管不同，稳压管的主要参数有以下几个。

（1）稳定电压 U_Z。稳定电压是指稳压管在正常工作时管子两端的电压。

（2）稳定电流 I_Z。稳定电流是指保持稳定电压 U_Z 时的工作电流。

（3）最大稳定电流 I_{Zmax}。最大稳定电流是指稳压管通过的最大反向电流。稳压管在工作时电流不应超出这个值。

*（4）动态电阻 r_Z。动态电阻是稳压管两端电压变化量与通过的电流变化量之比，即

$$r_Z = \frac{\Delta U_Z}{\Delta I_Z}$$

r_Z 愈小，由 ΔI_Z 引起的 ΔU_Z 变化愈小。可见，动态电阻小的稳压管稳压性能好。

1.3.2 发光二极管

发光二极管简称 LED，是一种把电能直接转换成光能的固体发光器件。发光二极管也是由 PN 结构成的，具有单向导电性，当发光二极管加上正向电压时能发出一定波长的光，采用不同的材料，可发出红、黄、绿等不同颜色的光。图 1.13 所示为发光二极管外形及其图形符号。

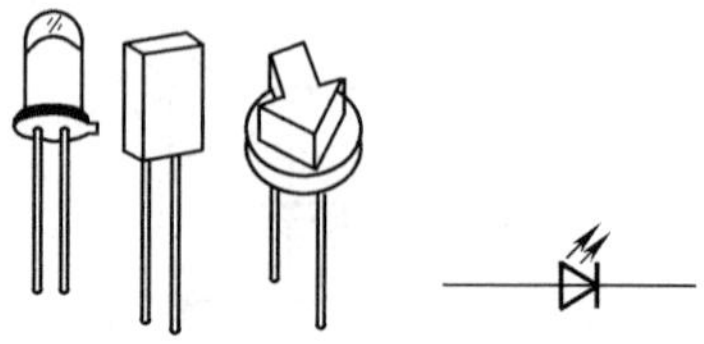

发光二极管常用做显示器件，可单个使用，也可做成七段式或矩阵式数字显示器件。工作电流一般在几～几十毫安之间。

（a）外形 　　（b）符号

图 1.13 发光二极管外形及符号

发光二极管的测试一般用万用表 R×1kΩ挡，方法和普通二极管一样。正常情况下，发光二极管的正向电阻为 15kΩ左右，反向电阻为无穷大。若发光二极管的灵敏度高，测正向电阻时，可见其管芯发光。

1.3.3 光电二极管

光电二极管又称为光敏二极管，是一种将光信号转换为电信号的半导体器件，其外形及符号如图1.14所示。它由一个PN结构成，具有单向导电性，其管壳上有一个用有机玻璃透镜封闭的窗口，入射光通过透镜正好照射在二极管上。使用时，其PN结工作在反向偏置状态，在光的照射下，反向电流随光照强度的增加而上升，这时的反向电流称为光电流。光电二极管常用做传感器的光敏器件。

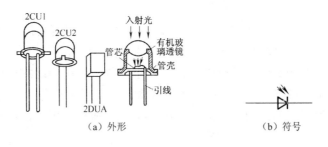

图1.14 光电二极管外形及符号

光电二极管的测试一般用万用表R×1kΩ挡，当用手捂住或用黑纸片遮住光电二极管的窗口时，测出正向电阻为10～20 kΩ左右，反向电阻为无穷大。当受光线照射时，正向电阻不变，反向电阻明显变小，说明管子是好的。

图1.15所示为光电传输系统，发光二极管将电信号转变为光信号，通过光缆传输，然后再由光电二极管接收，再现电信号。图的左边为发光二极管发射电路，右边为光电二极管接收电路。在发射端，1个0～5V的脉冲信号通过500Ω的电阻作用于发光二极管（LED），这个驱动电路可使LED产生1个数字光信号，并作用于光缆，由LED发出的光约有20%耦合到光缆。在接收端，传送的光中约有80%耦合到光电二极管，这样在接收电路的输出端便复原为0～5V电平的数字信号。

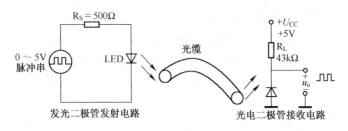

图1.15 光电传输系统

*1.3.4 变容二极管

变容二极管是利用PN结的电容效应而工作的。PN结类似于一个平板电容器，其符号如图1.16所示。变容二极管工作在反向偏置状态，其电容量一般为几十～几百皮法，且随反偏电压（0～30V）的升高而减小（约15倍）。

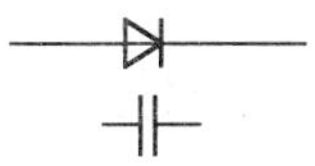

变容二极管的常见用途是作为调谐电容使用，例如，在电视

图1.16 变容二极管符号

机的频道选择器中，利用它来微调选择电视台的频道。

变容二极管的测试一般用万用表 R×1kΩ 挡，方法和普通二极管一样。若正向电阻为几千欧，反向电阻为无穷大，说明管子是好的。

*1.3.5　肖特基二极管

肖特基二极管的特点是：正向导通电压（约为 0.4V）较低、功耗较低、电流大和开关时间很短。该类管 PN 结电容很小，约 1pF，肖特基二极管既可在超高频及甚高频段作为检波管，又适用于高速开关电路及高速数字电路。

肖特基二极管是利用金属（铝）和半导体（硅）的直接相接来代替 PN 结，其导通状态转换到截止状态的开关时间相当短；正向特性曲线很陡，死区电压约为 0.4V。与硅、锗二极管相比，肖特基二极管因其特性曲线曲率较小，具有较低的动态电阻，应用在检波电路中可明显提高效率。肖特基二极管反向电流较大，而且所允许的最高反向电压（约 70V）低于普通的硅二极管。它的正向电流最大可达 3000A，所以适用于低压整流、高频或开关电路中。

二端型肖特基二极管可以用万用表 R×1Ω 挡测量。正常时，正向电阻为 2.5～3.5Ω，反向电阻为无穷大。三端型肖特基二极管应先测出其公共端，判别出是共阴对管，还是共阳对管，然后再分别测量两个二极管的正、反向电阻。

此外，还有很多其他不同用途的二极管，例如，检波二极管、阻尼二极管、开关二极管、红外光电二极管、红外发光二极管、激光二极管等等。我国国产半导体二极管器件的型号采用国家标准 GB294—74 的规定。国外半导体器件型号标准不一，可参看其他有关资料。

*1.3.6　无引线片状二极管

无引线片状二极管即为贴片二极管，目前应用广泛，其体积小、重量轻、高频性能好、形状简单、尺寸标准化，焊点处于元件的两端，便于自动化装配。片状二极管的尺寸很小，通常用缩减的符号来表示元件的基本参数。

常见的无引线片状二极管有：稳压二极管、肖特基二极管、开关二极管、变容二极管和复合二极管等 5 种类型。复合二极管是指把两个以上的二极管封装在一起，减小数目和体积，以满足不同需要，其组合形式见图 1.17 所示。

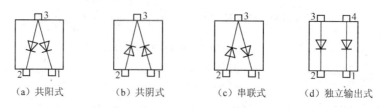

(a) 共阳式　　　(b) 共阴式　　　(c) 串联式　　　(d) 独立输出式

图 1.17　复合二极管的组合形式

片状二极管的主要封装形式见图 1.18 所示，肖特基二极管的封装常采用图 1.18（a）、（b）所示形式；稳压二极管的封装 2～30V、0.5W 采用图 1.18（b）所示形式，1W 采用图 1.18（c）所示形式；复合二极管的封装常采用图 1.18（b）、（c）等所示形式。

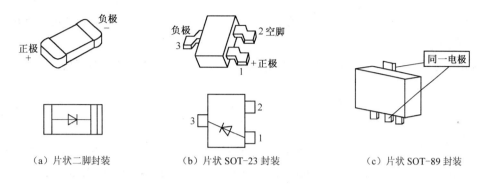

（a）片状二脚封装　　　　　　（b）片状 SOT-23 封装　　　　　　（c）片状 SOT-89 封装

图 1.18　无引线片状二极管封装形式

1.4　二极管的简易测试

利用晶体管特性图示仪可以对二极管做较准确的测量。实验中常用万用表判别二极管的极性及好坏。

1．二极管极性的判别

利用二极管正向电阻小、反向电阻大的特性就可测知其极性，测量方法如图 1.19 所示。先将指针式万用表调至欧姆挡的 R×100Ω或 R×1kΩ挡（R×1Ω挡电流太大，R×10kΩ挡电压太高，都易损坏管子），此时黑表笔接表内电池的正极，红表笔接表内电池的负极，将红黑两表笔交替接触二极管的两极，若测出一个阻值较大（几百千欧），而另一个阻值较小（几千欧以下），说明二极管是好的，且测得阻值较小那次黑表笔接的是二极管的正极。

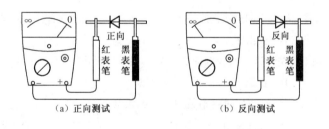

（a）正向测试　　　　　　　　（b）反向测试

图 1.19　二极管性能简易测试

此外，还可从二极管上直接观察判断。有些二极管管壳上直接标出符号；一般新的发光二极管管脚短的一端为负极；有些整流二极管有色环端为负极；对于玻璃外壳的锗二极管，有色点或黑环端为负极。

2．二极管好坏的测试

按照上述测试方法，若测得正、反向电阻都很大，说明管子内部断路。若正、反向阻值均近似 0Ω时，说明管子内部短路。若正、反向电阻相差太小，说明其性能变坏或失效。以上三种情况的二极管都不能使用。

用万用表电阻挡的不同量程测量同一个二极管的正、反向电阻值是不同的，因为二极管是非线性元件，作用在二极管两端上的电压并不相等。但是，正、反向电阻间相差几百倍的规律是不变的。

利用数字万用表的测量方法同上。但要注意，其红表笔接表内电源正极。

本 章 小 结

（1）杂质半导体分为 N 型半导体和 P 型半导体两类。电子和空穴是半导体中两种导电的载流子。

（2）半导体二极管具有正向导通、反向截止的单向导电性。利用二极管的单向导电性，可以构成整流、限幅、钳位、检波及续流等应用电路。

（3）特殊二极管既具有二极管的特性，又具有自身的特殊性能，包括稳压管、发光二极管、光电二极管、变容二极管等，对它们的工作原理和用途都进行了简单介绍。

习 题 1

一、判断题（正确的打 √，错误的打 ×）

1.1 用来制作半导体器件的是本征半导体，它的导电能力比杂质半导体强得多（   ）。

1.2 二极管的内部结构实质就是一个 PN 结。（   ）

1.3 最常用的半导体材料是硅，它的热稳定性比锗好得多。（   ）

1.4 用万用表 R×100Ω挡，测量一只晶体二极管，其正、反向电阻都呈现出很小的阻值，则这只二极管的 PN 结被击穿。（   ）

1.5 稳压管只能用于稳压，不能作为普通二极管使用。（   ）

二、选择题（单选）

1.6 把一个 6V 的蓄电池以正向接法直接加到二极管两端，会出现（   ）问题。

    A．正常   B．被击穿   C．内部断路

1.7 二极管的正极电位是-10V，负极电位是-9.3V，则该二极管处于（   ）状态。

    A．反偏   B．正偏   C．零偏

1.8 稳压管是特殊的二极管，它一般工作在（   ）状态。

    A．正向导通   B．反向截止   C．反向击穿   D．死区

1.9 工作在正向偏置的特殊二极管是（   ）。

    A．稳压管   B．发光二极管   C．光电二极管   D．变容二极管

1.10 适用于高频电路的特殊二极管是（   ）。

    A．稳压管   B．发光二极管   C．光电二极管   D．变容二极管

三、填空题

1.11 二极管工作在正常状态时，若给其施加正向电压，二极管_____，若施加反向电压，则二极管_____，这说明二极管具有_____作用。

1.12 在判别硅、锗二极管时，当测出正向压降为_____，此二极管为硅二极管；当测出正向压降为_____，此二极管为锗二极管。

1.13 当加到二极管上的反向电压增大到一定数值时，反向电流会突然增大,此现象称为_____现象。

1.14 发光二极管是把_____能转变为_____能，工作于_____状态；光电二极管

是把_____能转变为_____能，工作于_____状态。

1.15 整流就是将_____电变为_____电的过程。

四、解析题

1.16 图 1.20 所示 M 为动圈式电表，测量电流时为保护电表的脆弱转动部件不致因电源极性接错或通过电流太大而损坏，经常把二极管串联或并联到电路中，试说明各二极管所起的作用。

（a）　　　　　　　　（b）

图 1.20

1.17 设图 1.21 中各二极管均为理想二极管。（1）判断二极管 VD_1、VD_2 是导通还是截止；（2）求 A、B 端电压 U_{AB} 和 C、D 端电压 U_{CD}。

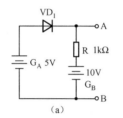 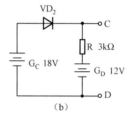

（a）　　　　　　　　（b）

图 1.21

1.18 如图 1.22 所示，二极管正向压降忽略不计，将下列几种情况下输出端 F 点的电位和电阻 R、二极管 VD_A，VD_B 中流过的电流填入表 1.1 中。（1）$V_A = V_B = 0V$；（2）$V_A = 3V$，$V_B = 0V$；（3）$V_A = V_B = 3V$。

表 1.1

A、B 端电位情况	V_F	I_R	I_{VDA}	I_{VDB}
$V_A = V_B = 0V$				
$V_A = 3V$，$V_B = 0V$				
$V_A = V_B = 3V$				

1.19 图 1.23 所示是正向限幅电路，设二极管是理想的，E 为 6V，当输入电压 U_i 取不同的值时，试将输出电压 U_o、电路中电流 I 的对应值及二极管的工作状态（若是截止的，还须写出二极管承受的反向电压值）填入表 1.2 中。

表 1.2

U_i（V）	U_o（V）	I（mA）	二极管状态	反向电压（V）
−6				
0				
+3				
+9				

1.20 如图 1.24 所示电路中，稳压管稳压值为 4V，电阻 $R_1 = 1k\Omega$，$R_2 = 4k\Omega$，当 U_i 取不同值时，试将

二极管的工作状态、流过 R_1 和 R_2 的电流及输出电压 U_o 的值填入表 1.3 中。

表 1.3

U_i （V）	二极管状态	I_i （mA）	I_o （mA）	U_o （V）
2				
4				
8				

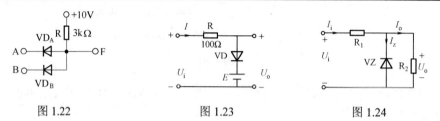

图 1.22   图 1.23   图 1.24

第 2 章　三极管及放大电路

内容提要

本章首先介绍半导体三极管的结构、特性及主要参数，然后介绍各种放大电路。重点讨论三极管共射放大电路的静态和动态分析，然后讨论三极管共集和共基放大电路、MOS 场效应管放大电路、多级放大电路、差动放大电路和功率放大电路。

2.1　三极管

2.1.1　三极管的结构

半导体三极管的种类很多，根据制作的基片材料分为硅管和锗管，硅管性能优于锗管，故当前生产和使用的三极管以硅管为多；按频率分为高频管、低频管；按功率分为小、中、大功率管；按结构分为 NPN 和 PNP 两种类型。

三极管是通过一定的工艺，将两个 PN 结结合在一起的器件。图 2.1 所示为三极管的外形、内部结构示意图及符号（用 VT 表示）。

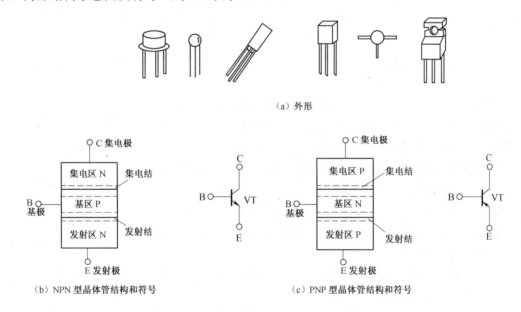

（a）外形

（b）NPN 型晶体管结构和符号　　　　　　（c）PNP 型晶体管结构和符号

图 2.1　三极管的外形、内部结构示意图及符号

三极管是由三层半导体制成的两个 PN 结（发射结和集电结），其特点是中间一层 P（或 N）型半导体特别薄，两边各为一层 N（或 P）型半导体。从三层半导体上分别引出 3 个电极，称为集电极 C、基极 B 和发射极 E，对应的每块半导体称为集电区、基区和发射区。虽然发射区和集电区都是 N（或 P）型半导体，但是发射区比集电区掺的杂质重，因此它们并

不对称，使用时这两个极不能混淆。

三极管接在电路中要有输入端和输出端，而其只有三个电极，因此必然有一个电极作为输入回路和输出回路的公共端，如图2.2所示，三极管有三种基本组态。

1．共射接法

以基极为输入端，集电极为输出端，发射极为输入、输出两回路的公共端，如图2.2（a）所示。

2．共集接法

以基极为输入端，发射极为输出端，集电极为输入、输出两回路的公共端，如图2.2（b）所示。

3．共基接法

以发射极为输入端，集电极为输出端，基极为输入、输出两回路的公共端，如图2.2（c）所示。

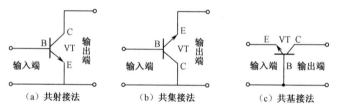

图2.2　三极管的三种组态

2.1.2　三极管的放大作用

以 NPN 型三极管为例，通过实验来了解半导体三极管的放大原理和其中的电流分配情况，实验电路如图2.3所示。

将三极管接成两条电路，一条是由电源电压 U_{CC} 的正极经过电位器 RP（通常为几百千欧的可调电阻）、R_B、基极、发射极到电源电压 U_{CC} 的负极，称为基极回路。另一条是由电源电压 U_{CC} 的正极经过电阻 R_C、集电极、发射极再回到电源电压 U_{CC} 的负极，称为集电极回路。可见，发射极是两个回路所共用的，所以这种接法称为共发射极电路。

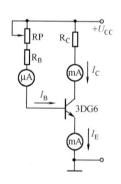

图2.3　电流放大实验电路

改变可变电阻 RP，则基极电流 I_B、集电极电流 I_C 和发射极电流 I_E 都发生变化，电流方向如图2.3所示，测试结果列于表2.1中。

表2.1　实验测试数据

电　流	实　验　次　数					
	1	2	3	4	5	6
I_B（mA）	0	0.02	0.04	0.06	0.08	0.10
I_C（mA）	<0.001	0.70	1.50	2.30	3.10	3.95
I_E（mA）	<0.001	0.72	1.54	2.36	3.18	4.05

由实验及测试结果可得出如下结论。

（1）三个电流符合基尔霍夫定律，即

$$I_B + I_C = I_E \tag{2-1}$$

且基极电流 I_B 很小，忽略 I_B 不计，则有 $I_C \approx I_E$

（2）三极管有电流放大作用，从实验数据可以看出，I_C 与 I_B 的的比值近似为一个常数，即

$$\bar{\beta} = \frac{I_C}{I_B} \tag{2-2}$$

基极电流 I_B 的微小变化能引起集电极电流 I_C 较大的变化，即

$$\beta = \frac{\Delta I_C}{\Delta I_B} \tag{2-3}$$

以上两式中的 $\bar{\beta}$ 和 β 分别称为三极管的直流和交流电流放大系数，它们的大小体现了三极管的电流放大能力，手册上用 H_{FE} 或 h_{FE} 表示。从表 2.1 中可以看出，$\bar{\beta} \approx \beta$，且在一定范围内几乎不变，故工程上不必严格区分，估算时可以通用。

2.1.3 三极管的特性曲线及工作状态

三极管采用共发射极接法时，信号从基极-发射极回路输入，从集电极-发射极回路输出，所以有两条伏安特性曲线。这些特性曲线可用晶体管特性图示仪直观地显示出来，也可通过如图 2.4 所示的实验电路进行测绘。图中 $U_{CC} > U_{BB}$，以使发射结正向偏置，集电结反向偏置，保证三极管放大的外部条件。

1. 输入特性曲线

输入特性是指当集-射电压 U_{CE} 为常数时，基极电流 I_B 与基-射电压 U_{BE} 之间的关系曲线，如图 2.5 所示。可以看到，它类似二极管的正向伏安特性曲线，三极管的输入特性曲线也有一段死区，硅管的死区电压约为 0.5V，锗管的死区电压约为 0.1V。在正常导通时，硅管的 U_{BE} 约为 0.7V，而锗管 U_{BE} 约为 0.3V。且对三极管而言，当 $U_{CE} > 1V$ 后，即使加大 U_{CE}，这条输入特性曲线基本上也是与 U_{CE} 无关的。

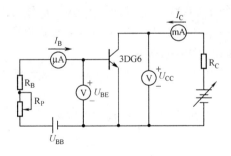

图 2.4 三极管特性曲线实验电路

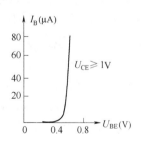

图 2.5 三极管输入特性曲线

2. 输出特性曲线

输出特性是指当基极电流 I_B 为常数时，集电极电流 I_C 与集-射电压 U_{CE} 之间的关系曲线。

在不同的 I_B 下，可得出不同的曲线，所以三极管的输出特性曲线是一曲线族，如图 2.6（a）所示。

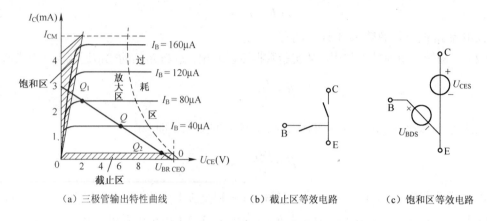

（a）三极管输出特性曲线　　　（b）截止区等效电路　　　（c）饱和区等效电路

图 2.6　三极管输出特性曲线

通常把三极管的输出特性曲线分为 3 个工作区。

（1）放大区。输出特性曲线近于水平的区域是放大区，也称线性区。此时发射结正偏，集电结反偏。对 NPN 型管，就是 $U_{BE}>0.5V$（或 $U_{BE}>0.1V$），且 $U_{CE}>1V$ 时，三极管工作于放大状态。在此区域，三极管具有恒流特性：$I_C = \beta I_B$，可见 I_B 不变时，I_C 基本不变，I_C 受 I_B 的控制，与 U_{CE} 基本无关。

（2）截止区。$I_B=0$ 曲线与横轴之间的区域是截止区。此时发射结反偏（或正偏电压小于死区电压），集电结反偏。对 NPN 型硅管，当 U_{BE} 小于死区电压时，即已开始截止，但是为了截止可靠，常使 $U_{BE}<0$。当减小 I_B 使工作点下移到图 2.6（a）中 Q_2 点时，三极管即进入截止区，此时 $I_B=0$，$I_C=I_{CEO}\approx0$（I_{CEO} 称为穿透电流），$U_{CE}\approx U_{CC}$。C，B，E 3 个电极间相当于开路，其等效电路如图 2.6（b）所示。

（3）饱和区。I_C 随 U_{CE} 的增大而增大的区域是饱和区。此时发射结正偏，集电结正偏。对 NPN 型管，当 $U_{CE}<U_{BE}$ 时，三极管工作于饱和状态。当增加 I_B 使工作点上移到图 2.6（a）中 Q_1 点时，三极管即进入饱和区，此时 I_B 的变化对 I_C 的影响较小，$I_C\neq\beta I_B$，其管压降 U_{CE} 称为饱和压降 U_{CES}，一般硅管约为 0.3V，锗管约为 0.1V，都可近似为 0V。I_C 称为饱和电流 I_{CS}，主要由外电路决定 $I_{CS}=(U_{CC}-U_{CES})/R_C\approx U_{CC}/R_C$。因 $U_{CES}\approx0$，C，E 极近似于短路，$U_{BE}\approx0.7V$，B，E 极也近似于短路，等效电路如图 2.6（c）所示。

可见，三极管具有开关作用，它相当于一个由基极电流控制的无触点开关，截止时相当于开关断开，饱和时相当于开关闭合。

在模拟电路中，三极管常用做放大元件，工作在放大区；在数字电路中，三极管常用做开关元件，工作在截止区和饱和区。

三极管工作区的判别分析非常重要，当放大电路中的三极管不工作在放大区时，放大信号就会出现严重失真。

例 2.1 已知图 2.7 中各三极管均为硅管，测得各管脚的电位值分别如图中所示，试判别各三极管的工作状态。

解：

（1）在图 2.7（a）中，因为 U_{BE}=0.7V＞0，发射结正偏；U_{BC}=0.5V＞0，集电结正偏，故可判断它工作在饱和区。

（2）在图 2.7（b）中，因为 U_{BE}=0.7V＞0，发射结正偏；U_{BC}=-5.3V＜0，集电结反偏，故可判断它工作在放大区。

（3）在图 2.7（c）中，因为 U_{EB}=0V，发射结零偏；U_{CB}=-2V＜0，集电结反偏，故可判断它工作在截止区。

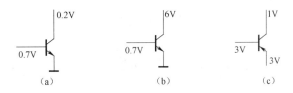

图 2.7   例 2.1 图

2.1.4   三极管的主要参数及温度影响

1. 三极管的主要参数

（1）电流放大系数 β。β 是指输出电流与输入电流的比值，用于衡量三极管的电流放大能力。由于制造工艺的分散性，即使是同一型号的三极管，β 值也有很大差别。但对一个给定的管子，β 值是一定的。通常中小功率三极管的 β 值在 20～200 之间，大功率三极管的 β 值在 10~50 之间。选用三极管时，β 值太大温度稳定性差，β 值太小则电流放大能力弱。

（2）集-基反向饱和电流 I_{CBO}。I_{CBO} 是指发射极开路时集-基极之间的电流。通常要求 I_{CBO} 值越小越好。

（3）穿透电流 I_{CEO}。I_{CEO} 是基极开路时集-射极之间的电流。由于这个电流似乎是从集电区穿过基区流至发射区，所以称为穿透电流。这个电流越小，表明三极管的质量越好。一般硅管的 I_{CEO} 远小于锗管，所以多数情况下选用硅管。

I_{CEO} 与 I_{CBO} 有下列关系：

$$I_{CEO} = (1 + \beta)I_{CBO} \tag{2-4}$$

（4）极限参数。

① 集电极最大允许电流 I_{CM}。集电极电流过大时，β 值明显下降，当 β 值下降到正常值的 2/3 时的集电极电流 I_C，称为集电极最大允许电流 I_{CM}，见图 2.6（a）。作为放大管使用时，I_C 不宜超过 I_{CM}，超过时会引起 β 值下降、输出信号失真，过大时还会烧坏管子。

② 集-射极反向击穿电压 $U_{(BR)CEO}$。$U_{(BR)CEO}$ 是基极开路时加在集-射极之间的最大允许电压，见图 2.6（a）所示。当三极管的集-射极电压大于此值时，I_{CEO} 将大幅度上升，说明三极管已被击穿。电子器件手册上给出的一般是常温（25℃）时的值。在高温下，三极管的反向击穿电压将会降低，使用时应特别注意。

③ 集电极最大允许耗散功率 P_{CM}。由于集电极电流在流经集电结时要产生功率损耗，使结温升高，从而引起三极管参数的变化。当三极管因受热而引起的变化不超过允许值时，集电极所消耗的最大功率，称为集电极最大允许耗散功率 P_{CM}。

$$P_{CM} = I_C U_{CE} \qquad\qquad (2-5)$$

工作时，应使 $P_C < P_{CM}$，三极管的工作点不可进入图 2.6（a）所示的过耗区。

2．温度对三极管参数的影响

严格来说，温度对三极管特性和所有参数都有影响，但受影响最大的是以下三个参数。

（1）温度对 β 的影响。三极管的 β 值会随温度的变化而变化，温度每升高 1℃，β 值增大 0.5%～1%。

（2）温度对 I_{CBO} 的影响。实验证明，I_{CBO} 随温度按指数规律变化。温度每升高 10℃，I_{CBO} 约增加一倍。

（3）温度对 U_{BE} 的影响。U_{BE} 具有负的温度系数。一般来说，温度每升高 1℃，$|U_{BE}|$ 下降约 2～2.5mV。

2.1.5　三极管的简易测试

利用晶体管特性图示仪可以对三极管做较准确的测量。实验中常用万用表判别三极管的管脚及性能。

1．三极管的引脚判别

（1）判别基极和管型。三极管管脚判别示意图如图 2.8（a）、（b）所示。将万用表拨到欧姆挡 R×100Ω 或 R×1kΩ，用黑表笔接三极管的某一极，再用红表笔分别去接触另外两个电极，用此方法几次试探，直到出现测得的两个阻值都很小，这时黑表笔所接就是三极管的基极，而且是 NPN 型管。如果测出的阻值都很大，则为 PNP 型管。

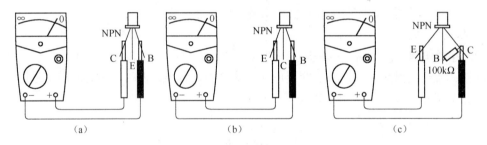

图 2.8　用万用表测三极管

这是因为黑表笔与表内电池正极相接，测得两个 PN 结的正向电阻值很小。

（2）判别集电极、发射极。三极管集电极、发射极判别示意图如图 2.8（c）所示。如果被测管子为 NPN 型，可在基极与黑表笔之间接一个 100kΩ 电阻（或用稍潮湿的手捏在基极和黑表笔间，注意不要相碰），用万用表 R×100Ω 或 R×1kΩ 挡测量除基极以外的另两个电极，得到一个阻值，再将红、黑表笔对调测一次，又得到一个阻值；在阻值较小的那次测量中，黑表笔接的就是集电极。

这是因为三极管各电极电压极性正确时才能导通放大，β 值较大，表现出 C-E 间电阻值较小。若为 PNP 型管，测试方法同上，此时红表笔所接为集电极。

2．三极管电流放大系数的测量

（1）精测三极管的 β 值。有些万用表有测 β 的功能，可直接测出三极管的 β 值。如 U-101

型万用表，首先在 R×10Ω挡调零点，然后换到 h_{FE}（即β值）挡，把三极管插入相应管型的 C、B、E 三个测试孔，即可从刻度盘上直接读出三极管的β值。

注意：若三极管的管型及管脚都未知，只要将三个管脚几次试探插入两组测试孔，指针偏转较大的那次插脚正确，且从测试孔旁边标记可判别出管型和管脚。因为只有插脚正确，三极管才有放大能力。

（2）估测三极管的β值。当万用表没有上述功能时，可利用万用表 R×100Ω或 R×1kΩ挡估测β值。

对 NPN 管，估测β值方法如图 2.8（c）所示，黑表笔接集电极，红表笔接发射极，分别测出基极与集电极之间不接和接入一个 100kΩ电阻时，两极之间的电阻。两次测得的电阻值相差越大，则说明β值越大，放大能力越好。

这是因为前者管子截止（$I_B = 0$），相当于测穿透电流 I_{CEO}（I_{CEO}值很小），因而 C-E 极间电阻大；后者管子发射结正偏，集电结反偏，处于放大状态，相当于测集电极电流 I_C（基极电流为 I_B），因而 C-E 间电阻就小。根据 $\beta = \dfrac{\Delta I_C}{\Delta I_B} = \dfrac{I_C - I_{CEO}}{I_B - 0}$，如果$\beta$越大，$I_C$ 也大，所以两次读数相差大就表示β大。对于 PNP 管，测量时只需将红、黑表笔对调，测试方法完全一样。

（3）在线三极管工作是否正常的判别。电路中三极管的工作是否正常，可用多种方法检测，这里介绍一种既简单又方便的判别方法。电压表与电路的连接如图 2.9 所示，先记下电压表测得的 U_C 值，然后用一根导线将基极和发射极短接（如图中虚线所示），此时电压表指针应立即上升到+U_{CC} 值，因为三极管在发射结短路瞬间处于截止状态；当移去短路线时，电压表指针又回到原来的数值，这表明三极管工作正常。若电压表的读数始终不变化，表明三极管已不再处于放大状态了。

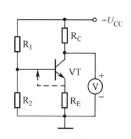

图 2.9　在线三极管工作是否正常的判别

2.2　共射放大电路

放大电路是电子设备中最重要、最基本的单元电路。放大电路的任务是放大电信号，即把微弱的电信号，通过电子器件的控制作用，将直流电源功率转换成一定强度的，随输入信号变化而变化的输出功率，以推动元器件（如扬声器、继电器等）正常工作。因此放大电路实质上是一个能量转换器。

2.2.1　电路结构

如图 2.10 所示是基本的共发射极单管电压放大电路，u_i 是放大电路的输入电压，u_o 是输出电压。为分析方便，通常规定：电压的正方向是以公共端为负端，其他各点为正端。

电路中各元件的作用如下：

VT 是 NPN 型三极管，是放大电路的核心元件，起电流放大作用。

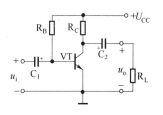

图 2.10　基本共射放大电路

U_{CC} 是放大电路的直流电源，一方面与 R_B，R_C 相配合，使三极管的发射结正偏、集电结反偏，以满足三极管放大的外部条件（图 2.10 中，若三极管采用 PNP 型，则电源 U_{CC} 的极性就要反过来）；另一方面为输出信号提供能量。U_{CC} 的数值一般为几~十几伏。

R_B 是基极偏置电阻，电源 U_{CC} 通过 R_B 为三极管发射结提供正向偏压，改变 R_B 的阻值，即可改变基极电流 I_B 的大小，从而改变三极管的工作状态。R_B 值一般为几十~几百千欧。

R_C 是集电极负载电阻，电源 U_{CC} 通过 R_C 为三极管提供集电结反向偏压，并将三极管放大后的电流 I_C 的变化转变为 R_C 上电压的变化，反映到输出端，从而实现电压放大。R_C 值一般为几~十几千欧。

C_1, C_2 是耦合电容，起"隔直通交"作用，一方面隔离放大电路与信号源和负载之间的直流通路，另一方面使交流信号畅通。C_1, C_2 的数值一般为几~几十微法。

R_L 是外接负载，它可以是扬声器、耳机或其他负载，也可以是后级放大电路的输入电阻。

信号源、基极、发射极形成输入回路；负载 R_L、集电极、发射极形成输出回路。输入回路和输出回路的公共端是发射极，可见这是一个共发射极放大电路，简称共射放大电路。

2.2.2 电路的工作原理

为便于分析，对电路工作过程中各量的符号规定如下：直流量用大写字母、大写下角标表示，如 I_B, I_C, U_{CE} 等；交流量用小写字母、小写下角标表示，如 i_b, i_c, u_{ce} 等；总变化量是交直流叠加量，用小写字母、大写下角标表示，如 i_B, i_C, u_{CE} 等。如 $i_B = I_B + i_b$，即 i_B 表示基极电流的总量。

如果交流分量是正弦波，其表达式为：

$$i_b = I_{bm} \sin \omega t = \sqrt{2} I_b \sin \omega t$$

可见正弦波有效值是用大写字母和小写下角标表示，而正弦波的峰值是有效值下标再添加小写 m，如 I_b、I_{bm} 分别表示基极正弦电流的有效值和峰值。

1. 静态工作情况

放大电路输入端未加输入信号即 $u_i = 0$ 时的工作状态称为静态。静态时，由于直流电源 U_{CC} 的存在，电路中没有变化量，电路中的电压、电流都是直流量。三极管的 I_B, I_C, U_{CE} 称为该放大电路的静态工作点，简称 Q 点。按直流信号在电路中流通的路径可画出直流通路。由于电容具有隔断直流的作用，因此画直流通路时电容相当于开路。图 2.11 是图 2.10 所示放大电路的直流通路。

静态工作点的 I_B, I_C, U_{CE} 可以用直流电表测得；也可用估算法确定。所谓估算法是突出电路工作的主要因素，而忽略一些次要因素。按照直流通路的结构，可得出以下估算公式：

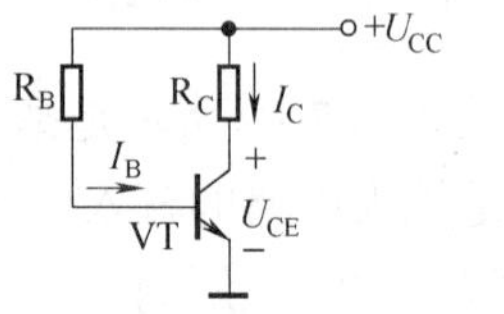

$$I_B = \frac{U_{CC} - U_{BE}}{R_B}$$

图 2.11 放大电路的直流通路

通常 $U_{CC} \gg U_{BE}$，则

$$I_B \approx \frac{U_{CC}}{R_B} \tag{2-6}$$

$$I_C = \beta I_B \tag{2-7}$$

$$U_{CE} = U_{CC} - R_C I_C \tag{2-8}$$

例 2.2 在图 2.10 中，已知 $U_{CC} = 20V$，$R_B = 400k\Omega$，$R_C = 6k\Omega$，$\beta = 50$，试求放大电路的静态工作点的 I_B，I_C，U_{CE}。

解： 根据式（2-6），式（2-7），式（2-8）可得：

$$I_B \approx \frac{U_{CC}}{R_B} = \frac{20}{400} = 0.05(mA) = 50\mu A$$

$$I_C = \beta I_B = 50 \times 0.05 = 2.5(mA)$$

$$U_{CE} = U_{CC} - R_C I_C = (20 - 6 \times 2.5) = 5(V)$$

2．动态工作情况

放大电路输入端加输入信号即 $u_i \neq 0$ 时的工作状态称为动态。这时电路中各电量将在静态直流分量的基础上叠加一个交流分量。

输入信号 u_i 经过耦合电容 C_1 加在三极管基极和发射极之间，只要输入信号频率不是很低，C_1 对交流信号可视为短路。这时输入信号 u_i 叠加在直流的 U_{BE} 上，即

$$u_{BE} = U_{BE} + u_i$$

注意：u_{BE} 是在一个较大的直流电压 U_{BE}（约 0.7V）上叠加一个较小的交流信号 u_i，以使 u_{BE} 不产生负值，避免产生失真。

u_{BE} 电压的变化引起基极电流的变化，即

$$i_B = I_B + i_b$$

式中，i_b 是 u_i 引起的电流。

只要三极管处于放大状态，即有

$$i_C = I_C + i_c$$

而

$$u_{CE} = U_{CC} - R_C i_C = U_{CC} - R_C (I_C + i_c) = (U_{CC} - R_C I_C) - R_C i_c = U_{CE} - R_C i_c$$

可见，u_{CE} 也是由直流分量 U_{CE} 和交流分量 $-R_C i_c$ 叠加而成的，经过 C_2 的隔直通交作用，输出电压只有交流分量，即 $u_o = u_{ce} = -R_C i_c$。

上式表明，只要 R_C 取值恰当，就可使 u_o 的幅值远大于 u_i 的幅值，从而实现电压放大，这就是通常所说的放大电路的放大作用；另可看见，u_o 与 $R_C i_c$ 在数值上相等，而在相位上却相反，由于 u_i，i_b，i_c，u_{R_C} 相位相同，故 u_o 和 u_i 的相位相反，这在共射放大电路中称之为"反相"。电路中各电流、电压的波形如图 2.12 所示。

为分析放大电路的动态工作情况，计算放大电路的放大倍数，按交流信号在电路中流通的路径可画出交流通路。对频率较高的交流信号，放大电路中的耦合电容、旁路电容画交流通路时都视为短路；直流电源由于内阻很小，对交流信号也视为短路。图 2.13 所示为图 2.12 放大电路的交流通路。

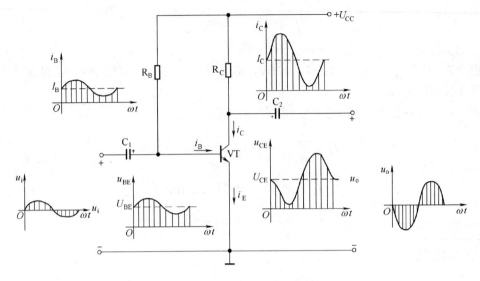

图 2.12 放大电路的动态工作情况

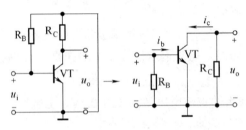

图 2.13 放大电路的交流通路

综上所述，放大电路中各点的电位、各支路的电流，都是直流量和交流量的叠加。直流量所确定的静态工作点，是放大电路的基础；交流量是由输入信号产生的，是放大电路工作的目的。交流量是驮载在直流量上进行放大的。因此静态工作点设置是否合理，将直接影响到放大电路能否正常工作。

2.2.3 静态工作点的选择与波形失真

波形失真是指输出波形相对于输入波形产生了畸变。对放大电路来说，输出波形的失真应尽可能小。静态工作点的选择对放大电路有很大的影响，选择不当，容易引起失真。

1. 饱和失真

当静态工作点设置太高时，在交流信号的正半周，随输入信号增大，集电极电流 i_C 因受最大值 I_{Cm} 的限制而不能相应地增大，这时尽管 i_B 的波形完好，但 i_C 正半周和 u_{CE} 负半周的顶部被削去，这种由于动态工作点进入饱和区所引起的失真，称为"饱和"失真，如图 2.14 所示。调节 R_B 使之增大，可消除饱和失真。

2. 截止失真

当静态工作点设置太低时，在交流信号的负半周，三极管因发射结反偏而进入截止状态，使 i_C 负半周和 u_{CE} 正半周的顶部被削去。这种由于动态工作点进入截止区所引起的失真，称为"截止"失真,如图 2.15 所示。调节 R_B 使之减小,可消除截止失真。

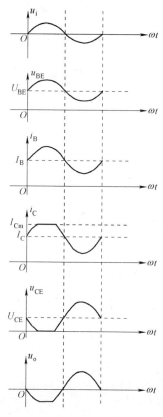

图 2.14 放大电路的饱和失真

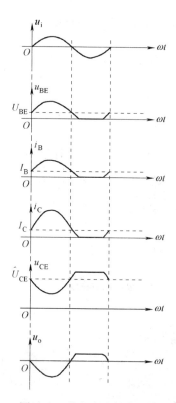

图 2.15 放大电路的截止失真

饱和失真和截止失真都是由于三极管工作在特性曲线的非线性区域所引起的,因而称为非线性失真。

放大电路的最佳静态工作点是指输入信号变化时,输出信号正、负半周都能达到最大值而不出现失真的工作点。任何状态下,不失真的最大输出称为放大电路的动态范围。显然,最佳工作点下,电路的动态范围最大。还需指出,在保证输出信号不失真的前提下,降低电路的静态工作点,有利于减少放大电路的损耗。

*2.3 放大电路的图解分析法

图解分析法是利用三极管的输入特性和输出特性曲线,用作图的方法,分析放大电路的工作情况,其优点是能直观地反映放大电路的工作原理。

2.3.1 静态工作情况分析

静态分析的目的是为了求放大电路的静态工作点,现以图 2.10 所示的共射极放大电路为例,设电路中 $U_{CC}=20V$,$R_B=500k\Omega$,$R_C=6.8k\Omega$。

图 2.16(a)中画出了静态集电极回路,虚线左边是非线性元件三极管,I_C 与 U_{CE} 的关系是一条输出特性曲线;虚线右边是 U_{CC} 和 R_C 串联的线性电路,I_C 与 U_{CE} 的关系是直线方程:

$$U_{CE} = U_{CC} - I_C R_C$$

在图 2.16（b）i_C 和 u_{CE} 确定的输出特性曲线上画出这条直线 MN（横截距为 U_{CC}，纵截距为 U_{CC}/R_C），其斜率为 $\tan\alpha = \dfrac{ON}{OM} = \dfrac{1}{R_C}$，因其斜率由集电极负载电阻所确定，所以称为直流负载线。显然直流负载线与静态 I_B 对应的输出特性曲线的交点 Q 就是所要求的静态工作点。

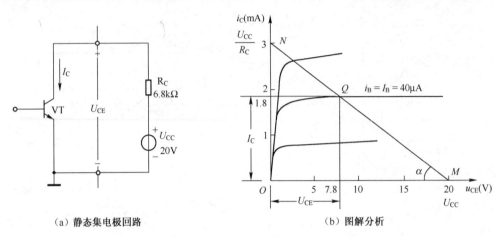

（a）静态集电极回路　　　　　　　　（b）图解分析

图 2.16　图解法分析静态工作点

从输入回路估算：

$$I_B = \frac{U_{CC} - U_{BE}}{R_B} \approx \frac{U_{CC}}{R_B} = \frac{20V}{500k\Omega} = 40\mu A$$

由图可读出 I_C=1.8mA，U_{CE}=7.8V。

2.3.2　动态工作情况分析

动态分析的目的，是为了了解放大电路各极电流、电压的波形，并可求出输出电压幅值，从而确定放大电路的电压放大倍数。

当接入输入信号 u_i 时，电路就处于动态工作情况，动态图解分析过程如下。

1．在输入特性曲线上由 u_i 画出 i_B 波形

设放大电路的输入信号 u_i=0.02sinωt（V），三极管的输入电压 u_{BE} 是在原来直流电压 U_{BE} 的基础上叠加一个交流量 u_i，根据 u_{BE} 的变化规律可从输入特性上画出对应的 i_B 波形图，如图 2.17（b）所示，基极电流 i_B 将在 20～60μA 之间变动。

2．在输出特性曲线上画出交流负载线

在图 2.10 所示电路中，对交流信号来说，输出耦合电容 C_2 可视为短路，R_C 与 R_L 是并联的，所以等效的交流负载电阻 $R_L' = R_L \mathbin{/\mkern-5mu/} R_C$，故交流负载线的斜率为 $\tan\alpha' = \dfrac{1}{R_L'}$。因 $R_L' < R_L$，故交流负载线比直流负载线要陡一些。当输入信号为零时，放大电路工作在 Q 点，即交流负载线也经过 Q 点，所以，交流负载线是一条经过 Q 点，斜率为 $\dfrac{1}{R_L'}$ 的直线。

画交流负载线方法是：先画一条斜率为 $\dfrac{1}{R_L'}$ 的辅助线 MH，与横轴相交于 M（$u_{CE}=U_{CC}$，$i_C=0$）与纵轴相交于 H（$u_{CE}=0$，$i_C=\dfrac{U_{CC}}{R_L'}$）。然后平移辅助线使其通过 Q 点，即得交流负载线，如图 2.17（a）所示。

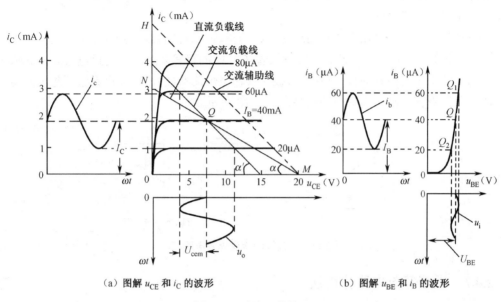

（a）图解 u_{CE} 和 i_C 的波形 （b）图解 u_{BE} 和 i_B 的波形

图 2.17 动态工作情况

3．在输出特性曲线上，由 i_B 和交流负载线画出 i_C 和 u_{CE} 波形

在输出特性曲线上，由 i_B 和交流负载线画出 i_C 和 u_{CE} 波形，如图 2.17（a）所示。由于 C_2 的隔直作用，输出电压 u_o 等于 u_{CE} 的交流分量，输出电压 u_o 与输入信号电压 u_i 相位相反。

根据 u_{CE} 波形可读出输出电压幅值 $u_{cem}=3V$，则电压放大倍数等于输出电压幅值与输入电压幅值之比

$$A_u = -\frac{U_{cem}}{U_{im}} = -\frac{3V}{0.02V} = -150$$

可见，在 u_i 幅值一定的情况下，R_L 阻值愈小，交流负载线越陡，电压放大倍数下降得也越多。

2.4 放大电路的微变等效电路分析法

对于交流放大器，要对其定量分析并了解其性能指标，必定要涉及到一些参数来描述这些指标。由于三极管是非线性元件，只有将其线性化后，才能使用线性定理来分析、计算它。实际上当输入、输出都是小信号时，信号只是在静态工作点附近的小范围内变动，三极管的特性曲线可以近似地视做线性的，此时，可将三极管等效成一个线性电路模型。

2.4.1 三极管微变等效电路模型

三极管的输入特性是非线性的，当输入信号较小时，可以把静态工作点附近的一段曲线

视做直线。这样三极管 B，E 间就相当于一个线性电阻 r_{be}，即三极管的输入电阻 $r_{be} = u_{be}/i_b$。工程上常用下式来估算：

$$r_{be} = 300 + (1+\beta)\frac{26\text{mV}}{I_E\text{mA}} \quad (\Omega) \tag{2-9}$$

注意 r_{be} 不是三极管输入端直流电阻（万用表测量的欧姆值）。通常小功率三极管，当 $I_C = 1 \sim 2\text{mA}$ 时，r_{be} 为 $1\text{k}\Omega$ 左右。

三极管输出特性曲线在工作点附近是一组与横轴平行的直线，当 u_{ce} 在较大范围内变化时，i_c 几乎不变，具有恒流特性。这样三极管 C，E 间可等效为一个受控电流源，其输出电流为 $i_c = \beta i_b$，由于三极管的输出电阻 r_{ce} 极大（输出恒流特性），所以可看做理想电流源。为此，可画出三极管的微变等效电路模型如图 2.18 所示。

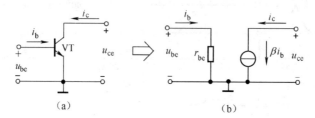

图 2.18　三极管的微变等效电路模型

2.4.2　微变等效电路分析法

为了定量计算放大电路的某些交流性能指标，应先画出放大电路的微变等效电路，再根据定义，求得电压放大倍数、输入电阻、输出电阻。将图 2.10 基本共射放大电路重画于图 2.19（a）中，其微变等效电路如图 2.19（b）所示。

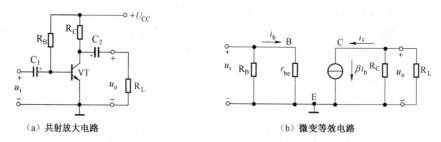

（a）共射放大电路　　　　　　　　　　（b）微变等效电路

图 2.19　共射放大电路及其微变等效电路

1. 电压放大倍数 A_u

A_u 反映了放大电路对电压的放大能力，定义为放大电路的输出电压 U_o 与输入电压 U_i 之比，即

$$A_u = \frac{U_o}{U_i} \tag{2-10}$$

由图 2.19（b）可知，$U_i = I_b r_{be}$，$I_c = \beta I_b$，放大电路的交流负载 $R_L' = R_C /\!/ R_L$，按图中所标注的电流和电压正方向有 $U_o = -I_c R_L'$，所以

$$A_u = \frac{U_o}{U_i} = -\frac{I_c R'_L}{I_b r_{be}} = -\beta \frac{R'_L}{r_{be}} \qquad (2-11)$$

A_u 为负值，表示输出电压与输入电压反相。

如果放大电路不带负载，则电压放大倍数为：

$$A_u = -\beta \frac{R_C}{r_{be}} \qquad (2-12)$$

由于 $R'_L < R_C$，显然放大电路接入负载后电压放大倍数下降。

此外，通常用 A_i 表示电流放大倍数：

$$A_i = \frac{I_o}{I_i} \qquad (2-13)$$

用 A_p 表示功率放大倍数：

$$A_P = \frac{P_o}{P_i} \qquad (2-14)$$

它们三者之间的关系是：

$$A_P = \frac{P_o}{P_i} = \frac{U_o I_o}{U_i I_i} = A_u \cdot A_i \qquad (2-15)$$

例 2.3　某交流放大器的输入电压是 100mV，输入电流为 0.5mA；输出电压为 1V，输出电流为 50mA，求该放大器的电压放大倍数、电流放大倍数和功率放大倍数。

解：（1）求电压放大倍数。

$$A_u = \frac{U_o}{U_i} = \frac{1V}{0.1V} = 10$$

（2）求电流放大倍数。

$$A_i = \frac{I_o}{I_i} = \frac{50mA}{0.5mA} = 100$$

（3）求功率放大倍数。

$$A_P = A_u \cdot A_i = 10 \times 100 = 1000$$

放大倍数用对数表示叫作增益 G，功率放大倍数取常用对数来表示，称为功率增益 G_P，单位为贝尔（Bel），实际应用时嫌"贝尔"单位太大，人们又取它的十分之一，即分贝（dB）。

在电信工程中，对放大器的三种增益作如下规定：

功率增益：　　　　　$G_P = 10 \lg A_P$ （dB）　　　　　(2-16)

电压增益：　　　　　$G_u = 20 \lg A_u$ （dB）　　　　　(2-17)

电流增益：　　　　　$G_i = 20 \lg A_i$ （dB）　　　　　(2-18)

例 2.4　求例 2.3 中放大器的电压增益、电流增益和功率增益。

解：（1）求电压增益。

$$G_u = 20 \lg A_u = 20 \lg 10 = 20dB$$

（2）求电流增益。

$$G_i = 20\lg A_i = 20\lg 100 = 40\text{dB}$$

（3）求功率增益。

$$G_P = 10\lg A_P = 10\lg 1000 = 30\text{dB}$$

运用放大器增益的概念，可以简化电路的运算数字，例如，功率放大倍数 $A_P=1000000$ 倍，用功率增益表示时 $G_P = 10\lg A_P = 10\lg 1000000 = 60\text{dB}$。

在计算电路的增益时，若增益出现负值则该电路不是放大器而是衰减器。为了方便，通常编有分贝换算表供查用。表 2.2 为电压放大倍数和分贝数的对应值。

表 2.2　电压放大倍数和增益分贝数的换算表

A_u（倍）	0.001	0.01	0.1	0.2	0.707	1	2	3	10	100	1000	10000
G_u（dB）	–60	–40	–20	–14	–3	0	6.0	9.5	20	40	60	80

例如，一个放大器的放大倍数 $A_u=100$，则由表 2.2 可查出它的电压增益为 40 分贝。

2．输入电阻 R_i

R_i 是从放大电路的输入端看进去的交流等效电阻，它等于放大电路输入电压与输入电流的比值，即 $R_i = U_i / I_i$。

R_i 反映放大电路对所接信号源（或前一级放大电路）的影响程度。如图 2.20 所示，如果把一个内阻为 R_s 的信号源 u_s 加到放大电路的输入端时，放大电路的输入电阻就是前级信号源的负载。

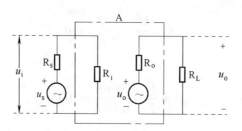

图 2.20　放大器的输入电阻和输出电阻

由图 2.20 可见

$$U_i = \frac{R_i}{R_i + R_s} U_s$$

若 $R_i \gg R_s$，则 $U_i \approx U_s$。通常希望 R_i 尽可能大一些，以使放大电路向信号源取用的电流尽可能小，以减轻前级的负担。

输入电阻可用微变等效电路法估算，由图 2.19（b）所示放大电路的微变等效电路可得：

$$R_i = R_B \mathbin{/\mkern-5mu/} r_{be} \approx r_{be} \tag{2-19}$$

3．输出电阻 R_o

R_o 是从放大电路的输出端看进去的交流等效电阻，它等于放大电路输出电压与输出电流的比值，即 $R_o = U_o / I_o$。

R_o 是衡量放大电路带负载能力的一个性能指标。如图 2.20 所示，放大电路接上负载后，要向负载（后级）提供能量，所以，可将放大电路看做一个具有一定内阻的信号源，这个信号源的内阻就是放大电路的输出电阻。

由图 2.20 可见

$$U_o = \frac{R_L}{R_o + R_L} U_o'$$

若 $R_o \ll R_L$，则 $U_o \approx U_o'$。

显然，R_o 愈小，则即使负载 R_L 变化大，而输出电压变化也愈小。这就是说 R_o 愈小，放大器带负载能力愈强。一般情况下，都希望输出电阻 R_o 尽量小些。

输出电阻可用微变等效电路法估算，由图 2.19（b）放大电路的微变等效电路可得：

$$R_o = R_C \tag{2-20}$$

2.5 静态工作点稳定电路

2.5.1 温度变化对静态工作点的影响

基本共射放大电路的基极偏流 $I_B \approx U_{CC} / R_B$，偏置电阻 R_B 一经选定，I_B 也随之确定为恒定值，因此这种电路也称为固定偏置电路。它的电路结构简单，所需元器件少，且电压放大倍数高，但它的稳定性差。当三极管受热时，其静态电流数值上升，会引起静态工作点发生偏移，导致本来不失真的放大信号出现失真；还会使集电极损耗增加，管温升高，管子不能正常工作，甚至烧坏管子。同样的道理，当更换三极管时也会出现类似问题。因此要使 u_o 波形不失真，就要稳定放大电路的静态工作点，首先要稳定静态 I_C 的值。

2.5.2 分压式偏置稳定电路

稳定静态工作点的典型电路是如图 2.21（a）所示的分压式偏置稳定电路。

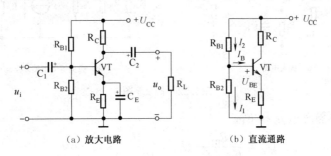

（a）放大电路　　　　　（b）直流通路

图 2.21　分压式偏置稳定电路

该电路有以下两个特点。

1. 利用电阻 R_{B1} 和 R_{B2} 分压来稳定基极电位

由图 2.21（b）放大电路的直流通路可得：

$$I_2 = I_1 + I_B \tag{2-21}$$

若使 $I_1 \gg I_B$，则 $I_1 \approx I_2$。这样基极电位 U_B 为：

$$U_B \approx \frac{R_{B2}}{R_{B1} + R_{B2}} U_{CC} \tag{2-22}$$

由于 U_B 是由 U_{CC} 经 R_{B1} 和 R_{B2} 分压决定的，故不随温度变化，且与三极管参数无关。

2．由发射极电阻 R_E 实现静态工作点的稳定

温度上升使 I_C 增大时，I_E 随之增大，U_E 也增大；因基极电位 $U_B = U_{BE} + U_E$ 保持恒定，故 U_E 增大使 U_{BE} 减小，引起 I_B 减小，使 I_C 相应减小，从而抑制了温升引起的 I_C 的增量，即稳定了静态工作点。其稳定过程如下：

$$T(℃) \uparrow \rightarrow I_C \uparrow \rightarrow I_E \uparrow \rightarrow U_E \uparrow \longrightarrow$$
$$I_C \downarrow \leftarrow I_B \downarrow \leftarrow U_{BE} \downarrow \longleftarrow$$

通常 $U_B \gg U_{BE}$，所以集电极电流

$$I_C \approx I_E = \frac{U_B - U_{BE}}{R_E} \approx \frac{U_B}{R_E} \tag{2-23}$$

根据 $I_1 \gg I_B$ 和 $U_B \gg U_{BE}$ 两个条件得到的式（2-23）说明了 U_B 和 I_C 是稳定的，基本上不随温度而变，而且也基本上与管子的参数 β 值无关。

例 2.5　电路如图 2.22 所示，已知三极管 $\beta = 40$，$U_{CC} = 12V$，$R_{B1} = 20k\Omega$，$R_{B2} = 10k\Omega$，$R_L = 4k\Omega$，$R_C = 2k\Omega$，$R_E = 2k\Omega$，C_E 足够大。试求：

（1）静态值 I_C 和 U_{CE}。

（2）电压放大倍数 A_u。

（3）输入电阻 R_i，输出电阻 R_o。

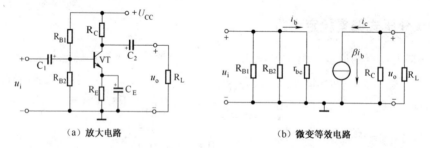

（a）放大电路　　　　　　　　（b）微变等效电路

图 2.22　例 2.5 图

解：（1）估算静态值 I_C 和 U_{CE}。

$$U_B = \frac{R_{B2}}{R_{B1} + R_{B2}} U_{CC} = \frac{10}{10 + 20} \times 12 = 4V$$

$$I_C \approx I_E = \frac{U_B - U_{BE}}{R_E} \approx \frac{U_B}{R_E} = \frac{4}{2000} = 0.002A = 2mA$$

$$U_{CE} \approx U_{CC} - I_C(R_C + R_E) = 12 - 2 \times (2 + 2) = 4V$$

（2）估算电压放大倍数 A_u。由图 2.22（a）可知其微变等效电路如图 2.22（b）所示。由于

$$r_{be} = 300 + (1+\beta)\frac{26}{I_E} = 300 + 41 \times \frac{26}{2} = 833\Omega \approx 0.83k\Omega$$

$$R_L' = R_C \mathbin{/\mkern-5mu/} R_L = \frac{2 \times 4}{2+4} = 1.33k\Omega$$

故

$$A_u = \frac{U_o}{U_i} = -\frac{I_c R_L'}{I_b r_{be}} = -\beta\frac{R_L'}{r_{be}} = -40 \times \frac{1.33}{0.83} = -64$$

（3）估算输入电阻 R_i，输出电阻 R_o。

$$R_i = R_{B1} \mathbin{/\mkern-5mu/} R_{B2} \mathbin{/\mkern-5mu/} r_{be} \approx r_{be} = 0.83k\Omega$$

$$R_o = R_C = 2k\Omega$$

在图 2.22（a）中，电容 C_E 称射极旁路电容（一般取 10～100μF），它对直流相当于开路，静态时使直流信号通过 R_E 实现静态工作点的稳定；对交流相当于短路，动态时交流信号被 C_E 旁路掉，使输出信号不会减少，即 A_u 计算与式（2-12）完全相同。这样既稳定了静态工作点，又没有降低电压放大倍数。

2.6 共集放大电路和共基放大电路

2.6.1 共集放大电路

1. 电路构成

如图 2.23（a）所示的电路，它是由基极输入信号、发射极输出信号的，所以称为射极输出器。由图 2.23（b）所示的交流通路可见，集电极是输入回路与输出回路的公共端，所以又称为共集电路。

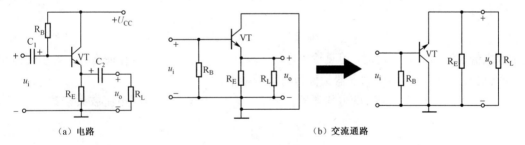

（a）电路　　　　　　　　　　（b）交流通路

图 2.23　共集放大电路

2. 射极输出器的特点

（1）静态工作点稳定。

① 射极输出器的直流通路如图 2.24 所示，由图可知

$$U_{CC} = I_B R_B + U_{BE} + I_E R_E, \quad I_B = \frac{I_E}{1+\beta} \tag{2-24}$$

于是有

$$I_C \approx I_E = \frac{U_{CC} - U_{BE}}{R_E + \dfrac{R_B}{1+\beta}} \tag{2-25}$$

$$U_{CE} \approx U_{CC} - I_C R_E \tag{2-26}$$

射极输出器中的电阻 R_E 具有稳定静态工作点的作用，过程如下：

$$T(\text{℃})\uparrow \ \rightarrow \ I_C\uparrow \ \rightarrow \ U_E\uparrow \ \rightarrow \ U_{BE}\downarrow \rightarrow I_B\downarrow \ \rightarrow I_C\downarrow$$

（2）电压放大倍数略小于 1（近似为 1）。射极输出器的微变等效电路如图 2.25 所示，由图可知

$$A_u = \frac{U_o}{U_i} = \frac{I_e R_L'}{I_b r_{be} + I_e R_L'} = \frac{(1+\beta)I_b R_L'}{I_b r_{be} + (1+\beta)I_b R_L'} \tag{2-27}$$

式中，$R_L' = R_E /\!/ R_L$。

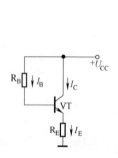

图 2.24　共集电路的直流通路

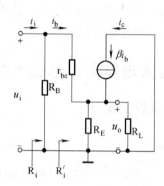

图 2.25　共集电路的微变等效电路

通常 $r_{be} \ll (1+\beta)\ R_L'$，所以

$$A_u \approx 1 \tag{2-28}$$

电压放大倍数约为 1 并为正值，可见输出电压 u_o 随着输入电压 u_i 的变化而变化，大小近似相等，相位相同。所以，射极输出器又称为射极跟随器。

在图 2.25 中，若忽略 R_B 的分流影响，则 $I_i = I_b$，$I_o = I_e$，可得电流放大倍数

$$A_i = \frac{I_o}{I_i} \approx \frac{I_e}{I_b} = 1 + \beta \tag{2-29}$$

所以，射极输出器虽然没有电压放大，但仍具有电流放大和功率放大的作用。

（3）输入电阻高。由图 2.25 可知

$$R_i = R_B /\!/ R_i' = R_B /\!/ \left[r_{be} + (1+\beta)R_L' \right] \tag{2-30}$$

由于 R_B 和 $(1+\beta)R_L'$ 值都较大，因此，射极输出器的输入电阻 R_i 很高，可达几十～几百千欧。

（4）输出电阻低。由于射极输出器的 $u_o \approx u_i$，当 u_i 保持不变时，u_o 就保持不变。可见，输出电阻对输出电压的影响很小，说明射极输出器具有恒压输出特性，因而射极输出器带负载能力很强。输出电阻的估算式为：

$$R_o \approx r_{be}/\beta \tag{2-31}$$

通常 R_o 很低，一般只有几十欧。

3．射极输出器的应用

（1）用做输入级。在要求输入电阻较高的放大电路中，常用射极输出器做输入级。利用其输入电阻很高的特点，可减少对信号源的衰减，有利于信号的传输。

（2）用做输出级。由于射极输出器的输出电阻很低，常用做输出级。可使输出级在接入负载或负载变化时，对放大电路的影响小，使输出电压更加稳定。

（3）用做中间隔离级。将射极输出器接在两级共射电路之间，利用其输入电阻高的特点，可提高前级的电压放大倍数；利用其输出电阻低的特点，可减小后级信号源内阻，提高后级的电压放大倍数。由于其隔离了前后两级之间的相互影响，因而也称为缓冲级。

2.6.2　共基放大电路

如图 2.26 所示的电路，它由发射极输入信号，集电极输出信号，基极交流接地，是输入回路与输出回路的公共端，故称共基电路。

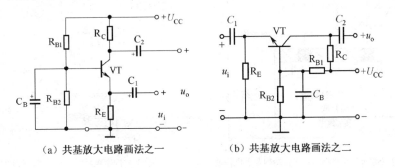

（a）共基放大电路画法之一　　　　　（b）共基放大电路画法之二

图 2.26　共基放大电路

共基电路的直流通路与共射分压式偏置稳定电路的直流通路完全相同，因而静态工作点的估算方法也完全一样。因共基电路和共射电路的输入信号均加在基极和发射极之间，只是符号相反，输出信号均从集电极取出，因而共基电路的电压放大倍数 $A_u = \beta \dfrac{R'_L}{r_{be}}$，与共射

电路的放大倍数 A_u 大小相同，符号相反。其输入电阻估算式为 $R_i = R_E // \dfrac{r_{be}}{1+\beta}$ 很小，输出电

阻 $R_o = R_C$，和共射放大电路相同。

共基电路的输入电流为 i_e，输出电流为 i_c，由于 i_c 略小于 i_e，所以共基电路无电流放大作用，但仍有电压及功率放大作用。

共基电路的特点是通频带宽、稳定性好，输出电流恒定，多用于高频和宽频带电路中，在声像及通信技术中应用较广。

*2.7　MOS 场效应管及放大电路

场效应管是一种较新型的半导体器件，是利用电场效应来控制晶体管的电流而得名的。它的输入电阻极高，可达 $10^9 \sim 10^{14}\Omega$，同时它有噪声小、热稳定性好、功耗极低和便于集成化等优点，因此在大规模集成电路中应用极为广泛。

场效应管按其结构分为两种类型：结型场效应管和绝缘栅型场效应管。绝缘栅型场效应管应用最为广泛，按制造工艺可以分成增强型和耗尽型两大类，每一类中又有 N 沟道和 P 沟道之分。结型场效应管已不多用，下面我们简单介绍绝缘栅型场效应管。

2.7.1　MOS 场效应管

1．MOS 场效应管的结构

N 沟道增强型绝缘栅场效应管的结构如图 2.27（a）所示，它是用一块 P 型薄硅片做衬底，其上扩散两个 N^+ 区作为源极 S 和漏极 D，在硅片表面生成一层 SiO_2 绝缘体，绝缘体上的金属电极为栅极 G。因栅极和其他电极及导电沟道是绝缘的，所以称绝缘栅型场效应管，或称金属-氧化物-半导体场效应管，简称 MOS 管。

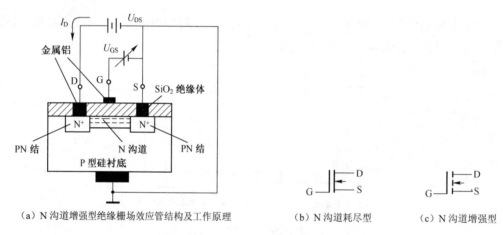

（a）N 沟道增强型绝缘栅场效应管结构及工作原理　（b）N 沟道耗尽型　（c）N 沟道增强型

图 2.27　N 沟道绝缘栅型场效应管

工作时在漏极 D 和源极 S 之间形成导电沟道，称为 N 沟道。由于掺入离子数量不同，工作中有差别，又分为耗尽型 NMOS 管和增强型 NMOS 管，其符号分别如图 2.27（b）、（c）所示。若图中符号的箭头方向相反，则分别表示 P 沟道耗尽型 PMOS 管和增强型 PMOS 管。

2．MOS 场效应管的原理和特性

（1）工作原理。当栅源电压 $U_{GS}=0$ 时，漏极 D，源极 S 间为由半导体 N-P-N 组成的两个反向串联的 PN 结，因此，可认为漏极电流 $I_D=0$。当 $U_{GS}>0$ 时，P 型衬底中的电子受到吸引而到达表层形成 N 型薄层，即 N 型导电沟道。导电沟道形成后，若在 D，S 两极间加上正向电压 U_{DS} 就会有漏极电流 I_D，如图 2.27（a）所示。这种 MOS 管在 $U_{GS}=0$ 时没有导电沟道，只有在 U_{GS} 增大到开启电压 $U_{GS(th)}$ 时才能形成导电沟道，因而称为增强型 NMOS 管。当 $U_{GS}>U_{GS(th)}$ 时，栅源电压 U_{GS} 愈大，导电沟道就会愈宽，漏极电流 I_D 也就愈大，这就是增强型 MOS 管的栅极控制作用。

（2）特性曲线。

① 转移特性曲线。转移特性是指在漏源电压 U_{DS} 一定时，输入电压 U_{GS} 对输出电流 I_D 的控制特性。虽然 U_{DS} 不同时会对转移特性有影响，但在场效应管的工作区内，I_D 几乎与 U_{DS}

无关；对应不同 U_{DS} 值的转移特性曲线几乎重合，所以通常只用一条曲线来表示，如图 2.28 所示。由转移特性曲线可以更清楚地看出栅源电压 U_{GS} 对漏极电流 I_D 的控制作用，所以说场效应管是电压控制器件。

② 输出特性曲线。输出特性曲线是指在栅源电压 U_{GS} 一定时，漏极电流 I_D 与漏源电压 U_{DS} 之间的关系曲线。如图 2.29 所示，输出特性曲线也是一曲线族。观察 I_D 随 U_{GS} 的变化情况，可以分成可变电阻区、恒流区和夹断区。场效应管应用于放大电路时就工作在恒流区。在这个区域，I_D 几乎与 U_{DS} 无关，而由栅源电压 U_{GS} 控制。用一个小电压去控制一个大电流，是场效应管的最大特点。

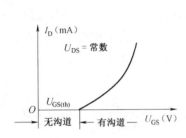

图 2.28　增强型 NMOS 管的转移特性曲线

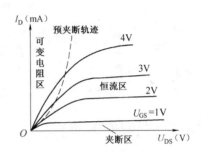

图 2.29　增强型 NMOS 管的输出特性曲线

3．场效应管的主要参数

（1）夹断电压 $U_{GS(off)}$。当耗尽型绝缘栅场效应管的 U_{DS} 为常数时，使 I_D 等于一个微弱电流（如 50μA）时，栅源之间所加电压，称为夹断电压 $U_{GS(off)}$。

（2）开启电压 $U_{GS(th)}$。当增强型绝缘栅场效应管的 U_{DS} 为常数时，有沟道将漏、源极连接起来的最小 U_{GS} 值，称为开启电压 $U_{GS(th)}$。

（3）饱和漏电流 I_{DSS}。当 $U_{GS}=0$，且 $U_{DS}>\left|U_{GS(off)}\right|$ 时的漏极电流，称为饱和漏电流 I_{DSS}。

（4）直流输入电阻 R_{GS}。栅-源电压 U_{GS} 与对应的栅极电流 I_G 之比，称为直流输入电阻 R_{GS}。

（5）低频跨导 g_m。当 U_{DS} 为常数时，漏极电流 I_D 与栅-源电压 U_{GS} 变化量的比值称为低频跨导 g_m，表征场效应管的放大能力，表示为：

$$g_m = \left.\frac{\Delta i_D}{\Delta u_{GS}}\right|_{u_{DS}=常数}$$

4．场效应管的使用注意事项

（1）由于 MOS 管的输入电阻很高，栅极的感应电荷不宜释放，可形成很高电压，将绝缘层击穿而损坏，因此，使用时栅极不能开路，保存时各极需短路。

（2）对 MOS 管，若管子内部已将衬底与源极短路，则不能互换，否则可互换。结型场效应管漏极与源极可互换使用。

（3）低频跨导与工作电流有关，I_D 越大，g_m 也越大。

2.7.2　MOS 场效应管共源放大电路

与晶体管放大电路相似，MOS 场效应管共源放大电路也必须设置合适的静态工作点，以保证放大电路正常工作。但场效应管是电压控制元件，没有偏置电流，关键是要有合适的栅

偏压 U_{GS}。常用的偏置电路有两种：自偏压电路、分压式偏置电路。前者采用结型管，后者结型管、MOS 管均可采用。本节只介绍分压式偏置电路。

1．电路结构及静态工作点

（1）电路结构。如图 2.30 所示为 N 沟道耗尽型绝缘栅场效应管共源放大电路。它与晶体管分压式共射放大电路结构相似。除场效应管外，其他元件作用也与共射放大电路中的基本一致。

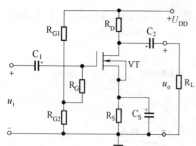

图 2.30　分压式共源放大器

（2）估算静态工作点。共源电路静态工作点与晶体管静态工作点不完全一样，主要区别是晶体管有基极电流，而场效应管的栅源间电阻极高，根本没有栅极电流流过 R_G。所以，场效应管的栅极对地直流电压 U_G 是由电源电压 U_{DD} 经电阻 R_{G1}，R_{G2} 分压得到的，而场效应管的栅源电压为：

$$U_{GS} = U_G - U_S = \frac{R_{G2}}{R_{G1} + R_{G2}} U_{DD} - I_D R_S$$

适当选择 R_{G1} 或 R_{G2} 的值，就可使栅极与源极之间获得正、负及零 3 种偏置电压。接入 R_G 是为了提高放大器的输入电阻，并隔离 R_{G1}，R_{G2} 对交流信号的分流。

静态工作点可用下面方程组联立求解。

$$\begin{cases} I_D = I_{DSS} \times \left(1 - \dfrac{U_{GS}}{U_{GS(off)}}\right)^2 & (2\text{-}32) \\[4mm] U_{GS} = \dfrac{R_{G2}}{R_{G1} + R_{G2}} U_{DD} - I_D R_S & (2\text{-}33) \\[4mm] U_{DS} = U_{DD} - I_D \left(R_D + R_S\right) & (2\text{-}34) \end{cases}$$

2．场效应管放大电路的微变等效电路分析法

（1）场效应管的等效电路。由于场效应管基本没有栅流，输入电阻极高，因此场效应管栅源之间可视为开路。又根据场效应管输出回路的恒流特性，场效应管的输出电阻 r_{ds} 可视为无穷大，因此，输出回路可等效为一个受 U_{gs} 控制的电流源，即 $I_d = g_m U_{gs}$。如图 2.31 所示为场效应管的微变等效电路，它与晶体管的微变等效电路相比更为简单。

（2）基本性能指标。图 2.32 为图 2.30 所示的分压式共源放大电路的微变等效电路，从图中不难求出 A_u，R_i，R_o 3 个动态指标。

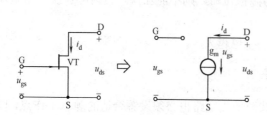

图 2.31　场效应管的微变等效电路

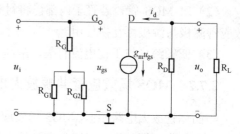

图 2.32　图 2.30 的微变等效电路

① 电压放大倍数 A_u。

$$A_u = \frac{U_o}{U_i} = \frac{-I_d R'_L}{U_{gs}} = \frac{-g_m U_{gs} R'_L}{U_{gs}} = -g_m R'_L \qquad (2\text{-}35)$$

式中，$R'_L = R_d \mathbin{/\mkern-5mu/} R_L$。

式（2-35）表明，场效应管共源放大电路的电压放大倍数与跨导成正比，且输出电压与输入电压反相。

② 输入电阻 R_i。

$$R_i = R_G + \frac{R_{G1} R_{G2}}{R_{G1} + R_{G2}} \qquad (2\text{-}36)$$

一般 R_G 取值很大，因而场效应管共源放大电路的输入电阻主要由 R_G 决定。

③ 输出电阻 R_o。

$$R_o \approx R_D \qquad (2\text{-}37)$$

可见，场效应管共源放大电路的输出电阻与共射电路相似，由漏极电阻 R_D 决定。

2.8　多级放大电路

2.8.1　多级放大电路的组成

单级放大电路的放大倍数总是有限的，当单级放大电路不能满足要求时，就需要把若干单级放大电路串联连接，组成多级放大电路。一个多级放大电路一般可分为输入级、中间级、输出级 3 部分，如图 2.33 所示为多级放大电路的组成框图。第一级与信号源相连称为输入级，常采用有较高输入电阻的共集放大电路或共射放大电路。最后一级与负载相连称为输出级，常采用大信号放大电路——功率放大电路（见 2.9 节）。其余为中间级，常由若干级共射放大电路组成，以获得较大的电压增益。

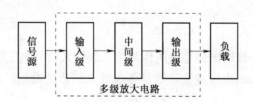

图 2.33　多级放大电路的组成框图

2.8.2　级间耦合方式

多级放大电路中级与级之间的连接称为耦合。级间耦合应满足下面两点要求：一是静态工作点互不影响；二是前级输入信号应尽可能多地传送到后级。常用的耦合方式有：直接耦合、阻容耦合和变压器耦合。

1. 直接耦合

级间直接连接或用电阻连接的方式称为直接耦合，如图 2.34（a）所示。直接耦合放大电路既能放大直流与缓慢变化的信号，也能放大交流信号。由于没有隔直电容，前后级的静态工作点互相影响，使调整发生困难。在集成电路中因无法制作大容量电容而必须采用直接耦合。

2. 阻容耦合

级间通过耦合电容与下级输入电阻连接的方式称为阻容耦合，如图 2.34（b）所示。由于耦合电容有"隔直通交"作用，可使各级的静态工作点彼此独立，互不影响；若耦合电容的容量足够大，对交流信号的容抗则很小，前级输出信号就能在一定频率范围内几乎无衰减地传输到下一级。但阻容耦合放大电路不能放大直流与缓慢变化的信号，不适于集成电路。

3. 变压器耦合

级间通过变压器连接的方式称为变压器耦合，如图 2.34（c）所示。变压器能隔断直流、传输交流，可使各级静态工作点独立。此外，变压器耦合还有一个独特的优点，具有阻抗变换作用，主要应用于功率输出电路，使功率的传输效率提高。但由于变压器原、副绕组均为电感线圈，频率特性差，且变压器体积大、成本高，因而变压器耦合放大电路不适于集成电路，只在一些特殊场合应用。

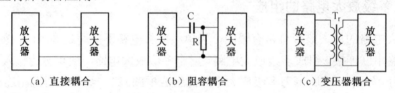

（a）直接耦合　　　　　　（b）阻容耦合　　　　　　（c）变压器耦合

图 2.34　多级放大电路的耦合方式

2.8.3　多级放大电路的性能指标

1. 电压放大倍数

多级放大电路把第一级输出信号电压作为第二级输入信号电压进行再次放大，这样依次逐级放大。可以证明，总的电压放大倍数是各级放大倍数的乘积，即

$$A_{u} = A_{u1} \cdot A_{u2} \cdot A_{u3} \cdot \cdots \cdot A_{un} \tag{2-38}$$

在计算电压放大倍数时，注意要把后一级的输入电阻作为前一级的负载电阻。

2. 输入电阻和输出电阻

多级放大器的输入电阻即为第一级的输入电阻；多级放大器的输出电阻即为最后一级的输出电阻，即

$$R_{i} = R_{i1} \tag{2-39}$$

$$R_{o} = R_{on} \tag{2-40}$$

例 2.6   在图 2.35 所示两级阻容耦合放大器中,按给定的参数,设两管的 $\beta_1 = \beta_2 = 60$, $r_{be1} = 1.3\text{k}\Omega$, $r_{be2} = 1\text{k}\Omega$,若输入正弦波信号 u_i 的有效值为 0.5mV,试估算:(1)第一级放大器的电压放大倍数和输出电压值;(2)第二级放大器的电压放大倍数和输出电压值;(3)总的电压放大倍数。

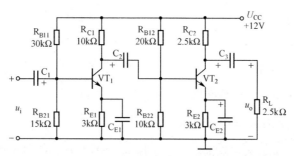

图 2.35   两级阻容耦合放大电路

解:(1)先估算有关参数。

$$r_{i2} = R_{B12} /\!/ R_{B22} /\!/ r_{be2} \approx r_{be2} = 1\,\text{k}\Omega$$

$$R'_{L1} = R_{C1} /\!/ r_{i2} = \frac{10 \times 1}{10 + 1} = 0.91\,\text{k}\Omega$$

$$R'_{L2} = R_{C2} /\!/ R_L = 1.25\,\text{k}\Omega$$

(2)估算各级电压放大倍数和输出电压值。

$$A_{u1} = -\beta_1 \frac{R'_{L1}}{r_{be1}} = -60 \times \frac{0.91}{1.3} = -42$$

$$U_{o1} = A_{u1} \cdot U_i = (-42) \times 0.5 = -21\,\text{mV}$$

$$A_{u2} = -\beta_2 \frac{R'_{L2}}{r_{be2}} = -60 \times \frac{1.25}{1} = -75$$

$$U_{o2} = A_{u2} \cdot U_{o1} = (-75) \times (-21) = 1575\,\text{mV} = 1.575\,\text{V}$$

(3)总的电压放大倍数。

$$A_u = A_{u1} \cdot A_{u2} = (-42) \times (-75) = 3150$$

*2.8.4   放大电路的频率特性

1. 基本概念

把放大器对不同频率的正弦信号的放大效果称为放大器的频率响应,也称为放大器的频率特性。其中放大倍数的大小与频率之间的关系称为幅频特性;相位移的大小与频率之间的关系称为相频特性。

如果一个放大电路对于不同频率信号的放大倍数不一样,那么,经放大后的信号将会失真,称为幅频失真。如果一个放大电路对于不同频率信号的相位移不一样,输出信号也会失真,称为相频失真。幅频失真和相频失真统称为频率失真。

2. 单级共射放大电路的频率特性

图 2.36 为单级共射放大电路的幅频特性曲线。从图中可见,对于过低或过高的频率,放

大电路的放大倍数会急剧下降，而在中间一段频率所对应的放大倍数基本不变。为了衡量放大电路频率响应特性的好坏，规定当放大倍数下降为 0.707 A_{um} 时所对应的两个频率，分别称为下限频率 f_L 和上限频率 f_H，它们之间的频率范围称为放大电路的通频带，用 f_{BW} 表示，即

$$f_{BW} = f_H - f_L \qquad (2-41)$$

一般有 $f_L \ll f_H$，故

$$f_{BW} \approx f_H$$

在低频段，因耦合电容和射极旁路电容随频率降低而容抗 $\dfrac{1}{\omega c}$ 增大，使信号受到衰减，放大倍数减小。因此应注意选用合适的电容，一般耦

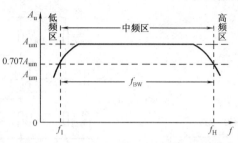

图 2.36　单级共射放大电路的幅频特性

合电容选用 5~50μF，射极旁路电容可选用 30~100μF。在高频段，因频率升高而使晶体管的极间电容容抗减小，使放大倍数减小。

3. 多级放大电路的频率特性

多级放大电路总的电压放大倍数等于各级放大倍数的乘积。从单级放大电路的幅频特性曲线可知，中频区放大倍数相乘，其值较大，而在 f_L 和 f_H 处相乘，其值较小，显然上限频率比单级低了，而下限频率又比单级高了，即通频带变窄了。所以多级放大电路的通频带总是比单级的通频带要窄。

*2.9　差动放大电路

2.9.1　直接耦合放大电路的零点漂移

直接耦合放大电路的优点是能够放大直流与缓慢变化的信号，但这种耦合方式也带来了问题，主要是"零点漂移"。

因外界因素，如温度的变化、电源电压的波动、三极管参数的变化等，将引起放大电路的静态工作点发生变化。又由于是直接耦合，静态工作点的变化都将直接传输到下一级并被放大。这种因输入信号为零，输出信号随外界条件变化而偏离静态值的现象，称为"零点漂移"，由温度引起的零漂最严重，因此又称为温漂。零漂使末级无法区别"真"、"假"信号，就会产生"假指示"，而执行元件则会"真动作"；当零漂严重时，有可能淹没需要放大的有用信号，导致放大器无法正常工作。显然，放大电路的放大倍数越高，零漂现象就越严重，且第一级的"零点漂移"对多级放大电路影响最大，因此需要抑制。最有效的措施是采用差动放大电路。

2.9.2　典型差动放大电路

1. 电路组成及静态分析

图 2.37 所示的是一个典型的差动放大电路，它由两个完全对称的单管共射放大电路组

成，采用双端输入–双端输出连接方式，一般由正、负两组电源供电，且 $U_{CC}=-U_{EE}$。

2. 电路工作原理

（1）静态分析。静态时输入信号 $u_i=0$，由于电路左右两边完全对称，静态值完全相同，故 $U_o=U_{o1}-U_{o2}=0$，实现了零输入、零输出的要求。

（2）对共模信号的抑制作用。共模信号是指无用的干扰或噪声信号。差放电路的零点漂移折算到放大器的输入端，相当于在两个输入端加上了一对大小相等，相位相同的信号电压，即 $u_{ic1}=u_{ic2}=u_{ic}$，我们把这样的信号称为共模信号，用带有下标符号"c"表示[①]。

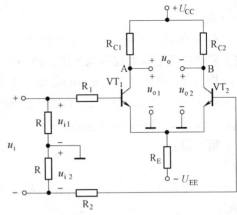

图 2.37　典型差动放大电路

当电源电压波动或温度升高时，共模信号会引起两个三极管相同的变化，如温度上升时，i_{c1} 和 i_{c2} 同时增大，使 u_{o1} 和 u_{o2} 同时下降，因而两管集电极电压变化量相等，即 $u_{oc}=u_{o1}-u_{o2}=0$，从而有效地抑制了零点漂移。也就是说，不是不产生零漂，而是不输出零漂。一个完全对称的差动放大电路，它的共模放大倍数为 0，即

$$A_{uc}=u_{oc}/u_{ic}=0/u_{ic}=0$$

（3）对差模信号的放大作用。差模信号是指要放大的有用信号。当输入信号 u_i 加到放大器的输入端时，经电阻 R 的均分，相当于在两个输入端加上了一对大小相等，相位相反的信号电压，即 $u_{id1}=1/2u_{id}$，$u_{id2}=-1/2u_{id}$，我们把这样的信号称为差模信号，用带有下标符号"d"表示。

在差模信号作用下，三极管的变化相反，若 u_{id} 增大时，u_{id1} 增大，u_{id2} 减小，使 $u_o\neq0$。可见在差动放大电路中，只有当两个输入端之间的电位有"差"时，输出端之间才有放大"动作"，"差动"名称由此而来。

由于电路是完全对称的，有 $A_{u1}=A_{u2}$，则

$$u_{o1}=A_{u1}u_{id1}=A_{u1}\times1/2u_{id}，\quad u_{o2}=A_{u2}u_{id2}=-A_{u2}\times1/2u_{id}=-u_{o1}$$

总输出电压从两管集电极取出，即

$$u_{od}=u_{o1}-u_{o2}=2u_{o1}$$

则差模放大倍数为：

$$A_{ud}=\frac{u_{od}}{u_{id}}=\frac{2u_{o1}}{2u_{id1}}=A_{u1}=A_{u2} \qquad(2\text{-}42)$$

可见，差放电路的差模放大倍数与单管共射放大电路相同。也就是说，差动放大电路是多用一只三极管来换取对零点漂移的抑制的。

（4）共模抑制比。把差模放大倍数与共模放大倍数的比值称为共模抑制比，用 K_{CMR} 表示，即

---

① 下标 c 是英文 Common-mode（共模）的首字母；后面下标 d 是英文 Difference-mode（差模）的首字母。

$$K_{CMR} = \left| \frac{A_{ud}}{A_{uc}} \right| \qquad\qquad (2\text{-}43)$$

K_{CMR} 描述了差动电路抑制共模信号的能力。A_{uc} 愈小，则 K_{CMR} 愈大，说明电路性能愈好。由于差动电路能有效地抑制零漂，因而在集成电路内被较多采用。

例 2.7 在图 2.37 所示的差动放大电路中，若已知两管各自的单管放大器的放大倍数 $A_{u1}=A_{u2}=-40$，该差动放大器的共模放大倍数 $A_{uc}=0.04$，（1）求该差动放大器的差模放大倍数 A_{ud}；（2）求共模抑制比 K_{CMR}。

解：（1）
$$A_{ud} = A_{u1} = A_{u2} = -40$$

（2）
$$K_{CMR} = \left| \frac{A_{ud}}{A_{uc}} \right| = \left| \frac{-40}{0.04} \right| = 1000$$

3. R_E、U_{EE} 在电路中的作用

公共射极电阻 R_E 的作用是引入共模负反馈。因为共模信号使两管的射极电流同方向流经 R_E，其负反馈稳流作用要比单管电路大一倍，使共模放大倍数大大降低，R_E 愈大，反馈效果愈好，克服零点漂移作用也愈显著。而 R_E 对差模放大倍数没有影响，因为差模信号总是使一管电流上升另一管电流下降，方向相反地流过 R_E，使 R_E 上的差模电压降为零，好像 R_E 不存在一样。

负电源 U_{EE} 的作用是补偿 R_E 上的直流电压。因为要提高抑制零点漂移的效果，就必须增大 R_E，但 R_E 愈大，VT_1 和 VT_2 的管压降就愈小，从而使信号不失真放大的动态范围减小。接入负电源 U_{EE}，并使 $U_{EE}=(I_{E1}+I_{E2})R_E$，等于在管子的集电极-发射极回路中串接入一个与 U_{CC} 方向相同的电压，这样就可以把 R_E 上的直流电压补偿掉，恢复两管的射极电位接近零（地），保持两管的静态电压为正常值。

2.10 功率放大电路

多级放大电路中，最后一级总是用来推动负载工作的，例如使扬声器发声，使电动机旋转等，因此要求末级放大器不仅要向负载提供大的信号电压，而且要向负载提供大的信号电流，即要有大的输出功率。这种输出足够大功率的放大电路称为功率放大器，简称功放。

2.10.1 功率放大器的概念

1. 功率放大器的任务

就放大信号而言，功率放大器和电压放大器没有本质的区别，都是利用三极管的控制作用，将直流电源的直流功率转换为输出信号的交流功率。但电压放大器是小信号放大器，要求电压放大倍数大，工作点稳定；而功率放大器是大信号放大器，要求输出功率大、效率高、失真小。

放大器的输出功率 P_o 为输出电压有效值 U_o 与输出电流有效值 I_o 的乘积，即

$$P_o = U_o I_o \qquad\qquad (2\text{-}44)$$

电源供给的直流功率 P_{DC} 可按一个周期的平均功率来计算，为电源电压与流过电源的平

均电流之积，即

$$P_{DC}=U_{CC}I_{均}$$ (2-45)

而效率定义为负载得到的信号功率 P_o 与电源供给的直流功率 P_{DC} 之比，即

$$\eta = P_o / P_{DC}$$ (2-46)

2. 功率放大器的分类

（1）按三极管的工作状态分类。功率放大器按三极管的工作状态可分为甲类、乙类和甲乙类 3 种类型，如图 2.38 所示。甲类功率放大器在输入信号的整个周期内都有集电极电流通过三极管，其特点是失真小，但效率低（理想情况下为 50%）、耗电多。乙类功率放大器仅在输入信号的半个周期内有集电极电流通过三极管，其特点是输出功率大、效率高（理想情况下可达 78.5%），但失真较大。甲乙类功率放大器每只功率管导通时间大于半个周期，但又不足一个周期，截止时间小于半个周期，两只功率管推挽工作，可以避免交越失真。

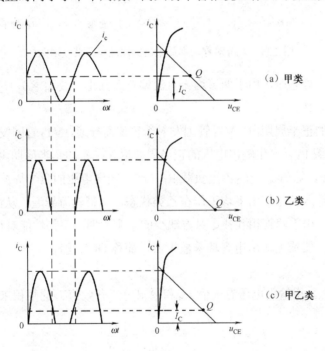

图 2.38 功率放大器的三种工作状态

（2）按电路形式分类。功率放大器按电路形式来分，主要有单管功率放大器、互补推挽功率放大器和变压器耦合功率放大器。互补推挽功率放大器由射极输出器发展而来，体积小、质量小、成本低、便于集成，因而被广泛使用。变压器耦合功率放大器利用输出变压器可实现阻抗匹配，以获得最大的输出功率，体积大、质量大、成本高、不能集成化，因而现在很少使用。

2.10.2 互补对称功率放大器

1. 双电源互补对称功率放大器——OCL 电路

（1）电路组成。如图 2.39 所示是互补对称功率放大器的原理电路及波形图。图中 VT_1

是 NPN 型管，VT$_2$ 是 PNP 型管，要求两管的特性一致，采用正负两组电源供电。由图可见，两管的基极和发射极分别接在一起，信号由基极输入，发射极输出，负载接在公共射极上，因此它是由两个射极输出器组合而成的。尽管射极输出器不具有电压放大作用，但有电流放大作用，所以，仍然具有功率放大作用，并可使负载电阻和放大电路输出电阻之间能较好地匹配。

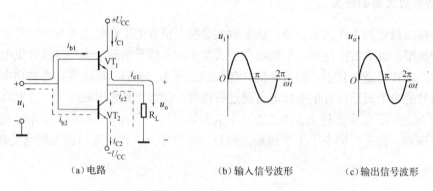

（a）电路　　　　　　（b）输入信号波形　　　　（c）输出信号波形

图 2.39　互补对称功率放大器的原理电路及波形图

（2）工作原理。静态时，由于两管均无直流偏置而截止，故 $I_B = 0$，$I_C = 0$。因此放大器工作在乙类状态，功耗为 0。

动态时，在 u_i 的正半周期内，VT$_1$ 管因发射结正偏而导通，VT$_2$ 管因发射结反偏而截止。这时 $i_{c1} \approx i_{e1}$ 流过负载 R$_L$，产生输出电压的正半周波形。在 u_i 的负半周期内，情况正好相反，VT$_2$ 导通，VT$_1$ 截止，这时 $i_{c2} \approx i_{e2}$ 流过负载 R$_L$，产生输出电压的负半周波形。

可见，两管在输入信号作用下均工作在乙类状态，交替轮流导通，从而在负载 R$_L$ 上合成一个完整的波形。由于两管相互补足对方缺少的半个周期，工作性能对称，故这种电路称为互补对称功率放大器或无输出电容功率放大器，简称 OCL 电路。

（3）分析计算。

① 输出功率 P_o。用输出电压有效值 U_o 和输出电流有效值 I_o 的乘积来表示

$$P_o = U_o I_o = \frac{U_{om}}{\sqrt{2}} \frac{U_{om}}{\sqrt{2}R_L} = \frac{1}{2}\frac{U_{om}^2}{R_L} \tag{2-47}$$

当 $U_{om} \approx U_{CC}$ 时，可获得最大的输出功率：

$$P_{om} = \frac{1}{2}\frac{U_{om}^2}{R_L} \approx \frac{1}{2}\frac{U_{CC}^2}{R_L} \tag{2-48}$$

② 管耗 P_T。对电路中某一个管子而言，在一个周期内，半个周期截止，管耗为 0；半个周期导通，导通时的管耗为：

$$P_{T1} = \frac{1}{2\pi}\int_0^\pi (U_{CC} - u_o)\frac{u_o}{R_L}\,d(\omega t) = \frac{1}{2\pi}\int_0^\pi (U_{CC} - U_{om}\sin\omega t)\frac{U_{om}\sin\omega t}{R_L}\,d(\omega t)$$

$$= \frac{1}{R_\mathrm{L}} \left(\frac{U_\mathrm{CC}U_\mathrm{om}}{\pi} - \frac{U_\mathrm{om}^2}{4} \right) \tag{2-49}$$

则两管的管耗为：

$$P_\mathrm{T} = P_\mathrm{T1} + P_\mathrm{T2} = \frac{2}{R_\mathrm{L}} \left(\frac{U_\mathrm{CC}U_\mathrm{om}}{\pi} - \frac{U_\mathrm{om}^2}{4} \right) \tag{2-50}$$

③ 直流电源供给的功率 P_DC。其包括输出功率 P_o 和管耗 P_T 两部分，由式（2-47）和式（2-48）得：

$$P_\mathrm{DC} = P_\mathrm{o} + P_\mathrm{T} = \frac{2U_\mathrm{CC}U_\mathrm{om}}{\pi R_\mathrm{L}}$$

④ 效率 η。一般情况下效率为：

$$\eta = \frac{P_\mathrm{o}}{P_\mathrm{DC}} = \frac{\pi}{4} \frac{U_\mathrm{om}}{U_\mathrm{CC}}$$

理想情况下，$U_\mathrm{om} \approx U_\mathrm{CC}$，则 $\eta = \dfrac{P_\mathrm{o}}{P_\mathrm{DC}} = \dfrac{\pi}{4} = 78.5\%$。

（4）交越失真。乙类功放为零偏置时，当输入信号小于三极管的死区电压时两管都截止，从而使输出波形在正、负半周交接处出现失真，称为交越失真，如图 2.40 所示。

为了消除交越失真，可给两个互补管的发射结设置一个略大于死区电压的正向偏压，使两管在静态时处于微导通。图 2.41 所示的电路就是利用二极管 VD_1，VD_2 的直流压降作为功放管 VT_2，VT_3 的基极偏压来克服交越失真，这种工作方式称为甲乙类放大。

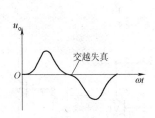

图 2.40　交越失真

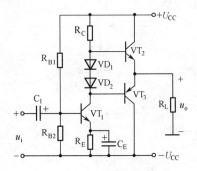

图 2.41　甲乙类互补对称功率放大器

2. 单电源互补对称功率放大器——OTL 电路

OCL 电路采用双电源供电，给使用和维修带来不便，因此可在放大器输出端接入一个大电容 C，利用这个大电容 C 的充放电来代替负电源，称为单电源互补对称功率放大器或无输出变压器功率放大器，简称 OTL 电路，如图 2.42 所示。

该电路的最大工作电压取电源电压的一半，所以最大输出功率为：

$$P_{om} = \frac{1}{2} \times \frac{U_{om}^2}{R_L} = \frac{1}{2} \times \frac{\left(\frac{1}{2}U_{CC}\right)^2}{R_L} = \frac{U_{CC}^2}{8R_L} \qquad (2\text{-}51)$$

3. 复合管互补对称功率放大器

在互补对称功率放大器中选用互补管比较困难，为此，常用复合管来取代互补管。

复合管是由两个或两个以上的三极管（有时还有场效三极管）按照图 2.43 所示的方法构成的一个三端子器件，又称达林顿管。连接时，在串接点应保证电流的连续；在并接点应保证总电流为两管电流的算术和。复合管的类型取决于 VT_1 的类型，复合管的电流放大系数 $\beta \approx \beta_1 \beta_2$，常见的组态如图 2.44 所示。

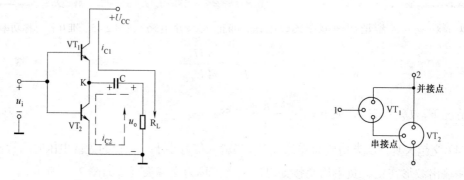

图 2.42　OTL 电路　　　　　　　　　　图 2.43　复合管的连接

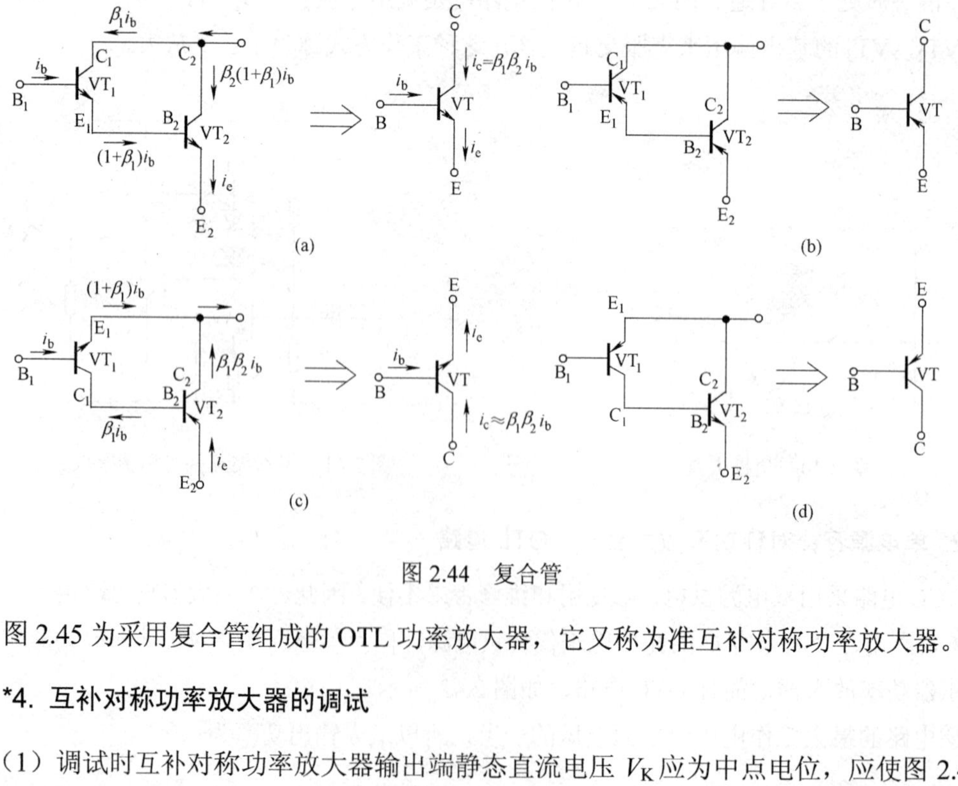

图 2.44　复合管

图 2.45 为采用复合管组成的 OTL 功率放大器，它又称为准互补对称功率放大器。

*4. 互补对称功率放大器的调试

（1）调试时互补对称功率放大器输出端静态直流电压 V_K 应为中点电位，应使图 2.41 所示 OCL 电路 K 点的 $V_K = 0$，图 5.34 所示 OTL 电路 K 点的 $V_K = 1/2U_{CC}$。

（2）调试时应注意如图 2.45 所示的 VD_1, VD_2, VD_3 不允许断开，否则功放管 VT_1, VT_2 将被击穿。

（3）调试时如图 2.45 所示的负载不能短路，否则功放管 VT_1, VT_2 会因电流过大而烧毁。因功放管的电流很大，当输出端意外短路或负载电流太大时，容易造成功放管的损坏。为此在功放电路中还要加过流保护电路。

（4）在安装使用时要注意：由于功放管的功耗较大，因此一般都要安装散热器。

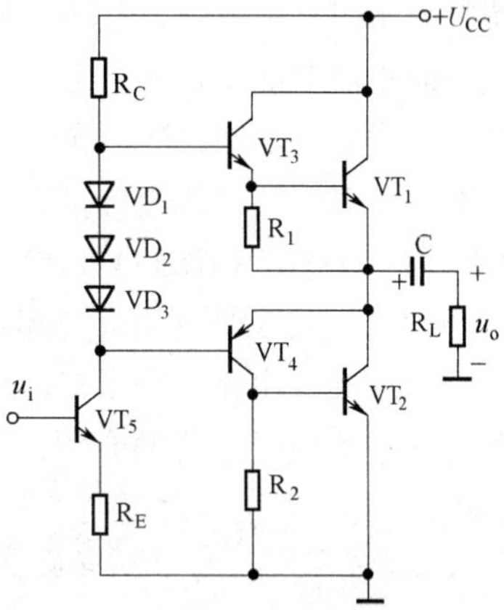

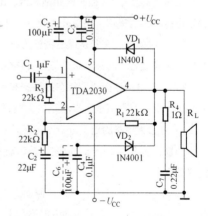

图 2.45　准互补对称功率放大器

2.10.3　集成功率放大器

集成功率放大器是一种单片集成电路，即把大部分电路及包括功放管在内的元器件集成制作在一块芯片上。为了保证器件在大功率状态下安全可靠地工作，通常设有过流、过压以及过热保护等电路。

目前集成功率放大器的型号很多，它们都具有外接元件少，工作稳定，易于安装和调试等优点。我们只需了解其外部特性和正确的连接方法，以下举例简介。

1. 集成功放 TDA2030 及应用电路

图 2.46 所示的是集成功率放大器 TDA2030 的外形及管脚排列。其电源电压 $U_{CC}=\pm6\sim18V$，输出峰值电流为 3.5A。当负载阻抗为 4Ω 时，输出功率为 14W。TDA2030 可双电源供电，接成 OCL 电路，也可单电源供电，接成 OTL 电路。图 2.47 所示的应用电路是 OCL 电路的接法。

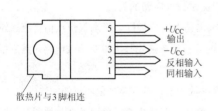

图 2.46　TDA2030 外形及管脚排列

图 2.47　TDA2030 应用电路

2. 集成功放 LM386 及应用电路

LM386 是音频小功率集成放大器，它频响宽、功耗低、电源电压适应范围宽，常称为万用放大器。

图 2.48 所示是 LM386 的外形及管脚排列。其额定工作电压 $U_{CC}=$ 4～16V，当电源电压

为 6V 时，静态工作电流为 4mA，因而极适合用电池供电。1 和 8 脚间外接电阻、电容元件以调整电路的电压增益。电路的频响范围可达到数百千赫兹，最大允许功耗为 660mW（25℃），使用时不需散热片，工作电压为 6V，负载阻抗为 8Ω时，输出功率约为 325mW；工作电压为 9V，负载阻抗为 8Ω时，输出功率可达 1.3W。LM386 两个输入端的输入阻抗都为 50kΩ，而且输入端对地的直流电位接近于 0，即使与地短路，输出直流电平也不会产生大的偏离。图 2.49 为 LM386 组成的 OTL 电路。图中 7 脚接去耦电容 C，其容量通过调试确定。LM386 用于音频功率放大时，最简电路只需一只输出电容接扬声器。

功放集成电路种类很多，一般电子器件手册都有各种集成功率放大电路的型号、主要参数及典型的电子电路的介绍，可供查阅。

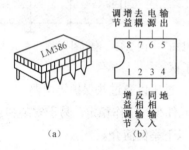

图 2.48 LM386 外形及管脚排列

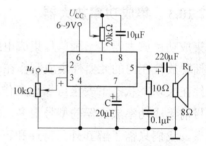

图 2.49 LM386 应用电路

本 章 小 结

（1）三极管可分为 NPN 和 PNP 两种类型，三极管是双极型的电流控制器件，它的输出特性曲线可以分为 3 个工作区：放大区、截止区和饱和区。在放大电路中，三极管有电流放大作用，三极管应工作在放大区。在数字电路中，三极管常用做开关元件，工作在截止区和饱和区。

（2）共射单管放大器是以三极管为核心，配合适当的元件构成的。在合适的偏置下，三极管将较小的基极电流转换成较大的集电极电流，并由集电极负载电阻转换成电压输出，实现电压放大。

（3）放大电路存在两种状态：静态和动态。静态值在特性曲线上对应的点为静态工作点；动态时交流信号叠加在直流静态值上。直流是放大电路正常放大的基础，交流是放大电路的目的。

（4）对放大电路的定量分析，一是确定静态工作点，二是求出动态性能指标。静态工作点由直流通路来分析计算。动态性能指标（放大倍数、输入电阻和输出电阻）的分析计算是先画出微变等效电路，然后根据定义计算。

（5）静态工作点应选择合适，使动态工作点不能超出三极管的放大区，否则会产生明显的非线性失真。工作点选得过高（I_B 过大），将出现饱和失真，过低（I_B 过小）又会产生截止失真。可通过调节偏置元件解决波形失真。

（6）分压式工作点稳定电路可以克服温度和其他因素对工作点的影响，提高电路的稳定性。

（7）三极管电路有 3 种连接方式，它们的共同点都是发射结必须正偏，集电结必须反偏。但由于输入和输出公共电极的不同，它们的放大特性并不相同。

（8）MOS 场效应管放大电路有共源、共漏和共栅 3 种组态。MOS 场效应管共源放大器与晶体管分压式偏置稳定电路结构相似，具有良好的放大性能。

（9）多级放大器的耦合方式有直接耦合、阻容耦合和变压器耦合。多级放大器的总电压放大倍数为 $A_u = A_{u1} \cdot A_{u2} \cdot A_{u3} \cdots \cdot A_{un}$，输入电阻为第一级的输入电阻 $R_i = R_{i1}$；输出电阻为最后一级的输出电阻 $R_o = R_{on}$。

（10）差动放大电路的基本性能是放大共模信号，抑制差模信号。通常用共模抑制比 K_{CMR} 来衡量差动放大电路的性能优劣。

（11）功率放大器的任务是在允许的失真范围内安全、高效率地输出尽可能大的功率。为了提高功放电路的效率，应选用乙类互补推挽电路，为克服功放电路中的交越失真，应采用接近乙类的甲乙类互补对称功放。OTL 电路与 OCL 电路由两个射极输出器组成，两只功率放大管互补推挽工作。

习　题　2

一、判断题（正确的打 √，错误的打 ×）

2.1　NPN 型和 PNP 型晶体管正常放大时，其外加电压极性没有区别。（　　　）

2.2　晶体管具有两个 PN 结，二极管具有一个 PN 结，因此可以把两个二极管反向连接起来当作一只晶体管使用。（　　　）

2.3　通常晶体管在集电极和发射极互换使用时，仍有较大的电流放大作用。（　　　）

2.4　要使电路中的 NPN 型三极管具有电流放大作用，三极管的各极电位应满足 $U_C > U_B > U_E$。（　　　）

2.5　在交流放大电路中，同时存在直流、交流两个量，都能同时被电路放大。（　　　）

2.6　共发射极放大器的输出信号和输入信号反相，射极输出器也是一样。（　　　）

2.7　有人用直流电压表和电流表测量得某工作于放大状态的三极管的 $U_{BE}=0.7V$，$I_B=0.07mA$，则可知三极管 BE 间的交流电阻 $r_{be}=10k\Omega$。（　　　）

2.8　射极输出器没有电压放大作用，但仍有电流和功率放大作用。（　　　）

2.9　在共集放大电路中集电极信号电压与基极信号电压同相。（　　　）

2.10　在共基电路中输出信号和输入信号反相。（　　　）

2.11　多级阻容耦合放大电路，若各级均采用共射电路，则电路的输出电压与输入电压总是反相的。（　　　）

2.12　阻容耦合放大器既能放大交流信号，又能放大直流信号。（　　　）

2.13　环境温度变化引起参数变化是放大电路产生零点漂移的主要原因。（　　　）

2.14　功率放大器的静态工作点要适当靠近 P_{CM}，I_{CM}，$U_{(BR)CEO}$ 这 3 个极限参数，但不能超出安全工作区。（　　　）

2.15　推挽功放的两只管子特性应对称，若一个管子脱焊，输出波形就将只有半个周期有波形。（　　　）

二、选择题（单选）

2.16　NPN 型晶体管工作在放大区时，具有如下特点（　　　）。

　　A．发射结反向偏置　　　　　　　　　　　　B．集电结反向偏置

　　C．晶体管具有开关作用　　　　　　　　　　D．I_C 与 I_B 无关

2.17　测量放大器电路中的晶体管，其各极对地电压分别为 2.7V，2V，6V，则该管（　　　）。

　　A．为 NPN 管　　　　B．为 Ge 材料　　　　C．为 PNP 管　　　　D．工作在截止区

2.18　测得晶体管 $I_B=30\mu A$ 时，$I_C=2.4mA$；$I_B=40\mu A$ 时，$I_C=3mA$，则该管的交流电流放大系数为（　　　）。

　　A．80　　　　　　　B．60　　　　　　　　C．75　　　　　　　D．100

2.19　在三极管电压放大电路中，当输入信号一定时，静态工作点设置太低将可能产生（　　　）。

A. 饱和失真　　　　　B. 截止失真　　　　　C. 交越失真　　　　　D. 频率失真

2.20　单管共射放大器的 u_o 与 u_i 相位差是（　　）。

A. 0°　　　　　B. 90°　　　　　C. 180°　　　　　D. 360°

2.21　固定偏置基本放大电路出现饱和失真时，应调节 R_B，使其阻值（　　）。

A. 增大　　　　　B. 减小　　　　　C. 先增大后减小

2.22　放大电路设置静态工作点的目的是（　　）。

A. 提高放大能力　　　　　　　　　B. 避免非线性失真

C. 获得合适的输入电阻和输出电阻　　D. 使放大器工作稳定

2.23　共射电路与共集电路的参数为（　　）。

A. 共射电路输入电阻大于共集电路输入电阻

B. 共射电路输出电阻小于共集电路输出电阻

C. 它们的电流增益均大于1，且共集电路大于共射电路

D. 共射电路和共集电路的电压增益和电流增益均大于1

2.24　场效晶体管属于（　　）型的电子元件。

A. 电流控制　　　　　B. 电压控制　　　　　C. 不受输入控制　　　D. 非线性

2.25　某放大器由三级组成，已知每级电压放大倍数为 A_u，则总的电压放大倍数为（　　）。

A. $3A_u$　　　　　B. $A_u^3/3$　　　　　C. $A_u^3/\sqrt{3}$　　　　　D. A_u^3

2.26　使用差动放大电路的目的是为了提高（　　）。

A. 输入电阻　　　　　　　　　B. 电压放大倍数

C. 抑制零点漂移能力　　　　　D. 电流放大倍数

2.27　差动放大电路的作用是（　　）信号。

A. 放大差模　　　　　B. 放大共模　　　　　C. 抑制共模　　　　　D. 抑制共模，又放大差模

2.28　直接耦合多级放大电路（　　）。

A. 只能放大直流信号　　　　　B. 只能放大交流信号

C　不能放大　　　　　　　　　D. 既能放大直流信号，又能放大交流信号

2.29　要克服互补推挽功率放大器的交越失真，可采取的措施是（　　）。

A. 增大输入信号

B. 设置较高的静态工作点

C. 提高直流电源电压

D. 基极设置一个小偏置，使 U_{CEO} 克服三极管死区电压

2.30　复合管如图 2.50 所示，等效为 PNP 管的有（　　）。

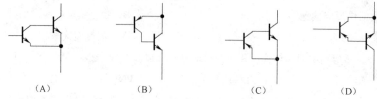

(A)　　　　　(B)　　　　　(C)　　　　　(D)

图 2.50

三、填空题

2.31 晶体管从内部结构可分为_____型和_____型。

2.32 晶体管在电路中若用于信号的放大应使其工作在_____状态。若用作开关应工作在_____和_____状态，并且是一个_____触点的控制开关。

2.33 在晶体管放大电路中，测得 $I_C=3\text{mA}$，$I_E=3.03\text{ mA}$，则 $I_B=$_____，$\beta=$_____。

2.34 晶体管是用输入_____来控制输出电流，而场效晶体管是用输入_____来控制输出电流。

2.35 MOS 场效晶体管是_____、_____、_____绝缘栅场效晶体管的简称。

2.36 按三极管在电路中不同的连接方式，可组成_____、_____和_____ 3 种基本放大电路；其中_____电路输出电阻低，带负载能力强；_____电路兼有电压放大和电流放大作用。

2.37 放大电路没有输入信号时的工作状态称为_____；放大电路有输入信号作用时的工作状态称为_____。

2.38 造成静态工作点不稳定的因素很多，如温度变化、U_{CC} 波动、电路参数变化等，其中以_____影响最大。

2.39 在三极管放大电路中，若静态工作点偏高，容易出现_____失真；若静态工作点偏低，容易出现_____失真。

2.40 射极输出器的特点是：输出电压与输入电压之间相位_____、电压放大倍数_____、输入电阻_____和输出电阻_____。

2.41 当输入信号为 0 时，输出产生缓慢的不规则变化的现象称为_____。

2.42 为了有效地抑制零点漂移，多级直流放大器的第一级均采用_____电路。

2.43 多级放大器的级间耦合方式有 3 种，分别是_____耦合、_____耦合和_____耦合。

2.44 多级放大电路的通频带总是比单级放大电路的通频带_____。

2.45 根据功放管的静态工作点位置不同，功率放大电路可分为三种工作状态，这三种工作状态分别是_____、_____和_____。

四、解析题

2.46 如图 2.51 所示，已知在电路中无交流信号时测得三极管（均为硅管）各极对地的电位值，试判别各三极管的工作状态。

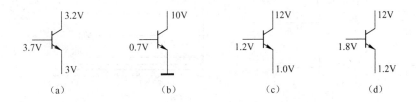

图 2.51

2.47 在如图 2.52 所示的各电路中，哪些可以实现正常的交流放大？哪些则不能？

2.48 电路如图 2.53 所示，参数均为 $\beta=100$，$U_{BE}=0.7\text{V}$，$U_{CES}=0.3\text{V}$，$U_{CC}=12\text{V}$，判断它们工作在什么区。

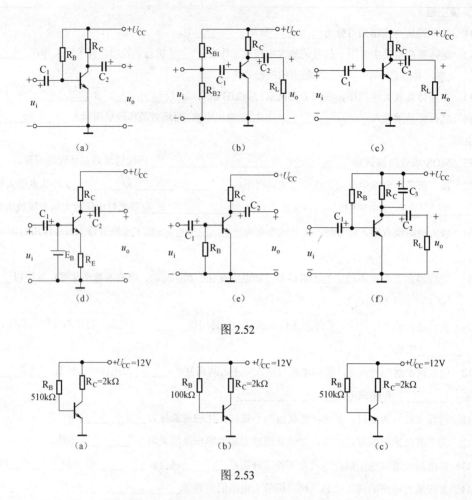

图 2.52

图 2.53

2.49 共射放大电路如图 2.54（a）所示，图（b）是晶体管的输出特性曲线，试求：（1）在输出特性曲线上画出直流负载线，若 $I_C=1.5$mA，确定此时的 Q 点，并求对应的 R_B 值；（2）若 R_B 调至 150kΩ，且 $i_b=20\sin\omega t$（μA），画出 i_C 和 u_{CE} 的波形，此时出现了什么失真？（3）若 R_B 调至 600kΩ，且 $i_b=20\sin\omega t$（μA），画出 i_C 和 u_{CE} 的波形，此时出现了什么失真？

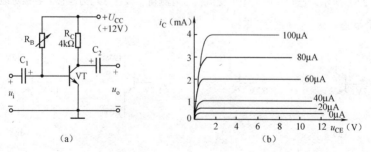

图 2.54

2.50 电路如图 2.55 所示，已知三极管 3DG6 的 $\beta=100$，$R_C=1$kΩ，试求：（1）估算静态工作点；（2）画出微变等效电路；（3）放大电路的输入电阻 R_i，输出电阻 R_o，电压放大倍数 A_u；（4）若接上负载 $R_L=2$kΩ 后，电压放大倍数 A_u。

2.51 电路如图 2.56 所示，已知 U_{CC}=15V，R_{B1}=27kΩ，R_{B2}=12kΩ，R_E=2kΩ，R_C=3kΩ，三极管的β= 40，U_{BE}= 0.7V。试求：（1）估算放大电路的静态工作点 I_B，I_C，U_{CE}；（2）估算放大电路的电压放大倍数 A_u、输入电阻 R_i、输出电阻 R_o；（3）若 R_L=3kΩ，估算电压放大倍数；（4）画出微变等效电路。

图 2.55　　　　　　　　　　　图 2.56

2.52 某放大器不带负载时，测得其输出端开路电压U_o' = 1.5V，而带上负载电阻 5.1kΩ时，测得输出电压U_o = 1V，试求该放大器的输出电阻 R_o。

2.53 射极输出器电路如图 2.57 所示，已知三极管为硅管，β=100，试求：（1）静态工作电流 I_C；（2）画出微变等效电路；（3）输入电阻和输出电阻。

2.54 共基放大电路如图 2.58 所示，已知三极管的β=49，r_{be}=2kΩ，求：（1）放大器的输出电阻；（2）电压放大倍数。

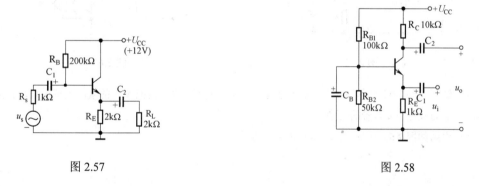

图 2.57　　　　　　　　　　　图 2.58

2.55 两级放大等效电路如图 2.59 所示，已知 R_{i1} = 3 kΩ，R_{o1} = 2 kΩ，不带负载时 A_{u1} = 80；R_{i2} = 4 kΩ，R_{o2} = 1 kΩ，不带负载时 A_{u2} = 50；两级放大电路的负载 R_L = 1 kΩ，试估算两级放大电路的 R_i，R_o 和 A_u。

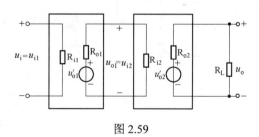

图 2.59

2.56 图 2.60 是两级放大电路，已知β_1=β_2=50，R_B=1mΩ，R_{B1}=82kΩ，R_{B2}=43kΩ，R_C=10kΩ，R_{E1}=27kΩ，R_{E21}=510Ω，R_{E22}=7.5kΩ，U_{CC}=24V，试求：（1）画出微变等效电路；（2）电压放大倍数 A_u；（3）输入电阻 R_i 和输出电阻 R_o。

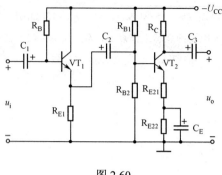

图 2.60

2.57 电路如图 2.61 所示，已知 U_{DD}=18V，R_D=30kΩ，R_S=2 kΩ，R_{G1}=2mΩ，R_{G2}=47kΩ，R_G=10mΩ，U_{GS}=-0.2V，g_m=1.2ms，试求：（1）画出交流等效电路；（2）计算静态值 I_D，U_{DS}；（3）电路的放大倍数 A_u，输入电阻 R_i 及输出电阻 R_o。

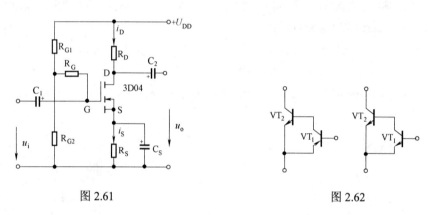

图 2.61   图 2.62

2.58 试判断图 2.62 所示各复合管的连接是否正确，如不正确，请把 VT₁ 的接法改正过来，并标明集电极电压 U_{CC} 的极性和复合管的类型。

2.59 电路如图 2.63 所示，试求其最大输出功率。

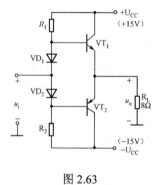

图 2.63

第3章 集成运算放大器及应用

内容提要

本章首先介绍了集成运算放大器的结构、特性和主要参数，然后讨论运放的线性应用和非线性应用，最后介绍了集成运放的使用常识。

3.1 集成运算放大器

集成运算放大器是用集成电路工艺制成的高增益放大器，简称运放。它的应用已超出早期的数学运算范畴，能够实现各种不同功能的线性和非线性应用。运放的内部电路相当复杂，但作为使用者，只需要关注它的外部特性。目前运放已经像晶体管一样成为一种通用性极强的基本单元器件。

3.1.1 集成电路简介

集成电路是采用半导体制造工艺将组成电路的元器件和互连线集成在一小块半导体基片上的微型电路系统。它是将元器件和电路融为一体的固态组件，因此集成电路又称为固体电路。它与分立元件电路相比具有体积小、重量轻、外部焊点少、安装方便、工作可靠等优点。

1. 集成电路的特点

（1）集成电路采用差动式直接耦合电路。因为集成电路元件的参数对称性好，温度特性一致，有利于减小零点漂移。

（2）集成电路不用电感，少用电容和高阻值电阻。制造工艺表明，制造半导体二极管或晶体管占用硅片面积小，且工艺简单，成本低，而在集成电路内制造电感和电容有困难，尤其是制造容量大于 400pF 的电容和阻值大于 300Ω 的电阻不经济，因此集成电路应尽量避免内接电容，并尽可能用阻值低的电阻或以晶体管代替电阻。

2. 集成电路的分类

（1）按集成度分类。集成度是指一块硅基片上所包含的元器件数目。

① 小规模集成电路（SSI）：元器件数目在 10^2 个以下。

② 中规模集成电路（MSI）：元器件数目在 $10^2 \sim 10^3$ 个之间。

③ 大规模集成电路（LSI）：元器件数目在 $10^3 \sim 10^5$ 个之间。

④ 超大规模集成电路（VLSI）：元器件数目在 10^5 个以上。

（2）按所用器件分类。

① 双极型集成电路：用双极型器件（NPN 管或 PNP 管）组成。

② 单极型集成电路：用单极型器件（MOS 管）组成，它又可分为三种：用 N 沟道 MOS 管组成的，称为 NMOS 型；用 P 沟道 MOS 管组成的，称为 PMOS 型；同时采用 P 沟道和 N 沟道 MOS 管互补应用的，称为 CMOS 型。

③ 用双极型器件和单极型器件兼容组成的集成器件。

此外，还有线性集成电路、数字集成电路，等等。

3.1.2 集成运算放大器的外形和符号

集成运算放大器是一个多端元件，主要采用圆壳式和双列直插式两种外形封装，接线端子有 8、10、12、14 等 4 种。如图 3.1 所示是 CF741 集成运算放大器，它通过 7 个管脚与外电路相接。各管脚的作用如下：

2 为反相输入端 u_-，由此端接输入信号，则输出信号与输入信号是反相的。

3 为同相输入端 u_+，由此端接输入信号，则输出信号与输入信号是同相的。

4 为负电源端 U_-，接 -10V 稳压电源。

7 为正电源端 U_+，接 $+10\text{V}$ 稳压电源。

6 为输出端 u_o。

1 和 5 为外接调零电位器（通常为 10kΩ）的两个端子。

8 为空脚。

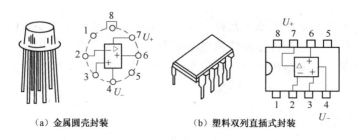

（a）金属圆壳封装　　　　（b）塑料双列直插式封装

图 3.1　运算放大器的外形

不同类型运放的管脚排列规律是不同的，可查阅产品手册来确定。画电路图时集成运放的电路符号如图 3.2 所示，图（a）所示是国家新标准规定的符号；图（b）所示是旧符号。通常只画出输入和输出端，其余各调零端、相位补偿端、电源端等可不画出。

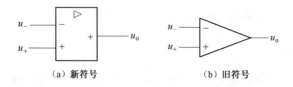

（a）新符号　　　　　　　（b）旧符号

图 3.2　集成运放的电路符号

3.1.3 理想运算放大器

运算放大器的特点包括：输入电阻 R_i 非常高（10kΩ～1 000MΩ），输出电阻 R_o 很小（50～500Ω），电压放大倍数 A_u 很大（10^4～10^6），零点漂移很小，能放大交流信号，也能放大直流信号等。根据运放的这些特点，可将实际运放理想化：

电压放大倍数 $A_u \to \infty$；输入电阻 $R_i \to \infty$；输出电阻 $R_o \to 0$。

此外，可认为其通频带为无限宽，没有失调现象，即当输入电压为零时，输出电压也为零。

理想运放的符号如图 3.3 所示，$\triangleright$ 表示信号传输方向，∞ 表示理想条件。

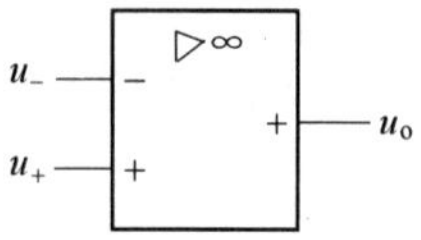

图 3.3　理想运放符号

3.1.4　集成运算放大器的特点

集成运算放大器的工作区分为线性区和非线性区（饱和区），它可工作在线性区也可工作在非线性区，但分析方法不同。

1. 集成运放工作在线性区的特点

集成运放线性应用的必要条件是：集成运放必须引入深度负反馈（见第 4 章）。

（1）虚短。在线性区，输出电压 u_o 与输入电压 u_i 成简单的线性关系，即

$$u_o = A_u u_i = A_u (u_+ - u_-) \tag{3-1}$$

因为理想运放的 $A_u \to \infty$，而 u_o 为有限值（绝对值小于电源电压值），所以

$$u_+ - u_- = \frac{u_o}{A_u} = 0$$

即

$$u_+ = u_- \tag{3-2}$$

于是反相端 u_- 与同相端 u_+ 之间可视为短路。但事实上 A_u 不可能无限大，两输入端又不可能短接，所以不是真正短路，而是"虚假短路"，简称虚短。

（2）虚断。由于理想运放的 $R_i \to \infty$，故认为反相输入端与同相输入端的输入电流均趋于零，即有

$$i_+ = i_- = 0 \tag{3-3}$$

实际上 R_i 不可能无限大，u_+ 和 u_- 也不可能完全相等，i_+ 与 i_- 只能是近似为零，称为"虚假断路"，简称"虚断"。

虚短和虚断是两个十分重要的结论，运用这两个结论，将大大简化运放电路的分析。

2. 集成运放工作在非线性区的特点

集成运放非线性应用的必要条件是：集成运放处于开环状态或引入正反馈（见第 4 章）。

（1）输出电压为正向或负向饱和电压。在非线性区，只要运放输入很小的电压变化量($u_+ - u_-$)，输出电压 u_o 就只有两种可能：正最大输出电压 $+U_{om}$ 或负最大输出电压 $-U_{om}$。这两个电压的绝对值可能不相等，可通过在输出端加双向稳压管来获得等值反向的输出电压。即有

$$\begin{cases} 当 u_+ > u_- \ 时，u_o = +U_{om} \\ 当 u_+ < u_- \ 时，u_o = -U_{om} \end{cases}$$

（2）运放的输入电流等于零。由于运放的输入电阻 $R_i \to \infty$，因此两个输入端的输入电流仍然为零，即 $i_+ = i_- = 0$。

3．集成运算放大器的传输特性

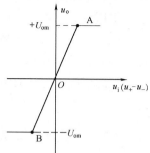

图 3.4 运放的传输特性

如图 3.4 所示为运放的传输特性，即输出电压 u_o 与输入电压 u_i 之间的关系。A，B 间是运放的线性运行区，其斜率与放大倍数 A_u 相等。A，B 点以外的区域为非线性运行区，即正、负饱和区，$u_o = \pm U_{om}$（最大输出电压）。

例 3.1 已知运算放大器的正、负电源电压为 ±15V，电压放大倍数 $A_u = 2 \times 10^5$，输出最大电压（即 ±U_{om}）为 13V，在图 3.4 所示中分别加下列输入电压，求输出电压及其极性。（1）$u_+ = 15\mu V$，$u_- = -10\mu V$；（2）$u_+ = -5\mu V$，$u_- = +10\mu V$；（3）$u_+ = 0V$，$u_- = +5mV$；（4）$u_+ = 5mV$，$u_- = 0V$。

解： 由式（3-1）得：

$$u_+ - u_- = \frac{u_o}{A_u} = \frac{\pm 13}{2 \times 10^5} = \pm 65 \mu V$$

可见，只要两个输入端之间的电压绝对值 $|u_+ - u_-|$ 超过 65μV，输出电压就达到正或负的饱和值。

（1）因 $|u_+ - u_-| = |15 + 10| = 25\mu V$，所以 $u_o = A_u(u_+ - u_-) = 2 \times 10^5 \times 25 \times 10^{-6} = +5V$

（2）因 $|u_+ - u_-| = |-5 - 10| = |-15| = 15\mu V$，所以 $u_o = A_u(u_+ - u_-) = 2 \times 10^5 \times (-15 \times 10^{-6}) = -3V$

（3）因 $|u_+ - u_-| = |0 - 5| = |-5| = 5mV$，所以 $u_o = -U_{om} = -13V$

（4）因 $|u_+ - u_-| = |5 - 0| = 5mV$，所以 $u_o = +U_{om} = +13V$

*3.1.5　运算放大器的主要参数

（1）最大输出电压 U_{om}。使输出电压 u_o 和输入电流 i_i 保持不失真时的最大输出电压。

（2）开环电压放大倍数 A_{ud}。没有外接反馈电路时所测出的差模电压放大倍数。A_{ud} 越高，所构成的运放电路越稳定，精度也越高。

（3）输入失调电压 U_{IO}。当理想运放的输入电压 u_i 为零时，为使输出电压 u_o 也为零，需要在其输入端施加的一个补偿电压。它反映了运放内部输入级的不对称程度，其值一般在几个毫伏级，显然越小越好。

（4）输入失调电流 I_{IO}。输入信号为零时，两个输入端静态基极电流之差。它反映了输入级电流参数的不对称程度，其值在零点几微安级，越小越好。

（5）差模输入电阻 R_{id}。集成运放两输入端间对差模信号的动态电阻，其值为几十千欧到几兆欧。

（6）输出电阻 R_o。集成运放开环时，输出端对地的电阻，其值为几十到几百欧。

3.2　集成运放的线性应用

集成运算放大器（简称运放）的应用可分为线性应用和非线性应用两大类。线性应用有：运算电路、测量放大器等；非线性应用有：电压比较器等。

运放在线性应用时，要使运放工作在线性状态，并引入深度负反馈。否则由于运放的开环增益很高，很小的输入电压或运放本身的失调都可使它超出线性范围。分析运放的线性应用时，经常用到"虚短"和"虚断"的概念。

3.2.1 比例运算电路

实现输出信号与输入信号按一定比例运算的电路称为比例运算电路，比例运算电路包括反相比例运算电路和同相比例运算电路两种。

1. 反相比例运算电路

图 3.5 所示为反相比例运算电路。输入信号 u_i 经外接电阻 R_1 加到反相输入端上，同相输入端经电阻 R_2 接地，输出信号 u_o 经过反馈电阻 R_f 接回反相端，形成深度并联电压负反馈，故该电路工作在线性区。图中 R_2 为平衡电阻，其作用是为了与电阻 R_1 和 R_f 保持直流平衡，以提高输入级差放电路的对称性，通常取 $R_2 = R_1 /\!/ R_f$。

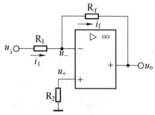

运用"虚短"和"虚断"的概念有

$$u_+ = u_-$$
$$i_+ = i_- = 0$$

图 3.5　反相比例运算电路

反相比例运算电路中，因为 $i_+ = 0$，R_2 中没有电流，所以 $u_+ = 0$，又因为 $u_+ = u_-$，故说明反相输入端是一个不接地的"接地"端，称为"虚假接地"，简称"虚地"。虚地是虚短的特例，是反相输入放大器的重要特性。

由图 3.5 可得：

$$u_o = -i_f R_f$$

而

$$i_f = i_1 = \frac{u_i - u_-}{R_1} = \frac{u_i}{R_1} \tag{3-4}$$

所以得：

$$u_o = -\frac{R_f}{R_1} u_i \tag{3-5}$$

式（3-5）表明，输出电压 u_o 与输入电压 u_i 为比例运算关系，比例系数仅由 R_f 和 R_1 的比值确定，与集成运放的参数无关。式中负号表示 u_o 与 u_i 反相，该电路也称为反相放大器。

若 $R_f = R_1$ 时，有

$$u_o = -u_i$$

这时，如图 3.5 所示的电路称为反相器，这种运算称为变号运算。

2. 同相比例运算电路

图 3.6 为同相比例运算电路，输入信号 u_i 经 R_2 加到同相输入端上，反相输入端经 R_1 接地，输出信号 u_o 经过反馈电阻 R_f 接回反相端，形成深度串联电压负反馈，故该电路工作在线性区。R_2 为平衡电阻，$R_2 = R_1 /\!/ R_f$。

根据分析集成运放的两个重要依据，有

$$u_i = u_+ = u_-$$

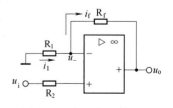

图 3.6　同相比例运算电路

$$i_+ = i_- = 0$$

由图 3.6 可得:

$$i_1 = i_f$$
$$u_o = -i_f R_f - i_1 R_1 = -i_1 (R_f + R_1)$$

而

$$i_1 = -\frac{u_-}{R_1} = -\frac{u_i}{R_1}$$

整理得:

$$u_o = \left(1 + \frac{R_f}{R_1}\right) u_i \tag{3-6}$$

式（3-6）表明，输出电压 u_o 与输入电压 u_i 为比例运算关系，比例系数仅由 R_f 和 R_1 的比值确定，与集成运放的参数无关。式中正号说明 u_o 与 u_i 同相，该电路也称为同相放大器。

当 $R_1 = \infty$ 时，$u_o = u_i$，可得如图 3.7（a）所示的电压跟随器；当 $R_1 = \infty$，且 $R_f = R_2 = 0$ 时，可得如图 3.7（b）所示的电压跟随器。由于集成运放的 A_o 和 R_i 很大，所以用集成运放组成的电压跟随器比分立元件的射极跟随器的跟随精度更高。图 3.7 中的两个电压跟随器，若采用相同的集成运放，后者比前者的跟随精度高，但前者对于集成运放有一定的限流保护作用。

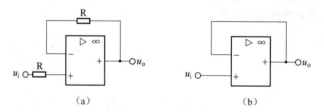

图 3.7　电压跟随器

3.2.2　加法运算电路

加法运算电路是实现若干个输入信号求和功能的电路。在反相比例运算电路中增加若干个输入端，就构成了反相加法运算电路。如图 3.8 所示的为两个输入端的反相加法电路，图中 R_3 为平衡电阻，$R_3 = R_1 /\!/ R_2 /\!/ R_f$。

运用虚地概念，有

$$u_o = -i_f R_f$$
$$i_f = i_1 + i_2$$
$$i_1 = \frac{u_{i1}}{R_1}$$
$$i_2 = \frac{u_{i2}}{R_2}$$

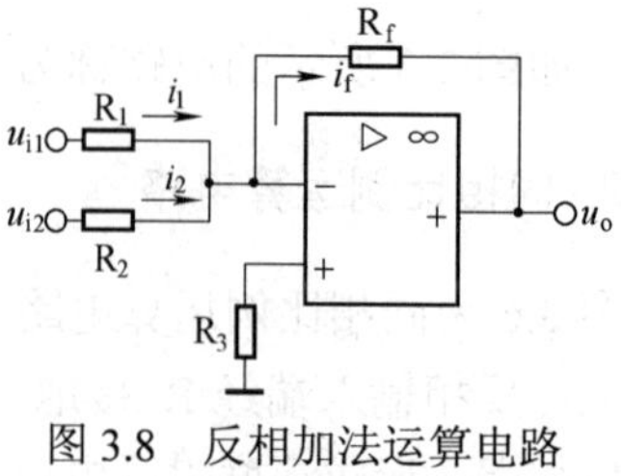

图 3.8　反相加法运算电路

整理得:

$$u_o = -\left(\frac{R_f}{R_1} u_{i1} + \frac{R_f}{R_2} u_{i2}\right) \tag{3-7}$$

也可运用电工原理中的叠加原理计算得出：

$$u_o = -\left(\frac{R_f}{R_1}u_{i1} + \frac{R_f}{R_2}u_{i2}\right)$$

当 $R_1 = R_2 = R_f$ 时，则有

$$u_o = -(u_{i1} + u_{i2}) \tag{3-8}$$

3.2.3 其他运算电路

其他运算电路的电路图、u_o 与 u_i 的关系式及应用情况见表 3.1。

表 3.1 其他运算电路

名 称	概 念	电 路 图	u_o 与 u_i 的关系式	应 用
减法运算	实现若干个输入信号相减功能的电路	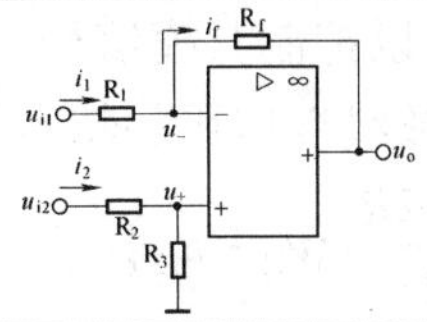	$u_o = \left(1+\frac{R_f}{R_1}\right)\frac{R_3}{R_2+R_3}u_{i2} - \frac{R_f}{R_1}u_{i1}$ 当 $R_1 = R_2 = R_3 = R_f$ 时： $u_o = u_{i2} - u_{i1}$	
积分运算	实现输出信号与输入信号的积分按一定比例运算的电路	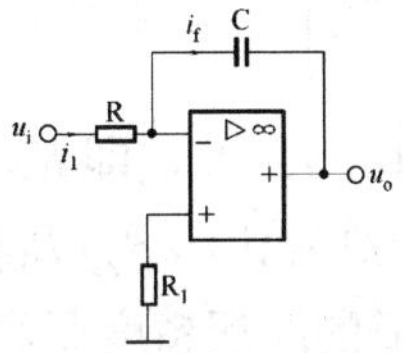	$u_o = -\frac{1}{RC}\int u_i dt$ u_o 正比于 u_i 的积分 $\tau = RC$ 称为时间常数 当 u_i 为常量时： $u_o = -\frac{1}{RC}u_i t$ 此时 u_o 与 t 成线性关系	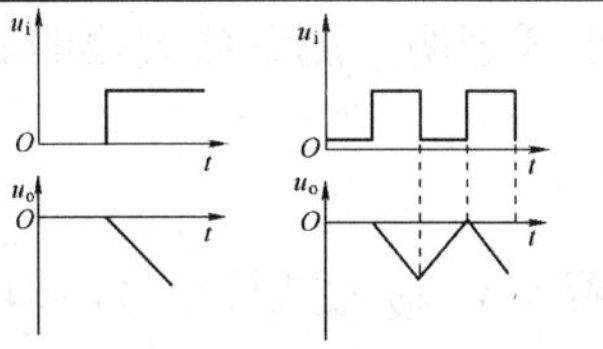 1. u_i 突变，u_o 线性增加到负饱和值（$-U_{om}$），积分运算停止 2. 当 u_i 为正负极性的方波时，u_o 为三角波 3. 在自控系统中，常用于实现延时、定时和产生各种波
微分运算	微分是积分的逆运算。将积分运算电路中 R 和 C 对调即可	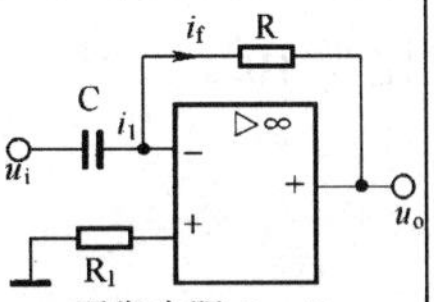 平衡电阻 $R_1 = R$	$u_o = -RC\frac{du_i}{dt}$ u_o 正比于 u_i 的微分	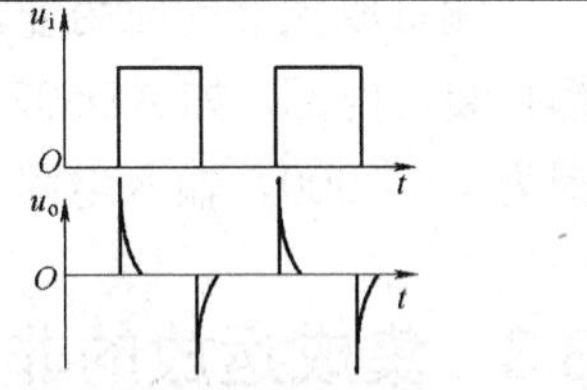 1. u_i 突变，u_o 为一尖脉冲电压 2. u_i 无变化的平坦区域，无 u_o 3. 在自控系统中，常用来提高系统的灵敏度

如果将比例运算、积分运算和微分运算三部分电路组合起来,在自动控制系统中叫做 PID 调节器，如图 3.9 所示，比例（P）用于常规调节；积分（I）用于克服积累误差；微分（D）用于反映变化的趋势。

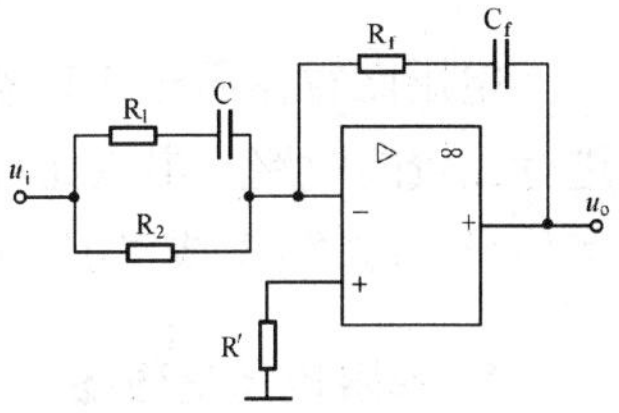

3.2.4 测量放大器

测量放大器又称为精密放大器或仪用放大器,用于对传感器输出的微弱信号在共模条件下精确地放大,因而要求放大电路具有高增益、高输入电阻和高共模抑制比。如图 3.10 所示为三运放测量放大器原理图。

图 3.9 PID 调节器

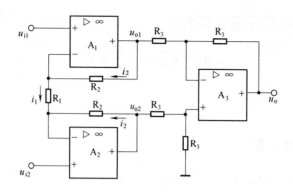

图 3.10　三运放测量放大器原理图

图中 A_1，A_2 为对称性很好的集成运放，采用同相输入，输入电阻极高。A_3 接成减法运算电路，采用差动输入，变双端输入为单端输出，可以抑制共模信号。

A_1，A_2 构成第一级，A_3 为第二级，根据集成运放线性应用的特点推导出：

$$u_o = u_{o2} - u_{o1} = -\frac{R_1 + 2R_2}{R_1}(u_{i1} - u_{i2}) \qquad (3\text{-}9)$$

上式表明，测量放大器的放大倍数（即差模电压放大倍数）为：

$$A_u = \frac{u_o}{u_{i1} - u_{i2}} = -\left(\frac{R_1 + 2R_2}{R_1}\right) \qquad (3\text{-}10)$$

若 u_{i1}，u_{i2} 为共模信号，即 $u_{i1} = u_{i2}$，由式（3-9）可知，$u_o = 0$，即 $K_{CMR} \to \infty$。若 u_{i1}，u_{i2} 为差模信号，能有效地放大，则差模放大倍数为 $(1 + 2R_2/R_1)$。

值得注意的是，A_1，A_2 的对称性要好，各电阻阻值的匹配精度要高，才能保证整个电路 K_{CMR} 很大。有时为了调节方便，R_1 经常采用可调电位器。

测量放大器的应用非常广泛，目前已有单片集成芯片产品。除了可调 R_1 以外，所有元件都封装在内部。如 AD502，AMP-02，AMP-03，INA102，LH0036，LH0038 等，增益调节范围为 $1 \sim 1\,000$，输入电阻高达 10^8 数量级，共模抑制比为 10^5。

3.3　集成运放的非线性应用

运放在非线性应用时，要使运放处于开环或正反馈状态，使之工作在非线性区。分析运放的非线性应用时，"虚短"的概念已经不适用，而运放的输入电阻很高，"虚断"仍然适用。

3.3.1　电压比较器

电压比较器简称比较器。它是一种把输入电压（被测信号）与另一电压信号（参考电压）进行比较的电路。电压比较器输入的是连续的模拟信号，输出的是以高、低电平为特征的数字信号，即"1"或"0"。因此，电压比较器可以作为模拟电路与数字电路的接口。

1. 单限电压比较器

（1）电路构成。开环工作的运算放大器是最基本的单限电压比较器。根据输入方式不同，分为反相输入和同相输入两种。反相输入单限电压比较器电路如图 3.11（a）所示，输入信号

u_i 从反相端加入，同相端加参考电压 U_R，输出电压为 u_o。

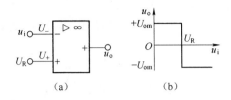

图 3.11　电压比较器电路

（2）工作原理。在电路中，输入信号 u_i 与参考电压 U_R 进行比较，根据集成运放非线性区工作的特点，运放的开环放大倍数很大，只要有一微小的输入电压（u_i-U_R），输出电压 u_o 便可达到正向饱和值 $+U_{om}$ 或负向饱和值 $-U_{om}$，即

$$\begin{cases} \text{当 } u_i > U_R \text{ 时，} & u_o = -U_{om} \\ \text{当 } u_i < U_R \text{ 时，} & u_o = +U_{om} \\ \text{当 } u_i = U_R \text{ 时，} & u_o \text{ 发生跳变} \end{cases}$$

输出电压与输入电压的关系，称为传输特性，该电路的理想传输特性如图 3.11（b）所示。我们把电压比较器输出电压发生跳变时所对应的输入电压值称为阈值电压或门槛电压，用 U_{TH} 表示，U_{TH} 值可以为正，也可以为负。此电路的 $U_{TH}=U_R$，因为这种电路只有一个阈值电压，故称为单限电压比较器。

2. 过零电压比较器

参考电压为 0 的电压比较器称为过零电压比较器。根据输入方式的不同又可分为反相输入式和同相输入式两种。反相输入式过零比较器的同相端接地，而同相输入式过零比较器的反相端接地。图 3.12 所示为反相输入过零比较器及其传输特性。过零比较器的 $U_{TH}=0$。也就是说，每当输入信号过零点时，输出信号就跳变。在过零比较器的反相输入端输入正弦信号，可以将正弦波转换成方波，其波形如图 3.13 所示。

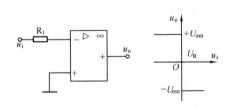

图 3.12　反相输入过零比较器及其传输特性

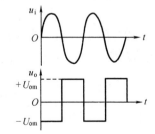

图 3.13　过零比较器波形变换

3. 滞回电压比较器

单限电压比较器结构简单，灵敏度高，但抗干扰能力差。例如，当 u_i 在门槛电压 U_R 附近受到干扰时，就有可能使 u_o 产生连续的翻转。在实际应用中，这种情况是不允许的，解决的方案是采用滞回电压比较器。

（1）电路组成。滞回电压比较器又称为施密特触发器，其电路如图 3.14（a）所示，它是在过零比较器的基础上加上正反馈构成的。

（2）工作原理。在电路中，输入信号 u_i 与同相端电压 u_+ 进行比较。

当 $u_i < u_+$ 时，$u_o = +U_{om}$，此时同相输入端的电位变为上门限电压

$$U_{TH1} = +U_{om} \frac{R_2}{R_2 + R_f} \qquad (3-11)$$

当 u_i 增大到 $u_i > U_{TH1}$ 时，u_o 就由正向饱和电压翻转为负向饱和电压，即 $u_o = -U_{om}$。此时同相输入端的电位变为下门限电压

$$U_{TH2} = -U_{om} \frac{R_2}{R_2 + R_f} \qquad (3-12)$$

以后在 u_i 由大逐渐减小的过程中，只要 $u_i < U_{TH2}$ 时，u_o 就由负向饱和电压翻转为正向饱和电压。其电压传输特性如图 3.14（b）所示。

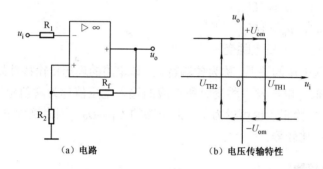

(a) 电路   (b) 电压传输特性

图 3.14 滞回电压比较器

上门限电压与下门限电压之差称为回差电压，即

$$\Delta U_{TH} = U_{TH1} - U_{TH2} = 2U_{om} \frac{R_2}{R_2 + R_f} \qquad (3-13)$$

回差电压的存在，提高了电路的抗干扰能力，只要干扰信号的变化不超过两个门限电压值之差，其输出电压是不会出现反复变化的。改变 R_2 和 R_f 的数值就可以改变 U_{TH1}、U_{TH2} 和 ΔU_{TH}。

例 3.2 图 3.15 所示为滞回电压比较器，输入信号 u_i 的波形如图 3.17（a）所示，试画出其电压传输特性和输出电压 u_o 的波形。

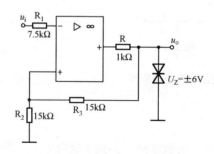

图 3.15 例 3.2 的电路图

解： 图中电阻 R_1 和 R 为限流电阻，输出 u_o 受稳压管限幅，即 $U_{om} = \pm 6V$。

（1）画电压传输特性。由式（3-11）得上门限电压为：

$$U_{\text{TH1}} = +U_{\text{om}}\frac{R_2}{R_2+R_3} = 6\times\frac{15}{15+15} = 3\text{ V}$$

由式（3-12）得下门限电压为：

$$U_{\text{TH2}} = -U_{\text{om}}\frac{R_2}{R_2+R_3} = -6\times\frac{15}{15+15} = -3\text{ V}$$

其电压传输特性如图 3.16 所示。

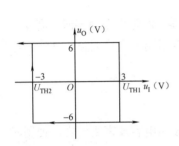

图 3.16　例 3.2 的电压传输特性

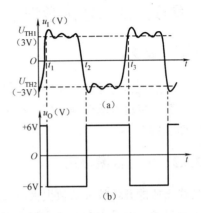

图 3.17　例 3.2 的输入输出波形

（2）画 u_o 的波形。

① 当 $t=0$ 时，由于 $u_i<U_{\text{TH2}}=-3\text{V}$，所以 $u_o=+U_{\text{om}}=6\text{V}$，此时 $U_+=U_{\text{TH1}}=3\text{V}$。

② 当 $t=t_1$ 时，$u_i\geqslant U_{\text{TH1}}=3\text{V}$，电路翻转为 $u_o=-U_{\text{om}}=-6\text{V}$。此后 $U_+=U_{\text{TH2}}=-3\text{V}$，在 t_1 至 t_2 时段，$u_i>U_{\text{TH2}}=-3\text{V}$，故 u_o 保持-6V 不变。

③ 当 $t=t_2$ 时，$u_i\leqslant U_{\text{TH2}}=-3\text{V}$，电路又翻转回来，$U_o$ 由-6V 变为+6V，U_+ 由 $U_{\text{TH2}}=-3\text{V}$ 变为 $U_{\text{TH1}}=3\text{V}$。

④ 依此类推，可画出 u_o 的波形，如图 3.17（b）所示。

由波形图可见，虽然图（a）的输入电压波形因受干扰而不规则，但输出的电压波形已变成标准的矩形波，这种作用又叫"整形"。

4. 集成电压比较器简介

集成电压比较器常用型号有 LM710、LM311（SF31）、BG307 等。其主要特点有：

（1）输出高电平 $U_{\text{OH}}=3.3\text{V}$，输出低电平 $U_{\text{OL}}=-0.4\text{V}$，适应 TTL 数字电路要求（LM311 型电压范围较宽，以便与 CMOS 电路匹配）。

（2）有较大的上升速率 S_R，以适应开关电路对响应速度的要求。

（3）适应非线性工作状态，所以没有相位补偿（校正）引出脚。

3.4.2　应用实例

如需要对某一参数（如压力、温度、噪声等）进行监控，可将传感器输出的监控信号 u_i 送给比较器监控报警，图 3.18 所示的是利用比较器设计出的监控报警电路。

当 $u_i>U_R$ 时，比较器输出负值，晶体管 VT 截止，指示灯熄灭，表明工作正常。当 $u_i<U_R$ 时，被监控的信号超过正常值，比较器输出正值，晶体管 VT 饱和导通，报警指示灯亮。电

阻 R 决定于对晶体管基极的驱动程度，其阻值应保证晶体管进入饱和状态。二极管 VD 起保护作用，当比较器输出负值时，晶体管发射结上反偏电压较高，可能击穿发射结，而 VD 能把发射结的反向电压限制在 0.7V，从而保护了晶体管。

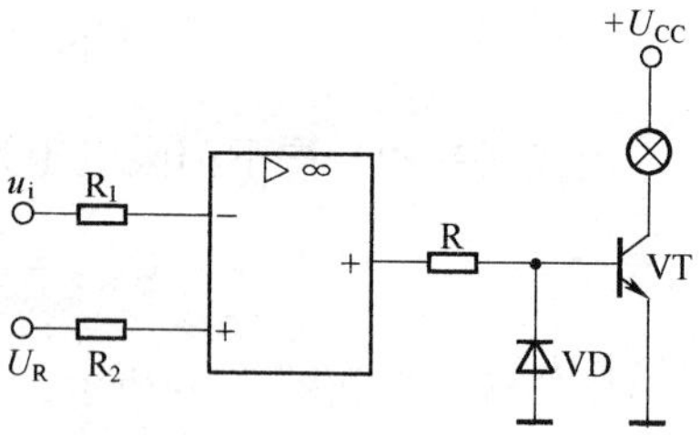

图 3.18　监控报警电路

3.5　集成运放的使用常识

3.5.1　调零

集成运放通常有零输入-零输出的要求。当输入信号为零，而输出不为零时，需要有调零措施。一般是将输入端对地短接，利用外接调零电位器或专用调零电路调整，使输出电压为零，如图 3.19 所示。

3.5.2　消除自激振荡

集成运放的开环放大倍数很大，其内部存在晶体管的极间电容及寄生电容。使用时，引入深度负反馈，容易引起自激振荡，使电路无法正常工作，为此必须设法消振。

消振的方法是：通过补偿端外接 RC 消振电路或消振电容（补偿电容），如图 3.20 所示。具体参数和接法可查阅使用说明书，并通过实验调整来确定。

至于是否消振，可将输入端接"地"，用示波器观察输出信号有无自激振荡信号。消振应在调零之前进行。

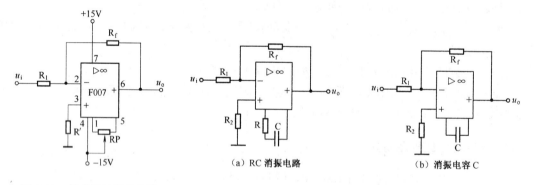

图 3.19　集成运放调零电路　　　　　　　图 3.20　外接消振元件

3.5.3　保护电路

为防止集成运放因接错电源极性、输入电压及输出电压过高而损坏，必须采取保护措施。

1. 电源极性保护

图 3.21 所示的是电源极性保护电路。它是利用二极管的单向导电性，在正、负电源引线上分别串联二极管，当电源极性错接成上负下正时，两只二极管都截止，相当于电源断路，从而达到保护目的。

2. 输入保护

图 3.22 所示的是输入保护电路。它是利用两个反向并联的二极管，将输入信号幅值限制在二极管的正负导通电压内，以防止输入信号超过额定值，造成集成运放输入级损坏。

3. 输出保护

图 3.23 所示的是输出保护电路。它是利用两个反向串联的稳压管，把输出电压幅值限制在稳压管的正、负稳压值内，以防止输出端出现过高电压而损坏集成运放。此电路也可当做限幅器使用。

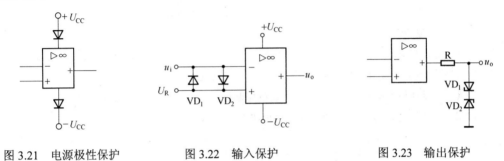

图 3.21　电源极性保护　　　　图 3.22　输入保护　　　　图 3.23　输出保护

本 章 小 结

（1）集成运算放大器是一种通用放大器，我们要重点掌握它的外部特性，如引脚定义、性能参数和应用方法等。另外，作为一种集成器件，应掌握它工作在线性区和非线性区时的特点。分析运算放大器应以其理想特性为基础来分析。

（2）集成运算放大器的线性应用是指运放的输出电压 u_o 与输入电压 u_i 的关系是线性的，即 $u_o = A_u u_i = A_u (u_+ - u_-)$。

集成运放在信号运算方面的典型应用有比例运算、加减法运算和微积分运算；在信号处理方面的典型应用有测量放大器等。

（3）集成运算放大器的非线性应用是指运放的输出电压 u_o 与输入电压 u_i 的关系是非线性的。集成运放在信号波形处理方面的典型应用有电压比较器等。

（4）使用集成运放应考虑平衡电阻的选取、调零、消振及设置各种保护电路等问题。

习　题　3

一、判断题（正确的打√，错误的打×）

3.1　由理想运放构成的线性应用电路，其电路增益与运放本身的参数有关。（　　　）

3.2　集成运放只能处理交流信号。（　　　）

3.3　运算放大器只能用于数学运算。（　　　）

3.4　集成运放的放大能力是指对差模信号的放大作用。（　　　）

3.5　运算放大器在做反相放大器使用时，反相输入端称为"虚地"。（　　　）

3.6 在同相输入放大电路中，运算放大器要接成正反馈形式。（　　）

3.7 集成运放在非线性应用时一定要工作在非线性状态。（　　）

3.8 减法运算电路信号的输入方式为双端输入方式。（　　）

3.9 电压比较器是把输入电压信号与输出电压信号进行比较的电路。（　　）

3.10 电压比较器的输入端既可加模拟信号，也可加数字信号，不论在输入端加何种类型的信号，其输出只能是数字信号。（　　）

二、选择题（单选）

3.11 集成运放实质是一个（　　）。

　　A. 阻容耦合多级放大器　　　　B. 直接耦合多级放大器

　　C. 单级放大器　　　　　　　　D. 变压器耦合多级放大器

3.12 理想运放线性应用的两个重要结论是（　　）。

　　A. 虚短与虚地　　　　B. 虚短与虚断　　　　C. 短路与断路　　　　D. 反相与虚地

3.13 集成运放可分为两个工作区，它们是（　　）工作区。

　　A. 正反馈与负反馈　　　　B. 虚短与虚断　　　　C. 线性与非线性

3.14 电路如图 3.24 所示，工作在线性区的电路有（　　）。

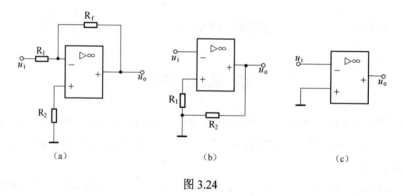

(a)　　　　　　　　　　(b)　　　　　　　　　　(c)

图 3.24

3.15 如图 3.25 所示电路符合"虚地"条件的是（　　）。

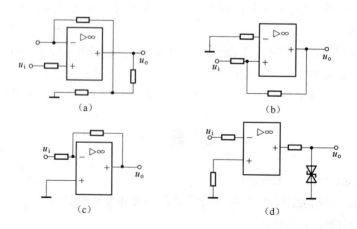

(a)　　　　　　　　　　(b)

(c)　　　　　　　　　　(d)

图 3.25

3.16 运放处于正反馈工作状态时，其输出不是正饱和值 $+U_{om}$，就是负饱和值 $-U_{om}$，它们的大小取决于（　　）。

A．运放的外电路参数　　B．运放的工作电源　C．运放的开环增益　D．运放的输出电阻

3.17　为防止输出信号幅度太大，应加（　　　）。

　　A．电源极性保护　　　　　B．输出限幅保护　　　　C．输入限幅保护

3.18　由理想运放特性可得出"虚短"、"虚断"两条结论，它们的具体含义为（　　　）。

　　A．虚断是 $u_- = u_+$，虚短是 $i_- = i_+ = 0$　　　　B．虚短是 $u_- = u_+ = 0$，虚断是 $i_- = i_+$

　　C．虚断是 $u_- = u_+ = 0$，虚短是 $i_- = i_+ = 0$　　　D．虚短是 $u_- = u_+$，虚断是 $i_- = i_+ = 0$

3.19　运算放大器作线性应用时，其输出与输入的关系取决于（　　　）。

　　A．运算放大器本身的参数　　　　　　　B．运算放大器的内部结构电路

　　C．运算放大器外部电路的输入方式　　　D．运算放大器外部电路及其参数

3.20　图 3.26 电路中，输入电压 u_i 为正弦波信号，U_{im}=3V，则输出电压 u_o 为（　　　）

　　A．三角波　　　　　　B．方波信号　　　　　C．锯齿波　　　　　D．正弦波

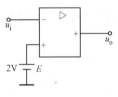

图 3.26

三、填空题

3.21　理想运算放大器的特点是_____、_____和_____。

3.22　运算放大器的输入级多采用差动放大电路，目的是减小_____，中间级多采用共射放大电路，目的是_____，输出级多采用互补对称功率放大电路，以提高_____能力。

3.23　施加深度负反馈可使运放进入_____区，使运放开环或加正反馈可使运放进入_____区。

3.24　在图 3.27 中，设 u_i>0，若 R_f 开焊，则电路输出 u_o=_____。

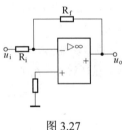

图 3.27

3.25　同相比例运算电路中，若反馈电阻 R_f 等于零，则 u_o 与 u_i 大小_____，相位_____，电路成为_____。

3.26　反相比例运算电路中，若反馈电阻 R_f 与电阻 R_1 相等，则 u_o 与 u_i 大小_____，相位_____，电路成为_____。

3.27　由运算放大器组成的测量放大器属于_____应用，反相放大器属于_____，同相放大器属于_____。

3.28　参考电压为零的比较器称为_____，其输入信号为正弦波时，输出信号为_____波。

3.29　电压跟随器的输出电压与输入电压不仅_____相等，而且_____也相同，两者之间好似一种跟随关系。

3.30　为防止输入信号幅度太大，应加＿＿＿＿＿＿＿保护。

四、解析题

3.31　如图3.28所示的电路中，已知$R_1=10\text{k}\Omega$，$R_2=200\text{k}\Omega$，试求电路的电压放大倍数。

3.32　已知电路如图3.29所示，当$u_{i1}=1\text{V}$，$u_{i2}=2\text{V}$，$u_{i3}=3\text{V}$时，试求输出电压u_o。

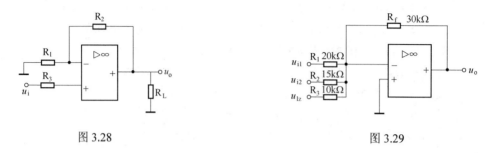

图3.28　　　　　　　　　　　　　　　　图3.29

3.33　电路如图3.30所示。（1）已知$R_f=100\text{k}\Omega$，$R_1=25\text{k}\Omega$，$R_2=20\text{k}\Omega$，$u_i=2\text{V}$，试求输出电压u_o；（2）若$R_f=3R_1$，$u_i=-2\text{V}$，求输出电压u_o。

3.34　已知电路如图3.31所示，试求电路的输出电压u_o与输入电压u_{i1}，u_{i2}的关系式。

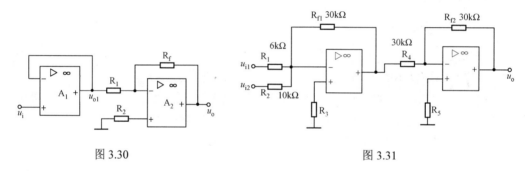

图3.30　　　　　　　　　　　　　　　　图3.31

3.35　如图3.32所示为用运算放大器组成多量程电压表的原理图，有0.5V，1.0V，5V，10V 4挡量程，输出端接有满量程为5V的电压表，试计算$R_1\sim R_4$的值。

3.36　如图3.33所示为用运算放大器组成多量程电流表的原理图，有5mA，0.5mA，0.1mA，50μA 4挡量程，输出端接有满量程为5V的电压表，试计算$R_1\sim R_4$的值。当开关拨到0.5mA挡时，能测量电流的范围是多少？

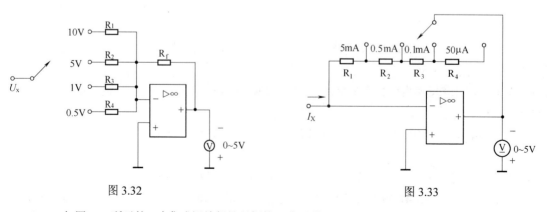

图3.32　　　　　　　　　　　　　　　　图3.33

3.37　如图3.34所示的4个集成运放都是理想的，试证明$u_o=1/3$（$u_{i1}+u_{i2}+u_{i3}$）。

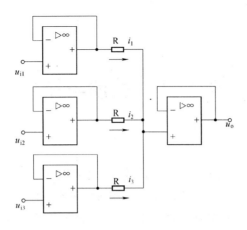

图 3.34

3.38 按下列关系式画出运算电路，并计算各电阻的阻值（括号中已经给出反馈电阻 R_f 的值）。（1）$u_o = -3u_i$（$R_f = 50\text{k}\Omega$）；（2）$u_o = -(u_{i1} + 0.2 u_{i2})$（$R_f = 100\text{k}\Omega$）；（3）$u_o = 5u_i$（$R_f = 20\text{k}\Omega$）；（4）$u_o = 2u_{i2} - u_{i1}$（$R_f = 10\text{k}\Omega$）。

3.39 积分电路如图 3.35 所示，已知 $R_1 = 10\text{k}\Omega$，$C = 10\mu\text{F}$，$u_i = 1\text{V}$，试求 u_o 从 0V 变化到 -10V 时所需要的时间。

3.40 如图 3.36（a）所示的是反相输入比较器电路，试在图（b）位置画出它的输出-输入特性曲线。

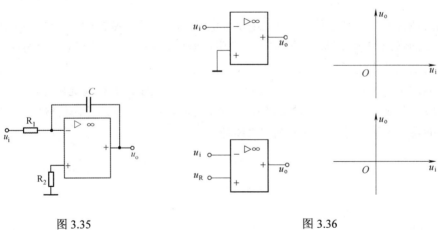

图 3.35   图 3.36

第4章 反馈与振荡

内容提要

本章从反馈的基本概念入手，抽象出反馈放大电路的方框图，定性分析负反馈的概念、类型及负反馈对放大电路性能的影响。介绍正弦波振荡器，自激振荡的概念、产生自激振荡的条件及用相位平衡条件判别电路能否起振，正弦波振荡电路的基本工作原理及RC振荡器、LC振荡器和石英晶体振荡器的结构特点及应用。

4.1 反馈的基本概念

反馈在电子电路中的应用很广泛，正反馈主要用于振荡电路及波形发生器；负反馈则是用于改善放大器的性能。在实际放大电路中，负反馈应用更为普遍。

4.1.1 反馈支路

所谓反馈就是将放大电路输出量（电压或电流）的一部分或全部，经过一定的电路（反馈电路）反向送回到输入端，对输入信号产生影响的过程。因此要判断一个放大电路是否有反馈，只要看放大电路中是否存在把输出端和输入端联系起来的支路，这条支路就是反馈支路。如图 4.1 所示的集成运算放大器，不存在反馈支路，这种情况称为开环；如图 4.2 所示的集成运算放大器，存在反馈支路 R_f，它既有从输入到输出的正向传输信号，也有从输出到输入的反向传输信号，这种情况称为闭环。

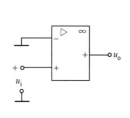

图 4.1　开环放大器

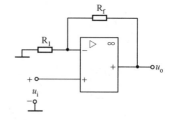

图 4.2　闭环放大器

4.1.2 反馈放大器的组成

带有反馈环节的放大电路称为反馈放大器。反馈放大器可用如图 4.3 所示的方框图来描述。图中箭头表示信号的传输方向，A 表示基本放大器，F 表示反馈网络，这是一个闭环系统。X 可以表示电压，也可以表示电流。其中 X_i，X_o，X_f 和 X_i' 分别表示输入信号、输出信号、反馈信号和净输入信号，符号 $\otimes$ 表示信号相叠加，输入信号 X_i 和反馈信号 X_f 在此叠加，产生放大电路的净输入信号 X_i'。

反馈有正反馈和负反馈两种，如果反馈信号加强输入信号，使净输入信号增加，称为正反馈；如果反馈信号减弱输入信号，使净输入信号减小，称为负反馈。本节讨论负反馈。

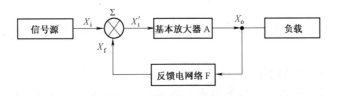

图 4.3　反馈放大器方框图

负反馈所确定的基本关系式有如下几项。

1．输入端各量的关系式

$$X_i' = X_i - X_f \tag{4-1}$$

2．开环增益

$$A = \frac{X_o}{X_i'} \tag{4-2}$$

3．反馈系数

$$F = \frac{X_f}{X_o} \tag{4-3}$$

4．闭环增益

$$A_f = \frac{X_o}{X_i}$$

经推导，可得：

$$A_f = \frac{A}{1 + AF} \tag{4-4}$$

上述各量中，当信号为正弦量时，$\dot{X}_i$、$\dot{X}_o$、$\dot{X}_f$ 和 $\dot{X}_i'$ 为相量，$\dot{A}$ 和 $\dot{F}$ 为复数。在中频段，为了使表达式简明，均可用实数表示。

由式（4-4）可知，闭环增益 A_f 比开环增益 A 减小了 $1/（1+AF）$ 倍，其中 $1+AF$ 称为反馈深度，它的大小反映了反馈的强弱，反馈放大器性能的改善与反馈深度有着密切的关系。

4.2　负反馈电路的类型

根据反馈电路跨接基本放大电路的级数不同，可以把反馈分为本级反馈和级间反馈。

4.2.1　反馈极性

通常采用"瞬时极性法"来判别反馈的极性。步骤如下：

（1）将反馈支路与放大电路输入端的连接断开，假设输入信号对地的瞬时极性为正，表明该点的瞬时电位升高，在图中用"⊕"表示；反之，瞬时电位降低，在图中用"⊖"表示。

（2）沿闭环系统，逐级标出有关点的瞬时电位是升高还是降低，最后推出反馈信号的瞬时极性。

（3）此时将反馈联上，再判断净输入信号是增强还是减弱，净输入信号增强的是正反馈，减弱的是负反馈。

上述判别方法可总结如下：

（1）如果反馈信号与输入信号加到输入级的同一个电极上，则两者极性相同为正反馈，极性相反为负反馈；如果两个信号加到输入级的两个不同的电极上，则两者极性相同为负反馈，相反为正反馈。

（2）集成运放判别本级反馈的极性时，若反馈信号接回到反相输入端，则为负反馈；接回到同相输入端，则为正反馈。

注意：对晶体管的3种组态：共射组态，输入B与输出C极性相反；共集组态，输入B与输出E极性相同；共基组态，输入E与输出C极性相同。

例4.1 试判断如图4.4所示电路的反馈极性。

解：（1）在如图4.4（a）所示电路中，先断开反馈支路，给反相输入端加"⊕"瞬时信号，集成运放放大后为"⊖"信号（反相作用），经反馈电阻 R_f 引回到同相输入端为"⊖"，把反馈联上，可以看出，反馈信号使净输入信号 $u_i' = u_i - u_f$ 加强，因此 R_f 引入了正反馈。

另外，根据上述判别法则可知，反馈信号接回到同相输入端，故为正反馈。

（2）判别过程的瞬时极性如图 4.4（b）所示，即 u_i 经两级放大后，通过级间反馈元件 R_f、C_f 引回到 VT_1 基极的瞬时极性为"⊖"，可以看出，反馈信号使净输入信号 $u_{be} = u_i - u_f$ 减小，因此 R_f、C_f 引入了负反馈。

另外，根据上述判别法则可知，反馈信号和输入信号加到输入级的同一个电极上，且极性相反，故为负反馈。

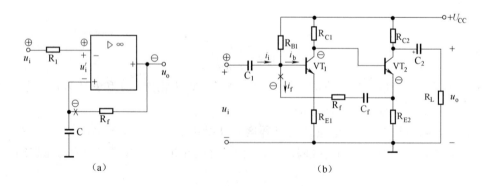

图4.4 用瞬时极性法判别反馈极性

4.2.2 直流反馈和交流反馈

在放大电路中既有直流分量又有交流分量，如果电路引入的反馈量是直流成分，称为直流反馈；如果电路引入的反馈量是交流成分，称为交流反馈；如果电路引入的反馈量既有交流成分又有直流成分，称为交直流反馈。

可以根据交流通路和直流通路来判别直流负反馈和交流负反馈：若反馈通路存在于直流通路中，则为直流反馈；若反馈通路存在于交流通路中，则为交流反馈；若反馈通路既存在于交流通路中又存在于直流通路中，则为交直流反馈。

例4.2 试判断如图4.4所示电路是直流反馈还是交流反馈。

解：（1）为了判别图4.4（a）所示电路引入的是直流反馈还是交流反馈，可画出其直流通路如图4.5（a）和交流通路如图4.5（b）所示。从图中可以看出，R_f仅存在于直流通路中，在交流通路中R_f一端接"地"成了输出端负载，因此R_f引入了直流反馈。

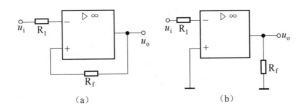

图4.5 图4.4（a）的直流通路和交流通路

（2）在图4.4（b）中，由于C_f直流开路，因此R_f，C_f引入了交流反馈。

4.2.3 电压反馈和电流反馈

反馈是从输出端取样，若反馈信号与输出电压成正比，取样的是电压，称为电压反馈；若反馈信号与输出电流成正比，取样的是电流，称为电流反馈。

判别方法如下：

（1）将负载短路，若反馈信号消失，则为电压反馈；否则为电流反馈。

（2）除公共地线外，若反馈线与输出线接在同一点上，则为电压反馈；若反馈线与输出线接在不同点上，则为电流反馈。

例4.3 试判断图4.4所示电路是电压反馈还是电流反馈。

解：（1）在图4.4（a）中，将输出电压短路，可见，输出端接地，反馈支路也接地，则反馈量消失，因此R_f引入了电压反馈。

另外可见，R_f构成的反馈线与输出端并接在一起，必然为电压取样，故为电压反馈。

（2）在图4.4（b）中，将负载R_L短路，则反馈信号仍然存在，故为电流反馈。

另外可见，R_f，C_f形成的反馈线接在VT_2的发射极，而输出线接在VT_2的集电极，两者没有以输出端子为公共节点，故为电流负反馈。

注意：电压反馈和电流反馈的区分，只有在负载变化时才有意义。当负载不变时，若反馈信号与输出电压成正比，也可以视为与输出电流成正比，此时电压反馈与电流反馈具有相同的效果。只有当负载变化时，输出电压和输出电流朝相反方向变化，才有可能区分反馈信号和哪一个输出量成正比。

4.2.4 串联反馈和并联反馈

根据反馈在输入端的连接方法，可分为串联反馈和并联反馈。对于串联反馈，其反馈信号和输入信号是串联的（即净输入电压 u_i' 是由输入信号 u_i 和反馈信号 u_f 相叠加）；对于并联反馈，其反馈信号和输入信号是并联的（即净输入电流 i_i' 是由输入电流 i_i 和反馈电流 i_f 相叠加）。

判别方法如下：

（1）将输入回路的反馈节点对地短路，若输入信号仍能送到开环放大电路中去，则为串联反馈；否则为并联反馈。

（2）串联反馈是输入信号与反馈信号加在放大器的不同输入端（对于晶体管来说一端为基极，另一端为发射极）；并联反馈则是两者并接在同一个输入端上。

例4.4 试判断如图 4.4 所示电路是串联反馈还是并联反馈。

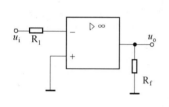

图4.6 图4.4（a）输入反馈节点短路
后的等效电路

解：（1）在图 4.4（a）中，$u_i'=u_i-u_f$，即反馈信号和输入信号是串联的。将输入回路的反馈节点对地短路后，相当于运放反相输入端接地，其短路后的等效电路如图 4.6 所示。由于输入信号加在反相端，故信号仍能送到开环放大电路，因此为串联反馈。

另外可见，输入信号与反馈信号加在放大器的不同输入端上，故为串联反馈。

（2）在图 4.4（b）中，$i_b=i_i-i_f$，即反馈信号和输入信号是并联的。将输入回路反馈节点对地短路后，晶体管 VT_1 的基极接地，输入信号无法送到开环放大电路中，故为并联反馈。

另外可见，R_f，C_f 引入的反馈线与输入信号线并接在一起，故可直接判定为并联反馈。

由于直流负反馈仅能稳定静态工作点，在此不做过多讨论。对交流负反馈而言，综合输出端取样对象的不同和输入端的不同接法，可以组成 4 种类型的负反馈放大器：

① 电压串联负反馈。

② 电压并联负反馈。

③ 电流串联负反馈。

④ 电流并联负反馈。

4.3 负反馈对放大器性能的影响

放大电路引入负反馈后，可以使许多方面的性能变好，但是，所有性能的改善都是以降低放大倍数为代价的。

4.3.1 提高放大倍数的稳定性

当外界条件变化（如负载电阻、晶体管 β 值变化等），即使输入信号一定，也会引起输出信号变化，即放大倍数变化。

引入负反馈后，由于它的自动调节作用，使输出信号的变化得到抑制，放大倍数趋于稳定。当反馈深度（$1+AF$）≫1 时，则称为深度负反馈，此时

$$A_f = \frac{A}{1+AF} \approx \frac{A}{AF} = \frac{1}{F} \tag{4-5}$$

可见，在深度负反馈情况下，闭环增益 A_f 仅取决于反馈系数 F。而反馈系数 F 由反馈元件参数决定，比较稳定，因此 A_f 也比较稳定。

4.3.2 改善非线性失真

由于晶体管（或场效应管）的非线性特性，或静态工作点选得不合适等，当输入信号较大时，在其输出端就产生了正半周幅值大、负半周幅值小的非线性失真信号，如图 4.7（a）所示。

引入负反馈后，如图 4.7（b）所示，反馈信号来自输出回路，其波形也是上大下小，将它送到输入回路，使净输入信号（$X_i' = X_i - X_f$）变成上小下大，经放大，输出波形的失真获得补偿。

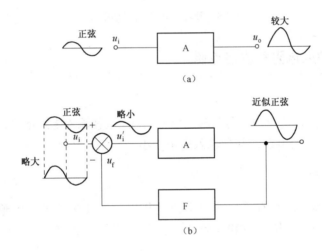

图 4.7　减小非线性失真

从本质上说，负反馈是利用了"预失真"的波形来改善波形的失真，因而不能完全消除失真，并且对输入信号本身的失真不能减少。

同样道理，负反馈可以减小由于放大器本身所产生的干扰和噪声（可看做与非线性失真类似的谐波）。

4.3.3 展宽通频带

如图 4.8 所示为阻容耦合放大电路开环与闭环的幅频特性。由于负反馈对任何原因引起的放大倍数的变化都有抑制能力，因此，对于因信号频率升高或降低而产生的放大倍数的变化，可自动调节其变化，使得放大倍数幅频特性平稳的区间加大，即通频带加宽。反馈后的幅频特性如图 4.8 所示。分析可知，引入负反馈后有如下关系式：

$$f_{Hf} = (1+AF)f_H \tag{4-6}$$

$$f_{Lf} = \frac{1}{1+AF}f_L \tag{4-7}$$

可见，闭环时中频区的上限频率 f_H 增大了（$1+AF$）倍，下限频率 f_L 减小了（$1+AF$）倍，一般有 $f_H \gg f_L$，$f_{Hf} \gg f_{Lf}$，所以，可近似认为通频带只取决于上限频率，负反馈使通频带展宽了（$1+AF$）倍。通频带愈宽，表示放大器工作的频率范围愈宽。通频带的扩展，意味着频率失真的减少，因此，负反馈能减少频率失真。

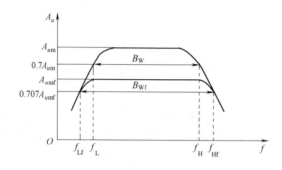

图 4.8　开环与闭环的幅频特性

4.3.4　改变输入电阻和输出电阻

1．改变输入电阻

凡是串联负反馈，因为反馈信号与输入信号串联，故使输入电阻增大；凡是并联负反馈，因为反馈信号与输入信号并联，故使输入电阻减小。

2．改变输出电阻

凡是电压负反馈，因具有稳定输出电压的作用，使其接近于恒压源，故使输出电阻减小；凡是电流负反馈，因具有稳定输出电流的作用，使其接近于恒流源，故使输出电阻增大。

负反馈对输入电阻、输出电阻的影响如表 4.1 所示。

表 4.1　负反馈对 R_i、R_o 影响

反 馈 类 型	开 环 电 阻	闭 环 电 阻
串联负反馈	R_i	$(1+AF)R_i$
并联负反馈	R_i	$(1+AF)^{-1}R_i$
电流负反馈	R_o	$(1+AF)R_o$
电压负反馈	R_o	$(1+AF)^{-1}R_o$

4.4　自激振荡

我们常见到这种情况：会场里，当扩音机的音量开得太大，且话筒与扬声器位置较近时，扬声器将发出刺耳的啸叫声。这是因为微小的声波扰动进入话筒，话筒感应电压经扩音机放大，扬声器把放大了的声音又送回话筒，形成声音信号的正反馈。如此反复循环，较微弱的声音就变成了频谱极为复杂的噪声——啸叫声，这种现象就是自激振荡。自激振荡对放大电

路是有害的，它将使电路不能正常工作；而在振荡电路中，自激却是有益的，振荡电路就是利用自激振荡而工作的。

1. 自激振荡的概念

如图 4.9 所示的为正弦波振荡器原理框图。开关 S 先接 1 端，输入正弦波 u_i，经放大电路放大后输出正弦波 u_o，u_o 经反馈电路输出反馈信号 u_f 到 2 端。调整放大电路和反馈网络参数，使 $u_f = u_i$；当开关 S 迅速切换到 2 端时，u_f 便代替了 u_i，使放大电路维持输出信号 u_o 不变。于是电路虽然没有外加输入信号，但输出端出现了具有一定频率和幅值的正弦波信号——产生了自激振荡。可见，振荡电路是一种无需外加信号就能将直流电能变为交流电能的能量变换电路。

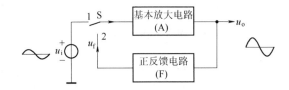

图 4.9　正弦波振荡器原理框图

2. 自激振荡的条件

由以上分析可知，产生自激振荡的条件是 $u_f = u_i$，具体可表述为以下两点。

（1）振荡的相位平衡条件：u_f 与 u_i 必须同相位，也就是要求正反馈。

（2）振荡的幅值平衡条件：u_f 与 u_i 必须大小相等。

由于 $u_o = Au_i$，$u_f = Fu_o = FAu_i$，代入关系式 $u_f = u_i$，得：

$$AF = 1 \tag{4-8}$$

式中，A 为放大电路开环增益；

F 为反馈电路的反馈系数。

在自激振荡的两个条件中，关键是相位平衡条件。至于幅值条件，可在满足相位条件后，通过调节电路参数来达到。综上所述，振荡电路是一个具有正反馈足够强的放大电路。

3. 正弦波振荡器的组成

为了说明正弦波振荡器的基本组成，首先要了解下面几个问题。

（1）起振。实际振荡器在接通电源后便可输出正弦波信号，其初始信号来自于接通电源瞬间产生的"电冲击"，它是包含各种频率的微弱信号，其中满足正反馈的信号，如果在振荡初期幅度很小时能满足 $AF > 1$ 的起振条件，就能建立起振荡，直至 $AF = 1$ 时振幅稳定。

（2）选频。为了使振荡器输出所需要的、单一频率的正弦波信号，还要设置选频电路，使某一特定频率的信号进入正反馈，被逐步放大，而其他频率的信号则在反馈过程中逐步衰减以至消失。选频电路若由 R，C 元件组成，则称为 RC 正弦波振荡器；若由 L，C 元件组成，则称为 LC 正弦波振荡器；若由石英晶体元件组成，则称为石英晶体正弦波振荡器。

（3）稳幅。振荡器的输出幅值不会无限制地增大，随着幅值的不断增加，电路中的放大元件也逐渐进入非线性区，放大倍数因此自动减小，使振荡幅度平衡在某一水平上，形成自动稳幅。稳幅通常利用放大电路中非线性元件实现，如晶体管，也可采用负反馈电路或其他限幅电路来保证振荡器输出的信号振幅稳定。

综上所述，正弦波振荡器一般由放大电路、正反馈电路、选频电路和稳幅电路4部分组成。实际电路中，常将放大电路与选频电路或反馈电路与选频电路合二为一。

4.5 RC 正弦波振荡器

RC 正弦波振荡器适用于低频振荡，一般用于产生 1Hz～1MHz 的低频信号。

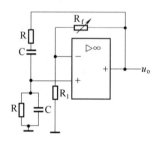

图 4.10 RC 正弦波振荡器

1. 电路构成

如图 4.10 所示的是 RC 正弦波振荡器，它由集成运放构成放大电路，RC 串并联网络作为选频电路，同时还作为正反馈电路，R_f 组成的负反馈电路作为稳幅电路，并能减小失真。电路中，RC 串联电路、RC 并联电路、R_f 和 R_1 接成电桥电路，因而称为 RC 桥式振荡器或文氏桥式振荡器。

2. 工作原理

在 RC 正弦波振荡器中，当 RC 串并联网络中的 $R = X_C$ 时，其反馈电压与放大器输出电压正好同相位，满足振荡的相位平衡条件，经推导知，反馈电压是输出电压的 1/3，即正反馈系数 $F = \frac{1}{3}$。若把同相端视做信号输入端，则运算放大器和 R_1，R_f 构成电压串联负反馈，其电压放大倍数 $A_u = 1 + \frac{R_f}{R_1}$。根据起振的条件 $A_u F > 1$，调节 R_f 值略大于 $2R_1$ 时，电路能形成自激振荡。稳幅时，电路的正负反馈平衡。

由 $R = X_C$ 可以证明，振荡的频率为：

$$f_0 = \frac{1}{2\pi RC} \tag{4-9}$$

调节 R 和 C 可使 RC 正弦波振荡器的频率在一个相当宽的范围内得到调节。在实际应用中，常将电阻 R 用双连电位器代替，或将电容 C 用双连电容器代替。实验室用的低频信号发生器多采用 RC 桥式振荡器。

例 4.5 振荡电路如图 4.11 所示，已知：$R=5.6\text{k}\Omega$，$C=2700\text{pF}$，求此电路的振荡频率 f_0；设热敏电阻 $R_f=12\text{k}\Omega$，求起振时电阻 R_1 的值。

解：① 振荡频率为 $f_0 = \frac{1}{2\pi RC} = \frac{1}{2\pi \times 5.6 \times 10^3 \times 2700 \times 10^{-12}} \approx 10.5 \text{ kHz}$

② 对于 f_0 振荡频率，反馈系数为 1/3，所以起振时 $A>3$，即 $1 + \frac{R_f}{R_1} > 3$，故 $R_1 < 6\text{k}\Omega$。

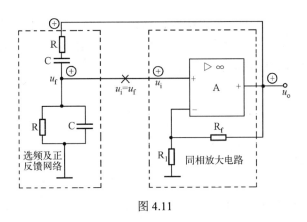

图 4.11

4.6 LC 正弦波振荡器

LC 正弦波振荡器的频率很高，一般都在 1MHz 以上。LC 正弦波振荡器根据正反馈网络的不同，可分为变压器反馈式、电感三点式和电容三点式 3 种类型，它们均由电感 L 和电容 C 组成选频电路。利用 LC 并联谐振特性确定振荡电路的频率。

LC 振荡器中应用瞬时极性法判别反馈极性时应注意：LC 回路中谐振电容、电感两端的极性相反；对电感，同名端极性相同，异名端极性相反。

4.6.1 变压器反馈式正弦波振荡器

如图 4.12 所示的为变压器反馈式正弦波振荡器，主要由以下组成：集成运放组成放大电路；L_1 和 C_2 并联谐振回路组成选频电路；根据瞬时极性法可判断由于变压器原绕组 L_1 和副绕组 L_2 之间的互感耦合，使副绕组 L_2 引入了正反馈，L_2 为反馈绕组，满足振荡的相位平衡条件；R_f 为负反馈电阻，起稳幅作用；R_2 为平衡电阻；C_1 为耦合电容。当变压器的匝数比和负反馈电阻 R_f 选择合适时，可以满足振幅平衡条件，因而能产生自激振荡。

由 LC 并联电路的知识可知，电路的振荡频率为：

$$f_0 = \frac{1}{2\pi\sqrt{L_1 C_2}} \quad (4-10)$$

此电路的优点是：便于实现阻抗匹配，使振荡器的效率高、起振容易；调频方便，改变 C_2 的大小就可以实现频率调节。

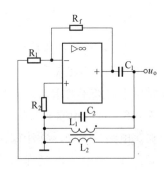

图 4.12 变压器反馈式正弦波振荡器

4.6.2 电感三点式正弦波振荡器

如图 4.13 所示的为电感三点式正弦波振荡器。对于交流通路，LC 谐振回路中电感的 3 个端点 a，b，c 分别与集成运放的两个输入端和输出端相连，故称为

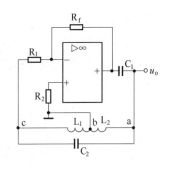

图 4.13 电感三点式正弦波振荡器

电感三点式，主要由以下组成：集成运放组成放大电路；等效电感 L（L_1 和 L_2 串联）与 C_2 并联组成选频电路，正反馈信号从 L_1 两端取出；R_f 为负反馈电阻，起稳幅作用；R_2 为平衡电阻；C_1 为耦合电容。

电路的振荡频率为：

$$f_0 = \frac{1}{2\pi\sqrt{LC_2}} \tag{4-11}$$

式中，$L = L_1 + L_2 + 2M$；

M 为互感系数。

此电路的优点是容易起振（L_1，L_2 耦合紧密）、调频方便且调节范围较宽；缺点是振荡波形较差。这种振荡器常用于对输出信号波形要求不高的场合。

4.6.3　电容三点式正弦波振荡器

如图 4.14 所示为电容三点式正弦波振荡器。从电路结构上看，它把图 4.13 所示的电感三点式振荡器中的电感 L_1，L_2 改接为电容 C_2，C_3，电容 C_2 改接为电感 L，正反馈信号 u_f 从 C_2 两端取出。其工作原理分析与上相同，能满足相位和幅值平衡条件，产生振荡。

电路的振荡频率为：

$$f_0 = \frac{1}{2\pi\sqrt{LC}} \tag{4-12}$$

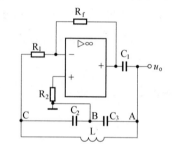

图 4.14　电容三点式正弦波振荡器

式中，C 为 C_2 和 C_3 的串联值。

此电路的优点是振荡频率高（可达 100MHz）、振荡波形好；缺点是调频较困难。这种振荡器常用于对波形要求高、振荡频率固定的场合。

例 4.6　试用相位平衡条件判断图 4.15（a）所示电路能否产生正弦波振荡？若能振荡，指出振荡电路的类型，并计算其振荡频率 f_0。

解：（1）因 C_B、C_E 数值较大，对于高频振荡信号可视为短路，其交流通路如图 4.15（b）所示。由图可见，C_1、C_2、L 组成并联谐振回路，且反馈电压取自电容 C_1 两端。根据交流通路，用瞬时极性法判断，可知反馈电压和放大电路输入电压极性相同，满足相位平衡条件，可以产生振荡。

（2）由图 4.15（b）可以看出，晶体管的三个电极分别与电容 C_1 和 C_2 的三个端子相接，所以该电路属于电容三点式振荡电路。

（3）振荡频率为：

$$f_0 = \frac{1}{2\pi\sqrt{L\dfrac{C_1 C_2}{C_1 + C_2}}} = \frac{1}{2\pi\sqrt{300\times10^{-6}\times\dfrac{0.001\times10^{-6}\times0.001\times10^{-6}}{0.001\times10^{-6}+0.001\times10^{-6}}}} \approx 410.9\,\text{kHz}$$

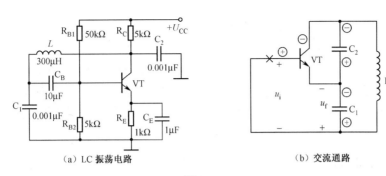

（a）LC 振荡电路　　　　　　　　　　　　（b）交流通路

图 4.15

图中 C_E 是 R_E 的旁路电容，如果去掉 C_E，振荡信号在发射极电阻 R_E 上将产生损耗，使放大倍数降低，甚至难以起振。C_B 为耦合电容，它将振荡信号耦合到晶体管基极。如果去掉 C_B，则晶体管基极直流电位与集电极直流电位近似相等，由于静态工作点不合适，电路将无法正常工作。

4.7 石英晶体振荡器

4.7.1 石英晶体特性

石英晶体的化学成分是 SiO_2。从一块石英晶体上按一定方位角切下的薄片（圆形、方形或棒形）称为晶片，在晶片的两个对应表面上涂敷银层引出电极，再用金属或玻璃外壳封装，就构成了石英晶体谐振器，简称石英晶体（又称晶振），如图 4.16 所示。

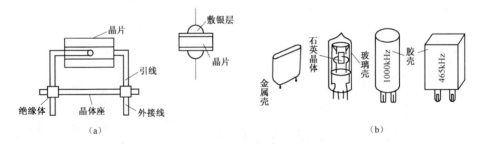

图 4.16　石英晶体的结构和外形

如图 4.17（a）所示为石英晶体的符号，图 4.17（b）所示的为等效电路。当晶体不振动时，可把它视作一个平板电容器 C_o，称为静电电容。当晶体振动时，有一个机械振动的惯性，用电感 L 来等效，晶体的弹性用电容 C 来等效。晶片振动时因摩擦而造成的损耗则用电阻 R 来等效。

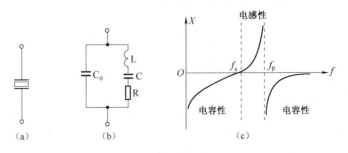

（a）　　　　　　（b）　　　　　　（c）

图 4.17　石英晶体的符号、等效电路及电抗-频率特性

石英晶体之所以有选频特性是因其具有"压电谐振"现象，即外加信号频率不同时，它可以呈现出不同的电抗特性，其电抗-频率特性如图 4.17（c）所示。

从石英谐振器的等效电路可知，它具有两个很接近的谐振频率，即 L，C，R 支路串联谐振频率 f_s 和整个等效电路并联谐振频率 f_p。在 f_s 和 f_p 之间的范围内，石英晶体呈感性，相当于一个电感元件；在 f_s 频率上，石英晶体呈纯电阻性，相当于一个阻值很小的电阻（在 f_p 频率上，石英晶体呈阻性）；在其他频率下，石英晶体呈容性，相当于一个电容元件。

4.7.2 石英晶体振荡器

石英晶体振荡器有串联型和并联型两种类型。

1．串联型石英晶体振荡器

如图 4.18（a）所示的为串联型石英晶体振荡器。石英晶体接在正反馈电路中起选频作用。当电路的振荡频率为 f_s 时，石英晶体呈纯电阻性，阻抗最小，正反馈最强，且相移为零，电路满足自激振荡条件，振荡频率为 f_s。而对于 f_s 以外的其他频率，石英晶体呈现的阻抗增大，不为纯电阻性，且相移也不为零，不满足振荡条件，不能产生振荡。调节电阻 R_P 可获得良好的正弦波输出。

2．并联型石英晶体振荡器

如图 4.18（b）所示的为并联型石英晶体振荡器。电路的振荡频率在 f_s 与 f_p 之间，石英晶体起电感作用，其工作原理与电容三点式 LC 正弦波振荡器相似，电路满足振荡条件，振荡频率近似为 f_s。

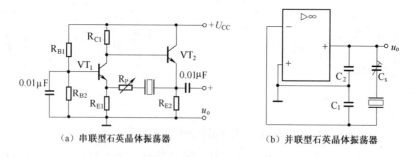

(a) 串联型石英晶体振荡器　　　　　（b）并联型石英晶体振荡器

图 4.18　石英晶体正弦波振荡器

石英晶体的最大优点是频率稳定度极高，适宜于制作标准频率信号源（如石英钟、脉冲计数器等）；缺点是结构脆弱、怕振动，负载能力差等。多用在对频率稳定性要求高的场合下。

本 章 小 结

（1）反馈的实质是输出量参与控制，反馈使输出量减小的为负反馈，反之，为正反馈。在放大电路中广泛采用的是负反馈。

（2）串联负反馈在输入回路中输入信号和反馈信号是串联的，能减小输入电阻；并联负反馈在输入回路中输入信号和反馈信号是并联的，能增大输入电阻。电压负反馈能稳定输出电压；电流负反馈能稳定输出电流。

（3）负反馈放大电路有串联电压、串联电流、并联电压和并联电流 4 种类型。判断正负反馈用瞬时极性法；判断电压反馈还是电流反馈，用短路法（输出端短路），判断串联反馈还是并联反馈，用短路法（输入端短路）。

（4）负反馈对放大电路性能的影响是：提高放大倍数的稳定性，改善非线性失真，展宽通频带，改变输入电阻和输出电阻。负反馈能改善放大器性能是以牺牲放大倍数为代价的。

（5）正弦波振荡器实质上是一个满足相位平衡条件和幅值平衡条件的正反馈放大器。正弦波振荡器一般由放大、正反馈、选频和稳幅 4 个基本部分组成。按照选频网络的不同，正弦波振荡器可分为 RC 振荡器、LC 振荡器和石英晶体振荡器。

（6）RC 振荡器的振荡频率较低。常用的 RC 振荡器是文氏桥式振荡器，其振荡频率为：

$$f_0 = \frac{1}{2\pi RC}$$

（7）LC 振荡器的振荡频率较高。LC 振荡器有变压器反馈式、电感三点式及电容三点式 3 种，它们均利用 LC 振荡回路来选频，振荡频率为：

$$f_0 = \frac{1}{2\pi\sqrt{LC}}$$

（8）石英晶体振荡电路的频率稳定度较高。石英晶体在串联振荡电路中，呈纯电阻状态；石英晶体在并联振荡电路中，呈感性状态。

习　题　4

一、判断题（正确的打 √，错误的打 ×）

4.1　直流负反馈是直接耦合放大电路中的负反馈，交流负反馈是阻容耦合或变压器耦合放大电路中的负反馈。（　　）

4.2　串联或并联负反馈可以改变放大电路的输入电阻，但不能影响输出电阻。（　　）

4.3　电压或电流负反馈可以改变放大电路的输出电阻，但对输入电阻无影响。（　　）

4.4　负反馈能彻底消除放大电路中的非线性失真。（　　）

4.5　无论是输入信号中混入的，还是反馈环路内产生的噪声，负反馈都能使放大电路输出端的噪声得到抑制。（　　）

4.6　既然在深度负反馈条件下，放大倍数只与反馈系数 F 有关，那么放大器件的参数就没有实用意义了。（　　）

4.7　串联负反馈可使反馈环路内的输入电阻减小到开环时的（1+AF）倍。（　　）

4.8　并联负反馈可使反馈环路内的输入电阻增加到开环时的（1+AF）倍。（　　）

4.9　电流负反馈可使反馈环路内的输出电阻减小到开环时的（1+AF）倍。（　　）

4.10　电压负反馈可使反馈环路内的输出电阻增加到开环时的（1+AF）倍。（　　）

4.11　振荡电路与放大电路的主要区别之一是：放大电路的输出信号与输入信号频率相同，而振荡电路一般不需要输入信号。（　　）

4.12 振荡器若不接输入信号，线路就不能起振，更不能维持振荡。（　　）

4.13 收、扩音机中的电池老化、电解电容失效而产生的所谓"汽船声"就是一种低频自激，在直流供电回路中接入 RC 退耦电路可消除这种自激。（　　）

4.14 正弦波振荡器是一种能量转换装置，它靠消耗直流电能产生交流信号。（　　）

4.15 自激振荡器无需外接信号源，但正弦波振荡器需外接正弦波信号源。（　　）

4.16 自激振荡两个条件中，关键是幅值平衡条件，但可以调节电路的参数来达到。（　　）

4.17 要产生一定频率的正弦波振荡，振荡器中必然有选频网络。（　　）

4.18 石英晶体的固有频率，即谐振器的谐振频率 f_0 的大小取决于石英晶体的材料，与晶片的几何形状和尺寸无关。（　　）

4.19 石英晶体的最大优点是频率稳定度很高，但不适宜于制作标准频率信号源。（　　）

4.20 使石英谐振器工作于频率电抗特性的 f_s 和 f_p 之间，它相当于电容元件。（　　）

二、选择题

4.21 若反馈深度 1+AF=1，则放大电路工作在（　　）状态。
　　A. 正反馈　　　　　　B. 负反馈　　　　　　C. 自激振荡　　　　　　D. 无反馈

4.22 若反馈深度 1+AF>1，则放大电路工作在（　　）状态。
　　A. 正反馈　　　　　　B. 负反馈　　　　　　C. 自激振荡　　　　　　D. 无反馈

4.23 若反馈深度 1+AF<1，则放大电路工作在（　　）状态。
　　A. 正反馈　　　　　　B. 负反馈　　　　　　C. 自激振荡　　　　　　D. 无反馈

4.24 在放大电路中经常利用适当的电容把起反馈作用的电路隔开，是为了保证反馈（　　）。
　　A. 对直流信号起作用　　　　　　　　　B. 对交流信号起作用
　　C. 对交流信号不起作用　　　　　　　　D. 对交、直流信号均起作用

4.25 在放大电路中经常利用适当的电容把起反馈作用的电阻短路，是为了保证反馈（　　）。
　　A. 对直流信号起作用　　　　　　　　　B. 对交流信号起作用
　　C. 对交流信号不起作用　　　　　　　　D. 对交、直流信号均起作用

4.26 某放大电路为了使输出电压稳定，应引入（　　）负反馈。
　　A. 电压　　　　　　B. 电流　　　　　　C. 串联　　　　　　D. 并联

4.27 负反馈可以抑制（　　）的干扰和噪声。
　　A. 反馈环路内　　　　B. 反馈环路外　　　　C. 与输入信号混在一起

4.28 需要一个阻抗变换电路，要求输入电阻大，输出电阻小，应选（　　）负反馈放大电路。
　　A. 串联电压　　　　B. 串联电流　　　　C. 并联电压　　　　D. 并联电流

4.29 直流负反馈对电路的作用是（　　）。
　　A. 稳定直流信号，不能稳定静态工作点　　　B. 稳定直流信号，也能稳定静态工作点
　　C. 稳定直流信号，也能稳定交流信号　　　　D. 不能稳定直流信号，能稳定交流信号

4.30 交流负反馈对电路的作用是（　　）。
　　A. 稳定交流信号，改善电路性能　　　　　　B. 稳定交流信号，但不能改善电路性能
　　C. 稳定交流信号，也稳定直流偏置　　　　　D. 不能稳定交流信号，但能改善电路性能

4.31 正弦波振荡电路的幅值平衡条件是（　　）。
　　A. AF>1　　　　　　B. AF=1　　　　　　C. AF<1

4.32 为了满足振荡的相位平衡条件，反馈信号与输入信号的相位差应等于（　　）。

　　A. 90° 　　　　　　　B. 140° 　　　　　　C. 270° 　　　　　D. 360°

4.33 在正弦波振荡电路中，选频的作用是（　　）。

　　A. 使振荡器输出信号的幅度较大

　　B. 从振荡器输出的各种频率成分中选出单一频率的正弦波输出

　　C. 使振荡器产生一个单一频率的正弦波

4.34 石英晶体振荡器的主要优点是（　　）。

　　A. 振幅稳定　　　　　B. 频率稳定度高　　　C. 频率高

4.35 正弦波振荡电路中正反馈网络的作用是（　　）。

　　A. 满足起振的相位平衡条件

　　B. 提高放大器的放大倍数，使输出信号足够大

　　C. 使某一频率的信号能满足相位和振幅的平衡条件

4.36 电路如图 4.19 所示，（　　）元件上的反馈为正反馈。

　　A. L_1　　　　　　B. L_2　　　　　　C. L_3　　　　　　D. C

4.37 在 RC 正弦波振荡器中，一般要加入负反馈支路，其主要目的是（　　）。

　　A. 减少零点漂移所产生的影响

　　B. 保证相位平衡条件得到满足

　　C. 稳定静态工作点

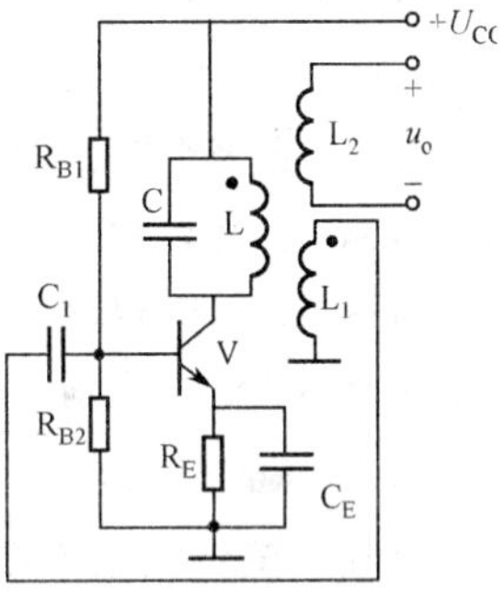

图 4.19

4.38 石英晶体谐振于 f_s 时，相当于 LC 回路的（　　）现象。

　　A. 串联谐振　　　　　　　　　　B. 并联谐振

　　C. 自激　　　　　　　　　　　　D. 串并联谐振

4.39 在串联型石英晶体振荡器中，对于振荡信号来讲，石英晶体相当于一个（　　）。

　　A. 阻值极小的电阻　　　　　　　B. 阻值极大的电阻

　　C. 电感　　　　　　　　　　　　D. 电容

4.40 在并联型石英晶体振荡器中，对于振荡信号来讲，石英晶体相当于一个（　　）。

　　A. 阻值极小的电阻　　　　　　　B. 阻值极大的电阻

　　C. 电感　　　　　　　　　　　　D. 电容

三、填空题

4.41 反馈是把放大器的＿＿＿＿＿量的一部分或全部返送到＿＿＿＿＿回路的过程。因此要判断一个放大电路是否有反馈，就看放大器中是否有＿＿＿＿＿＿＿＿＿＿存在。

4.42 反馈量与放大器的输入量极性相反，因而使＿＿＿＿＿减小的反馈，称为＿＿＿＿。

4.43 负反馈放大器有＿＿＿＿＿、＿＿＿＿＿、＿＿＿＿＿、＿＿＿＿＿4 种类型；负反馈放大器是由＿＿＿＿电路与＿＿＿＿电路组成的一个闭环系统。

4.44 对输出端的反馈取样信号而言，反馈信号与输出电压成正比是＿＿＿＿反馈，反馈信号与输出电流成正比是＿＿＿＿反馈。

4.45 ＿＿＿＿是存在于直流通路中的负反馈，它能稳定＿＿＿＿＿。

4.46 _____是存在于交流通路中的负反馈,它可以使放大电路的_____稳定,改善_____失真,抑制_____,展宽_____。

4.47 负反馈放大电路中几个重要指标的数学表达分别为:(1)反馈系数 $F=$_____;(2)放大电路开环放大倍数 $A=$_____;(3)放大电路闭环放大倍数 $A_f=$_____;(4)反馈深度为_____。

4.48 集成运放判别本级反馈的极性时,若反馈信号接回到反相输入端,则为_____反馈;接回到同相输入端,则为_____反馈。

4.49 凡是串联负反馈,因为反馈信号与输入信号串联,故使输入电阻_____;凡是并联负反馈,因为反馈信号与输入信号并联,故使输入电阻_____。

4.50 凡是电压负反馈,因具有稳定输出电压的作用,使其接近于_____,故使输出电阻_____;凡是电流负反馈,因具有稳定输出电流的作用,使其接近于_____,故使输出电阻_____。

4.51 不需外加_____,能够自行产生_____的电路称为自激振荡电路。能够自行产生_____的自激振荡电路,称为_____振荡器。

4.52 在正弦波振荡器电路中,为了补充振荡过程中能量的消耗,维持等幅振荡,需要_____电路;为了满足自激振荡相位条件,需要_____电路;为了把需要的频率选出来,获得单一频率的正弦波振荡,必须在电路中采取_____电路。

4.53 振荡器最初的输入信号来自于_____。

4.54 振荡的稳幅主要靠_____的非线性限幅和_____环节来实现。

4.55 石英晶体振荡器利用石英晶体的_____特性来选频,由石英晶体谐振器的电抗-频率特性可知,在 $f_s < f < f_p$ 范围内,石英晶体呈现_____性;在 $f = f_s$ 处,石英晶体呈现_____性;在其他频率区域,石英晶体呈现_____性。

4.56 正弦波振荡器的相位平衡条件是_____,幅度平衡条件是_____,关键的是_____条件。

4.57 正弦波振荡器是由_____和_____两部分组成的反馈系统。为产生某一特定频率的正弦波信号,正弦波振荡器应包含_____网络;为使输出电压稳定,正弦波振荡器应包含_____网络。

4.58 为了得到起振方便、频率可调的正弦波信号,通常采用_____振荡器;为了得到频率稳定度较高的正弦波信号,通常采用_____振荡器;若要求频率稳定度达 $10 \sim 10^{-9}$,应采用_____振荡器。

4.59 按选频电路的不同,正弦波振荡器可分为_____正弦波振荡器、_____正弦波振荡器和_____正弦波振荡器。

4.60 石英晶体振荡器利用石英晶体的_____特性来选频,它的符号是_____。

四、解析题

4.61 有一负反馈放大器,开环放大倍数 $A=100$,反馈系数 $F=1/10$,试求其反馈深度和闭环放大倍数。

4.62 有一负反馈放大器,当输入电压为 100mV 时,输出电压为 2V,而在开环,当输入电压为 100mV 时,输出电压则为 4V,试求其反馈深度和反馈系数。

4.63 在如图 4.20 所示各电路中判断电路存在何种负反馈?

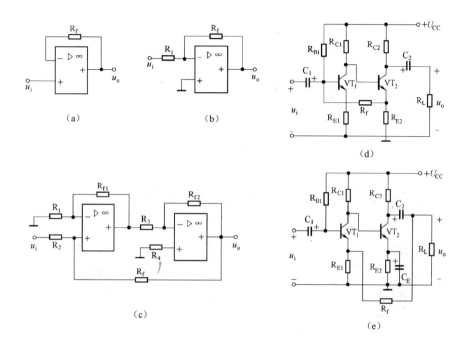

（a）　　　　　　　　（b）

（d）

（c）

（e）

图 4.20

4.64　若要使得放大器带负载能力强，向信号源索取的电流小，请问应引入何种类型的反馈？在图 4.21 中画出。

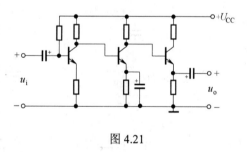

图 4.21

4.65　试标出图 4.22 所示各电路中变压器的同名端，使之满足产生振荡的相位条件。

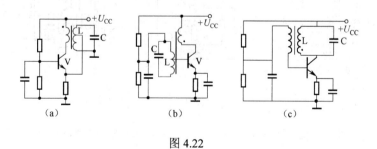

（a）　　　　　　　（b）　　　　　　　（c）

图 4.22

4.66　检查图 4.23 所示振荡电路中有哪些错误？要求重新画出改正后的电路图。

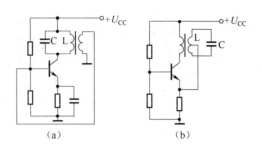

图 4.23

4.67 试问图 4.24 所示的电路，A，B，C，D 4 点应如何连接才能产生振荡？

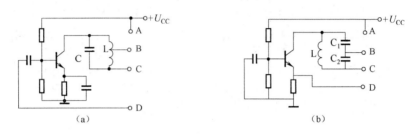

图 4.24

4.68 试判断图 4.25 所示各电路能不能产生正弦波振荡？哪一段上产生反馈电压？

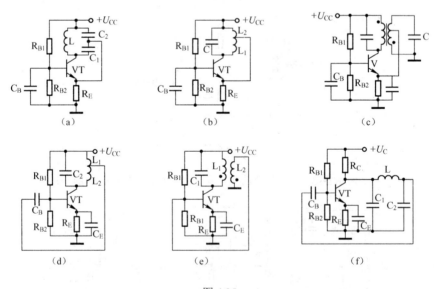

图 4.25

4.69 如图 4.26 所示为电视机的本振电路，试求：（1）分析电路是否满足相位条件；（2）判断振荡电路的类型；（3）计算电路的振荡频率 f_0。

4.70 文氏振荡电路如图 4.27 所示，已知 $C=1\mu F$，$R=1k\Omega$，R_P 由 $0\sim5$ kΩ 变化时，试求振荡频率 f_0 的范围。

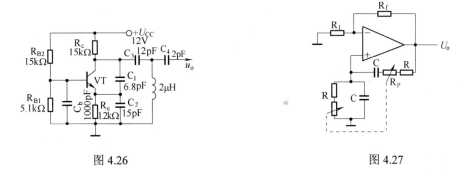

图 4.26   图 4.27

4.71 图 4.28 中各电路均为 LC 三点式振荡器的原理图。为满足振荡的相位条件，试在运放的输入端，标出同相端和反相端的+、−极性符号。

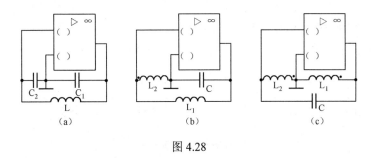

（a）   （b）   （c）

图 4.28

4.72 运放 RC 正弦波振荡器如图 4.29 所示，试回答下列问题：（1）RC 串并联电路起何作用？R_f、R_1 串联电路起何作用？（2）正弦波振荡频率由哪些参数决定？改变振荡频率 f_0，应调节什么元件？（3）改变输出电压 u_o 的幅度，应调节什么元件？

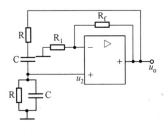

图 4.29

4.73 如图 4.30 所示是两个 100kHz 的三点式晶振电路，试画出它们的交流通路，并说明振荡的相位平衡条件是如何满足的。（提示：在晶振频率 f_0 处 LC 回路的阻抗呈容性或感性。）

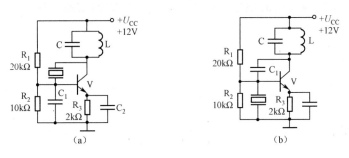

（a）   （b）

图 4.30

第5章　直流稳压电源

内容提要

本章在介绍直流稳压电源的组成后，分别介绍：整流电路、滤波电路和稳压电路的电路构成、工作原理和特点。

直流电源一般由电源变压器、整流电路、滤波电路和稳压电路等四部分组成，其框图如图 5.1 所示，各部分作用是：电源变压器的作用是为用电设备提供所需的交流电压；整流电路和滤波电路的作用是把交流电变换成平滑的直流电；稳压电路的作用是克服电网电压、负载及温度变化所引起的输出电压的变化，提高输出电压的稳定性。

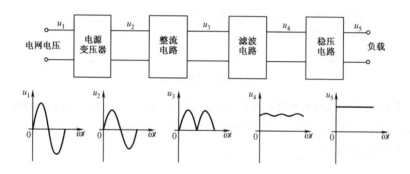

图 5.1　直流电源组成方框图

5.1　整流电路

5.1.1　单相半波整流电路

1. 电路组成及工作原理

单相半波整流电路如图 5.2 所示。它由整流变压器 T_r，整流元件二极管 VD 及负载电阻 R_L 组成。变压器将电网交流电压变换成整流电路所需的交流电压，设整流变压器的副边电压为：

$$u_2 = \sqrt{2}U_2 \sin \omega t$$

为讨论方便，可认为变压器和二极管是理想器件，即变压器的输出电压稳定，二极管的正向导通压降可忽略不计。

由于二极管 VD 的单向导电性，在 u_2 的正半周，其极性是上正下负，即 a 点的电位高于 b 点，二极管因承受正向电压而导通。这时负载电阻 R_L 上通过的电流为 i_o，两端的电压为 u_o。

在 u_2 的负半周，其极性是上负下正，即 a 点的电位低于 b 点，二极管因承受反向电压而截止。负载电阻 R_L 上没有电压。因此在负载电阻 R_L 上得到的是半波整流电压 u_o。负载电阻 R_L 及二极管 VD 对应于变压器副边电压的波形如图 5.3 所示。

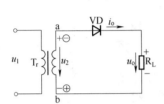

图 5.2　单相半波整流电路

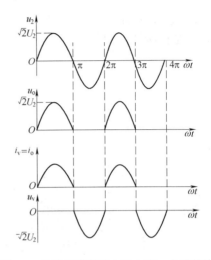

图 5.3　单相半波整流电路电压、电流的波形

2．负载上直流电压和直流电流的计算

直流电压是指一个周期内脉动电压的平均值。半波整流电路输出电压的平均值 U_o 为：

$$U_o = \frac{1}{2\pi}\int_0^{2\pi} u_o \mathrm{d}(\omega t) = \frac{1}{2\pi}\int_0^{2\pi} \sqrt{2}U_2 \sin\omega t\,\mathrm{d}(\omega t) = \frac{\sqrt{2}}{\pi}U_2 = 0.45U_2 \tag{5-1}$$

流过负载的平均电流为：

$$I_o = \frac{U_o}{R_L} = 0.45\frac{U_2}{R_L} \tag{5-2}$$

3．二极管的选择

由图 5.3 可知，流过整流二极管的平均电流 I_v 与流过负载的电流 I_o 相等，故二极管的选择应满足：

$$I_F > I_v = I_o = 0.45\frac{U_2}{R_L} \tag{5-3}$$

当二极管截止时，它承受的反向峰值电压 U_{RM} 是变压器次级电压的最大值，因此在选用二极管时应保证：

$$U_R > U_{RM} = \sqrt{2}U_2 \tag{5-4}$$

半波整流电路虽然结构简单，所用元件少，但输出电压脉动大，整流效率低，只适用于要求不高的场合。

5.1.2 单相桥式整流电路

1. 电路组成及工作原理

单相桥式整流电路有如图 5.4 所示的几种画法，它由 4 个整流二极管构成桥式，整流桥的接线规律是同极性端接负载，异极性端接电源。

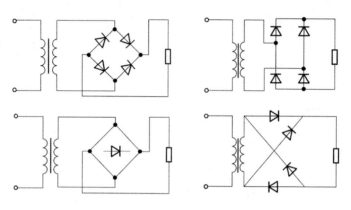

图 5.4 单相桥式整流电路

下面以图 5.5 为例来介绍单相桥式整流电路的工作原理。它由整流变压器 T_r，二极管 VD_1，VD_2，VD_3，VD_4 和负载电阻 R_L 组成。变压器将电网交流电压变换成整流电路所需的交流电压，设变压器副边电压为：

$$u_2 = \sqrt{2}U_2 \sin \omega t$$

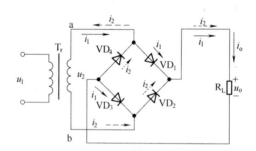

图 5.5 单相桥式整流电路的工作原理

在 u_2 的正半周，其极性是 a 端为正、b 端为负，则整流元件 VD_1 和 VD_3 导通，VD_2 和 VD_4 截止，电流就从变压器副边的 a 端出发，流经负载 R_L 而由 b 端返回。R_L 得到 u_2 的正半周电压，即

$$a \rightarrow VD_1 \rightarrow R_L \rightarrow VD_3 \rightarrow b$$

在 u_2 的负半周，其极性是 b 端为正、a 端为负，则整流元件 VD_2 和 VD_4 导通，VD_1 和 VD_3 截止，电流就从变压器副边的 b 端出发，流经负载 R_L 而由 a 端返回。R_L 得到 u_2 的负半周电压，即

$$b \rightarrow VD_2 \rightarrow R_L \rightarrow VD_4 \rightarrow a$$

由此可见，当电源电压 u_2 交变 1 周时，整流元件在正半周和负半周轮流导通。通过负载的电流和整流输出电压的波形如图 5.6 所示。

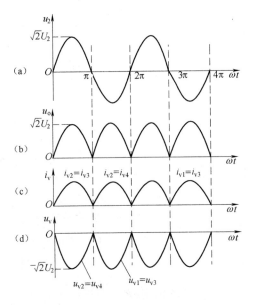

图 5.6 单相桥式整流电路电压、电流的波形

2. 负载上直流电压和直流电流的计算

与半波整流相比，桥式整流后输出电压的平均值是半波整流时的 2 倍，即

$$U_o = 0.45U_2 \times 2 = 0.9U_2 \tag{5-5}$$

通过负载的电流平均值为：

$$I_o = \frac{U_o}{R_L} = 0.9\frac{U_2}{R_L} \tag{5-6}$$

3. 二极管的选择

由于每个二极管只有半个周期导通，所以通过各个二极管的电流平均值为负载电流的一半，故二极管的选择应满足：

$$I_F > I_v = \frac{1}{2}I_o = 0.45\frac{U_2}{R_L} \tag{5-7}$$

当二极管截止时，它所承受的最高反向工作电压就是变压器副边电压的最大值，因此在选用二极管时应保证

$$U_R > U_{RM} = \sqrt{2}U_2 \tag{5-8}$$

例 5.1 有一直流负载，要求电压为 $U_o=36\text{V}$，电流为 $I_o=10\text{A}$，交流电压为 220V，采用单相桥式整流电路。试求：

（1）选用所需的整流元件；（2）VD_2 因故损坏开路时的 U_o 和 I_o，并画出波形；（3）若 VD_2 短路，会出现什么情况？（4）求整流变压器变比和（视在）功率容量。

解：（1）根据给定的条件 $I_o=10A$，整流元件所通过的电流为：

$$I_v = \frac{1}{2}I_o = \frac{1}{2} \times 10 = 5A$$

变压器副边电压有效值为：

$$U_2 = \frac{U_o}{0.9} = \frac{36}{0.9} = 40V$$

整流元件所承受的最大反向工作电压为：

$$U_{RM} = \sqrt{2}U_2 = 1.4 \times 40 = 56V$$

因此选用的整流二极管，必须是额定整流电流大于 5A、最高反向工作电压大于 56V 的二极管。可选用额定整流电流为 10A、最高反向工作电压为 100V 的 2CZ10C 型整流二极管。

（2）当 VD_2 开路时，在 u_2 正半周只有 VD_1 和 VD_3 导通，而 u_2 负半周时 VD_4 也因 VD_2 开路而不通，故电路只有半个周期是导通的，相当于半波整流电路。输出电压、电流均为桥式整流电路的一半，所以有

$$U_o=0.45U_2=0.45 \times 40=18V$$

负载电阻 $R_L = \dfrac{U_o}{I_o} = \dfrac{36}{10} = 3.6\Omega$

$$I_o = \frac{U_o}{R_L} = \frac{18}{3.6} = 5A$$

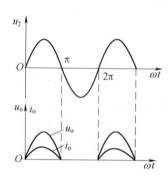

图 5.7　例 5.1 的图

输出 u_o 和 i_o 波形如图 5.7 所示。

（3）当 VD_2 短路时，在 u_2 正半周电流的流向为：

$$a \rightarrow VD_1 \rightarrow VD_2 \rightarrow b$$

由于二极管的导通压降只有 0.7V，因此变压器副边相当于短路，电流迅速增加，容易烧坏变压器和二极管。

（4）考虑到变压器副边绕组及管子上的压降，变压器副边电压大约要高出 10%，即

$$U_2'=40 \times 1.1=44V$$

则变压器变比为：

$$k = \frac{U_1}{U_2'} = \frac{220}{44} = 5$$

变压器副边电流为：

$$I=I_o \times 1.1=10 \times 1.1=11A$$

上式中乘 1.1 倍主要是考虑变压器损耗。

故整流变压器（视在）功率容量为：

$$S=U_2' \times I=44 \times 11=484\ VA$$

整流元件的组合称为整流堆，常见的有半桥 2CQ 型整流堆和全桥 QL 型整流堆，它们的内部电路及外形见图 5.8 所示。使用一个全桥整流堆或连接两个半桥整流堆，就可以代替四只整流二极管与电源变压器相连，组成桥式整流电路，既方便又可靠。选用时仍应注意它们

的额定工作电流值和允许的最高反向电压值要符合整流电路的要求。

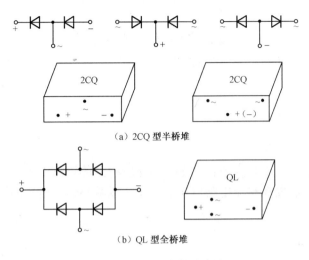

（a）2CQ 型半桥堆

（b）QL 型全桥堆

图 5.8　半桥和全桥整流堆

*5.1.3　三相桥式整流电路

三相桥式整流电路如图 5.9（a）所示，它共有六个整流二极管，在三相电压 u_{2U}、u_{2V}、u_{2W} 的变化过程中，VD_1、VD_2、VD_3 中阳极接到电位最高一根端线的二极管导通，其余则处于反偏截止状态；VD_4、VD_5、VD_6 中阴极接到电位最低一根端线的二极管导通，其余反偏截止。这一瞬时的输出电压是导通的两个二极管所接端线线电压的瞬时值。从图 5.9（b）的波形图中可以看到，输出电压为直流脉动电压，但其波形十分接近平直。流过 R_L 的电流总是从上向下同一方向的直流。

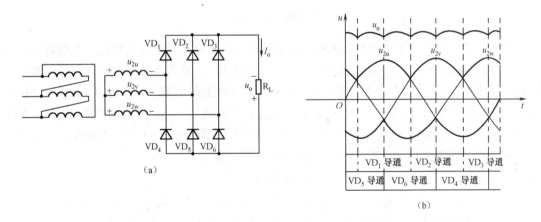

图 5.9　三相桥式整流电路

经推导可得（推导过程略）：

$$U_o = 2.34U_2 \tag{5-9}$$

$$I_o = \frac{U_o}{R_L} \tag{5-10}$$

$$I_v = \frac{1}{3}I_o \tag{5-11}$$

$$U_{RM} = \sqrt{2} \times \sqrt{3}U_2 = 2.45U_2 \tag{5-12}$$

三相桥式整流电路用于大功率的整流设备，如电解、电镀、电焊以及给直流电动机供电的整流电路。

5.2　滤波电路

整流电路虽然把交流电转变为直流电，但是所得到的输出电压是脉动的直流电，为了获得平滑的直流电，需要在整流电路后加滤波器，以减小输出电压的脉动成分。下面介绍滤波电路。

1．电容滤波电路

电容滤波电路如图 5.10（a）所示，它是在整流电路输出端与负载之间并联了一个大容量的电容。

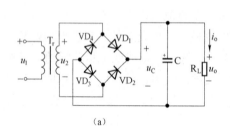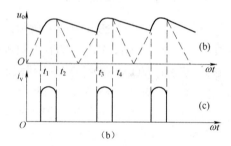

图 5.10　电容滤波

其工作原理是利用了电容两端的电压在电路状态改变时不能跃变的特性。设电容初始电压为 0，接通电源时，变压器副边电压 u_2 由 0 开始上升，二极管 VD_1，VD_3 导通，电源向负载 R_L 供电的同时，也向电容 C 充电，$u_o = u_C = u_2$，达峰值后 u_2 减小，当 $u_o \geqslant u_2$ 时，二极管 VD_1，VD_3 提前截止，电容 C 通过 R_L 放电，直到 u_2 负半周 $u_o = u_2$，此后电源通过 VD_2，VD_4 向负载 R_L 供电，同时又给电容 C 充电，如此周而复始。图 5.10（b）所示为输出电压波形。

电容滤波器的输出电压在工程上一般采用估算公式：

$$U_o = 1.2U_2 \tag{5-13}$$

加入电容滤波后，二极管导通角小于 π，导通时间缩短了，流过二极管的瞬间电流很大，对整流二极管的整流电流选择提高了，最好是原来的 2 倍。选管时，应满足

$$I_F > 2I_v = I_o \tag{5-14}$$

加入滤波电容 C 是为了得到较好的滤波效果，单相桥式整流电路要求放电时间常数 τ 应大于 u_2 的周期 T，一般选取

$$\tau = R_L C \geqslant (3 \sim 5)\frac{T}{2} \tag{5-15}$$

在已知负载电阻 R_L 的情况下,便可估算电容 C,常选用容量为几十微法以上的电解电容,电解电容有极性,接入电路时不能接反,电容的耐压应大于 $\sqrt{2}U_2$。

例 5.2 有一单相桥式整流电容滤波电路。负载电阻 $R_L = 200\Omega$,要求直流输出电压 $U_o = 30V$,试选择合适的整流二极管及滤波电容器(交流电源频率为 50Hz)。

解:(1)选择整流二极管。流过每个二极管电流的平均值为:

$$I_v = \frac{I_o}{2} = \frac{U_o}{2R_L} = \frac{300}{2 \times 200} = 75mA$$

根据式(5-13),取 $U_o = 1.2U_2$,所以变压器副边电压的有效值为:

$$U_2 = \frac{U_o}{1.2} = \frac{30}{1.2} = 25V$$

二极管所承受的最高反向电压为:

$$U_{RM} = \sqrt{2}U_2 = \sqrt{2} \times 25 = 35V$$

根据 I_V 和 U_{RM} 的数值,可选用 2CZ53B 二极管,它的最大整流电流为 300mA,最高反向工作电压为 50V。

(2)选滤波电容器。根据式(5-15),取

$$R_L C = 5 \times \frac{T}{2} = 5 \times \frac{0.02}{2} = 0.05s$$

$$C = \frac{0.05}{R_L} = \frac{0.05}{200} = 250\mu F$$

电容耐压应大于 $\sqrt{2}U_2 = 35V$,故可选用 $330\mu F/50V$ 的电解电容器。

例 5.3 在桥式整流电容滤波电路中,变压器副边电压 $U_2 = 20V$,负载电阻 $R_L = 40\Omega$,电容 $C = 1000\mu F$,试问:(1)正常时 U_o 的值为多少?(2)如果测得 U_o 为下列数值,可能出了什么故障? ① $U_o = 18V$; ② $U_o = 28V$; ③ $U_o = 9V$。

解:(1)正常时,U_o 的值应为:

$$U_o = 1.2U_2 = 1.2 \times 20 = 24V$$

(2)U_o 为下列数值时:

① 当 $U_o = 18V$ 时,$U_o = 0.9U_2$,成为桥式整流不加电容滤波的情况,故可判定电容 C 开路。

② 当 $U_o = 28V$ 时,$U_o = 1.4U_2$,属于 $R_L = \infty$ 时的情况,故可判定是负载电阻开路。

③ 当 $U_o = 9V$ 时,$U_o = 0.45U_2$,成为半波整流不加电容滤波的情况,故可判定是 4 只二极管中有 1 只开路,同时电容器 C 也开路。

2. 电感滤波电路

电感滤波电路如图 5.11 所示,电感 L 起着阻止负载电流变化使之趋于平直的作用。在电路中,当负载电流增加时,自感电动势将阻碍电流增加,同时把一部分能量存储于线圈的磁场中;当电流减小时,反电动势将阻止电流的减小,同时把存储的能量释放出来,从而使输出电压和电流的脉动减小,达到滤波的目的。

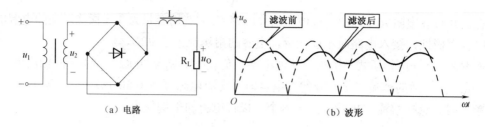

图 5.11　电感滤波电路

从整流电路输出的电压中，其直流分量由于电感 L 近似于短路而全部加到负载 R_L 的两端，即 $U_o=0.9U_2$。交流分量由于电感 L 的感抗远大于负载电阻从而大部分降落在电感上，负载 R_L 上只有很小的交流电压。这种电路一般只用于大电流、低电压的场合。

3. 复式滤波电路

复式滤波电路是将电容滤波与电感滤波组合，可进一步减小脉动，提高滤波效果。常用的有 LC 滤波器、π 型 LC 滤波器、π 型 RC 滤波器等。

（1）LC 滤波器。如图 5.12（a）所示的是 LC 滤波器，它经电感滤波后，再接一级电容滤波。双重滤波后输出的电压更加平直。

（2）π 型滤波器。如图 5.12（b）所示的为 π 型 LC 滤波器，它经电容滤波后，再接一级 LC 滤波。由于电容 C_1，C_2 对交流的容抗很小，电感对交流的阻抗很大，因此负载上的电压将会变得更加平滑。若负载 R_L 上的电流较小时，也可用电阻 R 代替电感 L，从而组成π 型 RC 滤波电路，如图 5.12（c）所示。

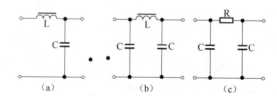

图 5.12　复式滤波电路

5.3　稳压电路

经过整流和滤波后的电压往往会随交流电源电压的波动和负载的变化而变化。而电压的不稳定有时会产生测量和计算的误差，引起控制装置的工作不稳定，因此需要稳定的直流电源。常在整流滤波后加入稳压环节。

5.3.1　硅稳压管稳压电路

如图 5.13 所示的是硅稳压管稳压电路（注意：稳压管必须反接在电路中）。经过桥式整流和电容滤波得到直流电压 U_i，再经过限流电阻 R 和稳压管 VD_Z 构成的稳压电路接到负载 R_L 上，负载 R_L

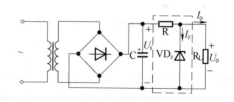

图 5.13　硅稳压管稳压电路

上得到的就是一个比较稳定的电压 U_o：

$$U_o=U_Z$$

1．工作原理

引起输出电压不稳的主要原因是交流电源电压的波动和负载的变化。我们来分析在这两种情况下稳压电路的作用。

（1）电源波动。若负载 R_L 不变，当交流电源电压增加，即整流滤波后的电压 U_i 增加时，输出电压 U_o 也有增加的趋势，但输出电压 U_o 就是稳压管两端的反向电压 U_Z。当负载电压 U_o 稍有增加时（即 U_Z 稍有增加），稳压管中的电流 I_Z 将大大增加，使限流电阻 R 两端的电压降 U_R 增加，以抵偿 U_i 的增加，从而使负载电压 U_o 保持近似不变。若交流电源电压减少，则整个调节过程与之相反，因而当电源电压波动时，该电路具有稳压作用，即

$$U_i\uparrow \rightarrow U_o\uparrow \rightarrow I_Z\uparrow \rightarrow I_R\uparrow \rightarrow U_R\uparrow$$
$$U_o\downarrow \longleftarrow \underline{\qquad\qquad\qquad\qquad}$$

（2）负载变动。若电源电压不变，即整流滤波后的输出电压 U_i 不变，此时若负载 R_L 减小时，则引起负载电流 I_o 增加，电阻 R 上的电流 I_R 和其两端的电压 U_R 均增加，则输出电压 U_o 减小，U_o（U_Z）的减小则使 I_Z 下降较多，从而抵消了 I_o 的增加，保持 $I=I_o+I_Z$ 基本不变，也就保持了 U_o 基本恒定，即

$$R_L\downarrow \rightarrow U_o\downarrow \rightarrow I_Z\downarrow \rightarrow I_R\downarrow \rightarrow U_R\downarrow$$
$$U_o\uparrow \longleftarrow \underline{\qquad\qquad\qquad\qquad}$$

可见，硅稳压管稳压电路是利用稳压管在通过电流时，不管电流值怎样变化，只要是在允许范围内，它两端的电压都保持不变的性质来稳定电压的。

2．硅稳压管稳压电路参数的选择

（1）输入电压 U_i 的确定。U_i 高，R 大，稳定性能好，但损耗大。一般取

$$U_i=(2\sim3)U_o \tag{5-16}$$

（2）硅稳压管的选择。可根据下列条件初选管子

$$U_Z=U_o \tag{5-17}$$

$$I_{zmax}\geqslant(2\sim3)I_{omax} \tag{5-18}$$

（3）限流电阻 R 的选择　当输入电压 U_i 上升 10%，且负载电流最小（即 R_L 开路）时，流过稳压管的电流不超过稳压管的最大允许电流 I_{Zmax}，即

$$I_Z=\frac{U_{imax}-U_Z}{R}-I_{omin}<I_{Zmax}$$

则

$$R=\frac{U_{imax}-U_Z}{I_{Zmax}+I_{omin}}=\frac{1.1U_i-U_Z}{I_{Zmax}+I_{omin}}$$

当输入电压 U_i 下降 10%，且负载电流最大时，流过稳压管的电流不允许小于稳压管稳定电流的最小值 I_{Zmin}，即

$$I_Z = \frac{U_{i\min} - U_Z}{R} - I_{o\max} > I_{Z\min}$$

则

$$R < \frac{U_{i\min} - U_Z}{I_{Z\min} + I_{o\max}} = \frac{0.9U_i - U_Z}{I_{Z\min} + I_{o\max}}$$

所以限流电阻 R 的取值范围为：

$$\frac{U_{i\max} - U_Z}{I_{Z\max} + I_{o\min}} < R < \frac{U_{i\min} - U_Z}{I_{Z\min} + I_{o\max}} \qquad (5\text{-}19)$$

5.3.2　串联型稳压电路

用硅稳压管组成的稳压电路具有体积小、电路简单的优点，但稳压值不能随意调节，而且输出电流很小。为了加大输出电流，使输出电压可调节，通常采用串联型稳压电路。

1. 电路组成

串联型稳压电路通常由调整管、比较放大环节、基准电压源和取样电路四部分组成，其方框图如图 5.14 所示。

图 5.15 所示为典型串联型稳压电路，VT_1 是调整管；VT_2 构成比较放大器，R_3 既是 VT_2 的集电极负载电阻，又作 VT_1 的基极偏置电阻；VZ 和 R_4 组成基准电压源，R_1、R_P 和 R_2 组成采样分压器，从输出电压 U_o 取出一部分作为反馈电压，加到 VT_2 的基极，电位器 R_P 还可用来调节输出电压。

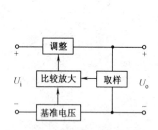

图 5.14　串联型稳压电路方框图

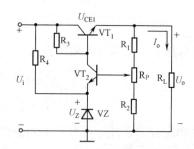

图 5.15　串联型稳压电路

用运放做比较放大器的串联型稳压电路如图 5.16 所示，由于运放具有很高的电压放大倍数，所以大大提高了控制的灵敏度，稳压效果更好。

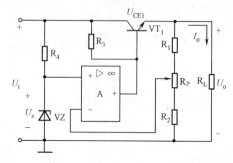

图 5.16　用运放做比较放大器的串联型稳压电路

2. 工作原理

如果电网电压波动或负载变化使输出电压 U_o 有降低趋势，通过取样电阻的分压使比较放大管 VT_2 的基极电位 U_{B2} 降低，与基准电压 U_Z 进行比较放大，使放大器的输出电压 U_{C2}，即调整管基极电压 U_{B1} 升高，因电路采用射极输出形式使 U_{E1} 升高，故输出电压 U_o 必然随之升高，从而使 U_o 得到稳定。上述稳压过程表示如下：

$$U_o \downarrow \to U_{B2} \downarrow \to U_{C2}(=U_{B1}) \uparrow \to U_{BE1} \uparrow \to U_{CE1} \downarrow$$
$$U_o \uparrow \longleftarrow$$

如果电网电压波动或负载变化使输出电压 U_o 升高时，则调节过程刚好相反。由于电路稳压是通过控制串接在输入电压与负载之间的调整管实现的，故称之为串联型稳压电路。

3. 输出电压计算

图 5.15 所示稳压电路中有一个电位器 R_P 串接在 R_1 和 R_2 之间，可以通过调节 R_P 来改变输出电压 U_o。设计这种电路时 VT_2 的基极电流可忽略不计，则

$$U_o = \frac{R_1 + R_P + R_2}{R_2 + R_P''}(U_Z + U_{BE2}) \approx \frac{R_1 + R_P + R_2}{R_2 + R_P''}U_Z \qquad (5-20)$$

式中，U_Z 为稳压管的稳压值；

U_{BE2} 为 VT_2 发射结电压；

R_P'' 为图 5.15 中电位器滑动触点下半部分的电阻值。

例 5.4　电路如图 5.17 所示，已知 $U_i=24V$，稳压管的稳压值 $U_Z=6.3V$，三极管的 $U_{BE}=0.7V$，$U_{CES1}=1V$，若发生如下异常现象，试找出故障原因。

（1）U_i 为 18V，且调 R_P 时 U_o 可随之改变，但稳压效果差。

（2）U_i 为 28V，U_o 接近 0V，调 R_P 不起作用。

（3）$U_o \approx 5.6V$，调 R_P 不起作用。

（4）$U_o \approx 23V$，调 R_P 不起作用。

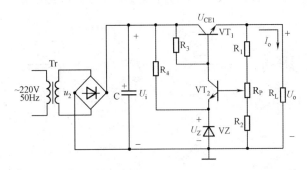

图 5.17　例 5.4 图

解：（1）正常情况下，$U_2 = \dfrac{U_i}{1.2} = \dfrac{24}{1.2} = 20V$

如果滤波电容 C 开路或损坏，无滤波作用，这时 $U_i=0.9U_2=18V$，调节 R_P 时，U_o 可随之改变，但稳压效果差。

（2）如果调整管 VT_1 截止或损坏，相当于负载开路，这时 U_i=1.4U_2=28V，U_o 接近 0V，调节 R_P 不起作用。

（3）如果放大管 VT_2 的 C、E 间短路，则 $U_o \approx U_Z - U_{BE1}$=6.3−0.7=5.6V，调 R_P 不起作用。

（4）如果放大管 VT_2 的 C、E 间开路，则 $U_o = U_i - U_{CES1}$=24−1=23V，调 R_P 不起作用。

5.3.3　三端集成稳压电路

集成稳压器是将稳压电路的主要环节制作在一块半导体芯片上，并加进保护电路，其稳定性高、性能指标好，已逐步取代了分立元件稳压电路。三端集成稳压器可分为固定式和三端可调式两大类。所谓三端是指电压输入、电压输出、公共接地三端。

1. 三端固定式稳压器

此类稳压器输出电压有正、负之分。三端固定式集成稳压器的通用产品主要有 CW78×× 系列（正电源）和 CW79×× 系列（负电源），型号组成及其意义见图 5.18 所示。

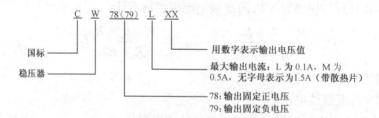

图 5.18　三端固定式稳压器型号组成及其意义

输出电压由具体型号的后两位数字表示，有 5V，6V，9V，12V，15V，18V，24V 等。其额定输出电流以 78（79）后面的字母来区分。L 表示 0.1A，M 表示 0.5A，无字母表示为 1.5A。如　CW7805 表示稳定电压为 5V，额定输出电流为 1.5A。

三端固定式集成稳压器的外形及管脚排列如图 5.19 所示。CW78×× 系列稳压器中设有比较完善的保护电路，它具有过流、过压和过热保护。由它构成的稳压电路结构有多种，下面介绍其应用实例。

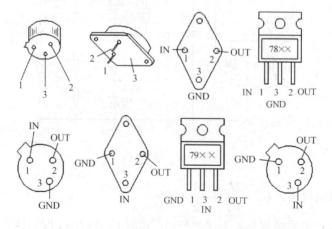

图 5.19　三端集成稳压器的外形及管脚排列

（1）基本稳压电路。三端固定集成稳压器的基本稳压电路如图 5.20 所示，使用时根据输出电压和输出电流来选择集成稳压器的型号。电路中输入电容 C_i 和输出电容 C_o 是用于减小输入、输出电压的脉动和改善负载的瞬态响应的，其值均在 0.1～1μF 之间。

（2）可同时输出正、负电压的电路。如图 5.21 所示，用一个 78 系列的三端集成稳压器和一个 79 系列的三端集成稳压器连接，可同时输出正、负对称的电压。这种对称电源在很多电路中用到。

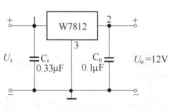

图 5.20　基本稳压电路

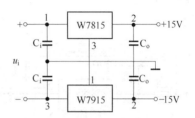

图 5.21　可同时输出正、负电压的电路

（3）提高输出电压的电路。如果需要输出电压高于三端稳压器输出电压时，可采用图 5.22 所示电路。由图（a）可以看出

$$U_o = U_{\times\times} + U_Z \tag{5-21}$$

式中，$U_{\times\times}$ 是集成稳压器的输出电压；

$\qquad U_Z$ 是稳压管的稳定电压。

图中 R 的作用是保证稳压管工作在稳压区，二极管 VD 具有保护稳压器的作用，正常工作时 VD 反偏截止，当由于某种原因使输出电压低于 U_Z 或输出短路时，二极管正偏导通，电流可通过二极管流到输出回路，避免了电流由稳压器的接地端倒流进稳压器而造成稳压器损坏。

由图（b）可以看出，当忽略稳压器的静态工作电流 I_W 时，

$$U_o \approx \left(1 + \frac{R_2}{R_1}\right) U_{\times\times} \tag{5-22}$$

式中，I_W 为三端稳压器的静态电流，一般为几毫安。

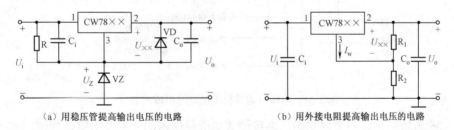

（a）用稳压管提高输出电压的电路　　　　　（b）用外接电阻提高输出电压的电路

图 5.22　提高输出电压的电路

（4）扩大输出电流的电路。当负载电流大于三端稳压器输出电流时，可采用图 5.23 所示电路。图（a）为外接大功率三极管扩大输出电流，由图知

$$I_o = I_{\times\times} + I_C$$

$$I_{\times\times} = I_R + I_B - I_W$$

$$I_o = I_R + I_B - I_W + I_C = \frac{U_{EB}}{R} + \frac{1+\beta}{\beta} I_C - I_W$$

由于 $\beta \gg 1$，且 I_W 很小，可忽略不计，所以

$$I_o \approx \frac{U_{EB}}{R} + I_C \tag{5-23}$$

式中，R 为 VT 提供偏置电压，具体数值可由式（5-5）决定。

图 5.23（b）为采用两个同型号稳压器并联运用，以扩大输出电流。输出电流为单片三端稳压器的两倍，即

$$I_o = 2I_{××} \tag{5-24}$$

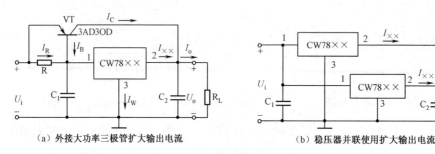

（a）外接大功率三极管扩大输出电流　　　　　　（b）稳压器并联使用扩大输出电流

图 5.23　扩大输出电流的电路

2. 三端可调式稳压器

三端可调式稳压器除具备三端固定式稳压器的优点外，可用少量的外接元件，实现大范围的输出电压连续调节。其可调输出电压也有正、负之分，如 CW117、CW217、CW317 为可调输出正电压稳压器；CW137、CW237、CW337 为可调输出负电压稳压器。为了使电路正常工作，一般输出电流不小于 5mA。输入电压范围在 2～40V 之间时，输出电压可在 1.25～37V 之间连续可调，负载电流可达 1.5A。

三端可调式稳压器型号组成及意义如图 5.24 所示。

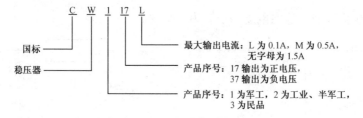

图 5.24　三端可调式稳压器型号组成及意义

图 5.25 为塑料封装与金属封装三端可调式集成稳压器的外形及引脚排列图。同一系列的内部电路和工作原理基本相同，只是工作温度不同。

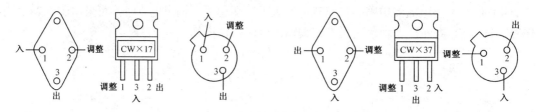

图 5.25　三端可调式集成稳压器的外形及引脚排列

图 5.26 所示为三端可调式集成稳压器基本应用电路。正常工作时，三端可调集成稳压器输出端与调整端之间的电压为基准电压 U_{REF}，其典型值为 $U_{REF}=1.25V$。流过调整端的电流典型值为 $I_{REF}=50\mu A$。由图可知：

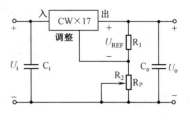

图 5.26　三端可调式集成稳压器基本应用电路

$$U_o = U_{R1} + U_{R2} \approx 1.25 \times \left(1 + \frac{R_2}{R_1}\right) \qquad (5\text{-}25)$$

调节电位器 R_P 可改变 R_2 的大小，从而调节输出电压 U_o 的大小。

选择和使用三端稳压器时，除关注它的输出电压和电流外，还应查阅产品手册，注意它的稳压性能及对输入电压的要求。其输入电压比输出电压至少高 2.5～3V，即要有一定的压差。还要注意其散热问题，需要时应当加装散热器。

*5.3.4　开关型稳压电路

串联型稳压电路效率低，一般只有 20%～24%。若用开关型稳压电路，可使调整管工作在开关状态，管子损耗很小，效率可提高到 60%～80%。

1. 开关型稳压电路的基本原理

开关型稳压电路的基本结构框图如图 5.27（a）所示，它的基本工作原理是将交流电压通过整流滤波电路转换为直流电压，再将此直流电压通过开关元件变为矩形波，然后将矩形波通过储能电路再转换为平滑的直流电压。通过控制电路来控制开关元件的开关频率或导通（开）、关断（关）的时间比例实现稳压控制。如图 5.27（b）所示，图中 U_i 为整流滤波输出电压，U_{o1} 为输出方波电压，T_{on} 为开关管导通时间，T_{off} 为开关管截止时间，T 为开关周期。矩形脉冲电压的平均值为：

$$U_o = \delta U_i$$

式中，$\delta = T_{on}/T$，称为矩形脉冲占空比。

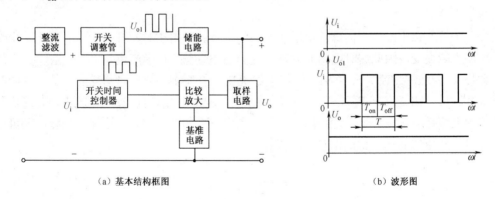

（a）基本结构框图　　　　　　　　　　　　（b）波形图

图 5.27　开关型稳压电路的基本结构框图和波形图

2. 串联型开关稳压电路

串联型开关稳压电路如图 5.28 所示。图中只画出了开关管和储能电路部分。串联型开关电路由开关管 VT、储能电路（包括电感 L、电容 C 和续流二极管 VD）及控制器组成。控制器可使 VT 处于开/关状态并可稳定输出电压。因为开关调整管（简称开关管）是和输入电压以及负载串联的，所以称为串联型。

开关管 VT 的基极上加的是脉冲电压，因此开关管工作在开关状态。当开关管基极加上正脉冲电压时，开关管进入饱和导通状态，由于电感 L 的存在，流过 VT 的电流线性增加，线性增加的电流给负载 R_L 供电的同时也给 L 储能（L 上产生左"正"右"负"的感应电动势），VD 截止。

当开关管基极上没有正向脉冲电压或所加的是负脉冲电压时，开关管截止，由于电感 L 中的电流不能突变（L 中产生左"负"右"正"的感应电动势），VD 导通，于是储存在电感上的能量逐渐释放并提供给负载，使负载中继续有电流通过，故称 VD 为续流二极管。电容 C 起滤波作用，当电感 L 中电流增长或减少时，电容储存过剩电荷或补充负载中缺少的电荷，从而减少输出电压 U_o 的纹波。

3. 并联型开关稳压电路

并联型开关稳压电路如图 5.29 所示。因为开关管 VT 和输入电压 U_i 以及输出电压 U_o 是并联的，所以称之为并联型。

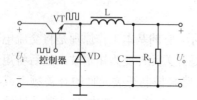

图 5.28　串联型开关稳压电路

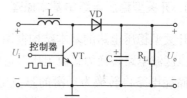

图 5.29　并联型开关稳压电路

当开关管基极上加有正脉冲电压时，开关管饱和导通，集电极电位接近于零，续流二极管 VD 反偏截止，输入电压 U_i 通过电流 i_L 向电感 L 储能（L 上产生左"正"右"负"的感应电动势），这时负载电流是由电容 C 放电供给的。调整管 VT 导通时间越长，i_L 越大，L 储存的能量越多。

当开关管基极上没有正向脉冲电压或所加的是负脉冲电压时，开关管 VT 截止。由于电感中电流不能突变，因此这时电感 L 两端产生自感电动势（L 中产生左"负"右"正"的感应电动势），并通过续流二极管 VD 向电容 C 充电，补充刚才放电时消耗的电能，并同时向负载 R_L 供电。当电感 L 中释放的能量逐渐减小时，就由电容 C 向负载 R_L 放电，并很快又转入开关管饱和导通状态，再一次由输入电压 U_i 向电感 L 输送能量。用这种并联型电路可以组成不用电源变压器的开关稳压电路。

本 章 小 结

（1）整流电路：把正弦交流电变换成脉动直流电，应注意掌握它的电路结构及电路的输出电压和电流。

（2）滤波电路：把脉动直流电变换成较为平滑的直流电，有电容滤波、电感滤波和复式滤波。

（3）稳压电路：整流和滤波后的电压往往会随交流电源电压的波动和负载的变动而变化，因此常在整流、滤波后加入稳压环节。目前常用的稳压电路是集成稳压器,应掌握其应用线路和外特性。

习 题 5

一、判断题(正确的打 √,错误的打 ×)

5.1 在整流电路中,整流二极管只有在截止时,才可能发生击穿现象。( )

5.2 单相桥式整流电路中,负载 R_L 上的平均电压为 $0.45U_2$。( )

5.3 单相桥式整流电容滤波电路中,负载 R_L 上的平均电压等于 $1.4U_2$。( )

5.4 单相桥式整流经电感滤波后,负载 R_L 上的平均电压为 $1.2U_2$。( )

5.5 整流输出电压经电容滤波后,电压波动性减小,故输出电压也下降。( )

5.6 CW7918 表示该集成稳压器的输出电压为正 18 伏。( )

5.7 开关型稳压电源最大的优点是效率高。( )

5.8 续流二极管必须并联正接在电感性负载的两端。( )

二、选择题

5.9 单相桥式整流、电阻性负载电路中,二极管承受的最大反向电压是( )。

    A. U_2 B. $\sqrt{2}U_2$ C. $2\sqrt{2}U_2$

5.10 在单相桥式整流电路中,若有一只二极管断开,则负载两端的直流电压将( )。

    A. 变为零   B. 下降   C. 升高   D. 保持不变

5.11 单相桥式整流电容滤波电路中,负载 R_L 上的平均电压等于( )。

    A. $0.9U_2$ B. U_2 C. $1.2U_2$ D. $1.4U_2$

5.12 单相桥式整流电感滤波电路中,负载 R_L 上的平均电压等于( )。

    A. $0.9U_2$ B. $1.2U_2$ C. $1.4U_2$

5.13 开关型稳压电路的调整管工作在( )。

    A. 饱和状态   B 截止状态   C. 饱和与截止的交替状态

三、填空题

5.14 一个直流电源必备的 3 个环节是_____、_____和_____。

5.15 电路如图 5.30 所示,已知 R_L=50Ω,直流电压表的读数为 60V,忽略二极管的正向压降,则直流电流表的读数是_____;整流电流的最大值是_____;交流电压表的读数是_____;变压器副边电流的有效值是_____。

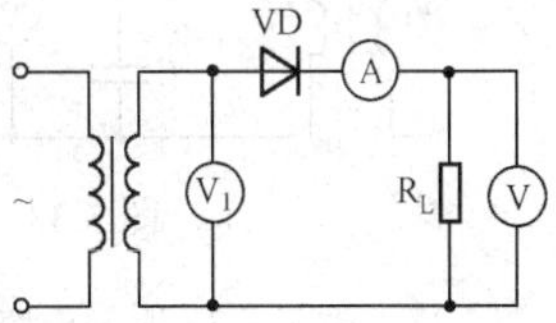

5.16 电容滤波是利用电容对交流电的阻抗_____,对直流电的阻抗_____的特性。

图 5.30

5.17 三端集成稳压器 CW7806 的输出电压是_____ V。

5.18 稳压电路的作用就是在_____和_____变化时,保持输出电压基本不变。

四、解析题

5.19 对于单相半波整流电路,二极管正向压降忽略不计,若 U_2=12V,R_L=300Ω,试求:(1)U_o 和 I_o;(2)I_V,U_{VRM};(3)画出 u_2,u_o 和 u_V 的波形。

5.20 试分析图 5.31 所示的电路,副绕组两端的电压有效值为 U,

(1)标出负载 R_L 上的电压 u_o 和电容 C 的极性。

（2）分别画出无电容 C 和有电容 C 两种情况下 u_o 的波形。该电路是否具有整流滤波作用。

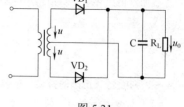

图 5.31

（3）如果二极管 VD_2 虚焊，u_o 是否是正常情况下的一半？

（4）如果变压器中心抽头虚焊，这时将会有输出电压吗？

（5）如果 VD_2 的极性接反是否能正常工作？会出现什么问题？

（6）如果输出端短路，又会出现什么问题？

（7）如果把图中的 VD_1 和 VD_2 都反接，则该电路有整流作用吗？

5.21　有一单相桥式整流电路，已知变压器副边电压有效值 U_2=60V，R_L=2kΩ，二极管正向压降忽略不计，试求：（1）输出电压平均值 U_o；（2）二极管中的电流 I_V 和电压 U_{VRM}。

5.22　有一电阻性负载，需要电压 110V、电流 3A 的直流电源供电，现采用单相桥式整流电路，试求电源变压器副边绕组的电压有效值，并选择整流二极管的型号。

5.23　有一单相桥式整流电路，接于 50Hz 供电电网，带有电容滤波，设负载电阻 R_L=120Ω，负载要求直流电压平均值 U_o=30V，试选择二极管和滤波电容。

5.24　判断图 5.32 所示电路能否作为滤波电路，说明理由。

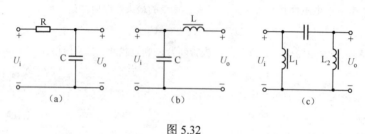

图 5.32

5.25　在图 5.33 所示电路中，已知变压器副边电压有效值 U_2=10V，问：（1）开关 S_1 闭合，S_2 断开时电压表的读数；（2）开关 S_1、S_2 均闭合时电压表的读数。

5.26　图 5.34 所示的电路能否起到稳压作用？若不能，应如何改正？

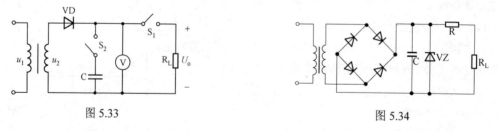

图 5.33　　　　　　　　　　　　　图 5.34

5.27　在图 5.35 所示电路中，已知 U_2=20V，如果用直流电压表分别测得 U_i 为 18V、9V、28V、24V 时，发生了什么现象？试说明原因。

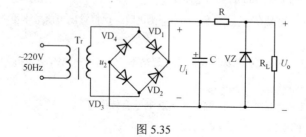

图 5.35

5.28 晶体管串联型稳压电路如图 5.36 所示，已知 U_i=24V，U_Z=5.3V，三极管的 U_{BE}=0.7V，U_{CES1}=2V，R_1=R_2=R_P=300Ω。试求：（1）U_o 的可调范围；（2）变压器副边电压有效值 U_2；（3）若把 R_P 改为 500Ω，其他参数不变，求 U_{omax}。

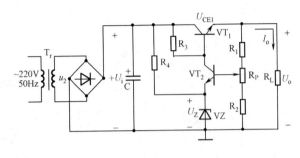

图 5.36

5.29 图 5.37 所示电路是固定和可调输出的稳压电路，其中 R_1=R_2=3.3kΩ，R_P=5.1kΩ，U_i-U_o=2V，试：（1）计算固定输出电压 U_o 的大小；（2）计算可调输出电压 U_o 的范围。

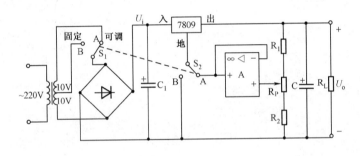

图 5.37

5.30 根据下列几种情况，选择合适的集成稳压器的型号。

（1）U_o= +12V，R_L 最小值约为 15Ω。

（2）U_o= +6V，最大负载电流为 300mA。

（3）U_o= −15V，输出电流范围是 10～80mA。

5.31 用两个 CW7909 稳压器能否构成输出电压分别为：（1）18V；（2）−18V；（3）±9V 的电路？若能，请画出电路图。

5.32 电路如图 5.38 所示，已知 I_W=5mA，R_1=5Ω。试求：（1）输出电压 U_o 的表达式；（2）当 R_2=5Ω 时，确定输出电压 U_o 的数值；（3）分析此电路的功能。

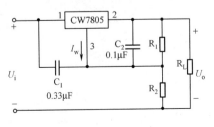

图 5.38

5.33 电路如图 5.39 所示，U_{REF}=1.25V，调整端的电流可以忽略，流过 R_1 的最小电流为 5mA，U_i-U_o=2V，试求：（1）R_1 的阻值；（2）若 R_1=210Ω，R_P=3kΩ，求输出电压 U_o 的取值范围；（3）若 U_o=37V，R_1=210Ω，求 R_2 和 U_{imin}；（4）若 R_1=210Ω，R_P 从 0 变化到 6.2kΩ，求输出电压 U_o 的调节范围。

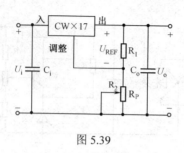

图 5.39

第6章　数字电路基础

内容提要

本章先介绍数字电路基本概念及数制、码制等知识，然后介绍基本逻辑门和复合逻辑门电路的逻辑功能、逻辑电路的表示方法，最后介绍逻辑运算法则、逻辑函数的公式化简法和卡诺图化简法以及集成与非门的引脚定义及使用方法。

6.1　数字电路概述

6.1.1　数字信号与数字电路

电信号可以分为模拟信号和数字信号两类，如图 6.1 所示。模拟信号的数值相对于时间的变化是连续的，如由温度传感器转换来的反映温度变化的电信号。处理模拟信号的电路称为模拟电路。数字信号的数值相对于时间的变化是离散的，如只有高、低电平跳变的矩形脉冲信号。处理数字信号的电路称为数字电路。数字电路是研究数字信号的产生、变换、传输、存储、控制和运算的电路。目前，数字信号和数字电路的应用越来越广泛。

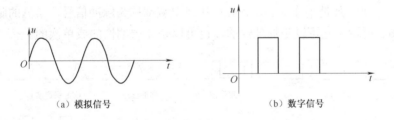

（a）模拟信号　　　　　　　　　　　（b）数字信号

图 6.1　模拟信号和数字信号

6.1.2　数字电路的特点

数字电路主要有以下几个特点。

（1）数字电路中，输入、输出电压值一般只有两种取值：高电平或低电平[①]，常采用"1"和"0"两个数码来表示。它们不具有数量大小的意义，仅表示客观事物的两种相反状态，例如，电路的"通"和"断"，灯泡的"亮"和"灭"等，这里的"1"和"0"只是作为一种符号，称为"逻辑1"和"逻辑0"。规定用"1"表示高电平，用"0"表示低电平，称为正逻

辑，反之，称为负逻辑，如图 6.2 所示。正逻辑和负逻辑与逻辑电路本身的好坏无关，但同一电路，采用正逻辑或负逻辑，表达的逻辑功能是不同的，如无特别说明，本书均采用正逻辑。

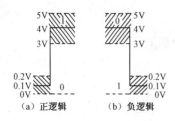

图 6.2　正逻辑和负逻辑

（2）数字电路主要研究电路输入、输出的 0，1 符号序列间的逻辑关系。

（3）数字信号有抗干扰能力强、功耗低、对电路元件精度要求不高、可靠性强、便于集成化和系列化生产等特点。

（4）数字电路保密性好。信息能长期在电路中加以存储。

数字电路与模拟电路的比较见表 6.1。

表 6.1　模拟电路与数字电路的比较

电路类型 比较内容	模 拟 电 路	数 字 电 路
工作信号	模拟信号（如正弦波）	数字信号（如矩形波）
解决问题	将小信号不失真地放大	输出与输入之间的逻辑关系
数学工具	普通数学	逻辑代数
研究方法	图解法、微变等效电路法	逻辑状态、真值表、波形图、转换图
单元电路	放大器	门电路、触发器
晶体管工作状态	放大区（场效晶体管—恒流区）	饱和区、截止区（场效晶体管—可变电阻区、夹断区）

6.1.3　常见的脉冲波形及参数

脉冲的含义是指脉动和冲击，数字信号具有不连续和突变的特性，实质上是一种脉冲信号。从广义上来讲，凡是不连续的非正弦电压或电流都称为脉冲信号。常见的脉冲信号多种多样，如图 6.3 所示，它可以是周期性的，也可以是非周期性的或单次的。

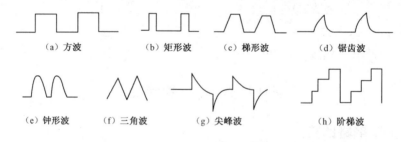

图 6.3　常见的脉冲波形

数字电路常使用理想的矩形脉冲波作为电路的工作信号，如图 6.4 所示。实际的矩形脉冲波如图 6.5 所示，当它从低电平上升为高电平，或由高电平下降到低电平时，并不是理想的跳变，顶部也不平坦。为了具体说明矩形脉冲波形，常引入以下一些参数。

（1）脉冲幅度 U_m。指脉冲信号变化的最大值。

（2）脉冲前沿 t_r。指脉冲从 $10\%U_m$ 上升到 $90\%U_m$ 所需的时间。t_r 愈短，脉冲上升愈快，愈接近于理想的矩形波的上升跳变。

（3）脉冲后沿 t_f。指脉冲从 $90\%U_m$ 下降到 $10\%U_m$ 所需要的时间。

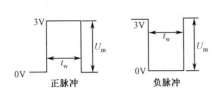

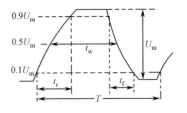

图 6.4　理想矩形脉冲波形　　　　　　图 6.5　实际矩形脉冲波形

（4）脉冲宽度 t_w。指脉冲从脉冲前沿的 $50\%U_m$ 到脉冲后沿的 $50\%U_m$ 所需的时间，也称脉冲持续时间、有效脉冲宽度等。

（5）脉冲周期 T。指相邻脉冲上相应点之间的时间间隔。

（6）脉冲频率 f。单位时间内的脉冲数，与周期 T 的关系为 $f=1/T$。

（7）脉宽比 t_w/T。指脉冲宽度与脉冲周期之比，也称占空系数，其倒数称为空度比。

6.2　数制与码制

6.2.1　数制

数制是一种计数的方法，它是进位计数制的简称。

1．十进制（D）

日常生活中人们最习惯用的是十进制。十进制是以 10 为基数的计数制。在十进制中，每位有 0～9 十个数码，它的进位规则是"逢十进一"。如

$$[374.68]_{10}=3\times10^2+7\times10^1+4\times10^0+6\times10^{-1}+8\times10^{-2}$$

其中乘数 10^2、10^1、10^0、10^{-1}、10^{-2} 等，是根据各个数码在数中的位置得来的，称为该位的"权"，它们都是基数 10 的幂。数码与权的乘积称为加权系数，如上述的 3×10^2、7×10^1、4×10^0、6×10^{-1}、8×10^{-2}。十进制的数值是各位加权系数的和。

任何一个十进制数 N 可表示为：

$$[N]_{10} = \sum K_i \times 10^i$$

式中，$[N]_{10}$ 表示十进制；

K_i 为第 i 位的数码（K_i 取值为 0～9 十个数码）；

10^i 为第 i 位的权。

注意：小数点的前一位为第 0 位，即 $i=0$。

2．二进制（B）

一个电路用十种不同状态表示十个不同的数码是比较复杂的。因此，数字电路中应用最广泛的是二进制。二进制是以 2 为基数的计数制。在二进制中，每位只有 0 和 1 两个数码，它的进位规则是"逢二进一"，即 1+1=10（读作"壹零"）。如

$$[1011.01]_2 =1\times2^3+ 0\times2^2+ 1\times2^1+ 1\times2^0+0\times2^{-1}+1\times2^{-2}$$

式中各位的权都是 2 的幂，以上各位二进制数所在位的权依次为 2^3、2^2、2^1、2^0、2^{-1}、2^{-2}。

任何一个二进制数 N 可表示为：

$$[N]_2 = \sum K_i \times 2^i$$

式中，K_i 只取 0 和 1 两个数码。

二进制数的四则运算是指两个二进制数码 0 和 1 之间进行的数值运算，其运算规则与十进制基本相同，只是二进制是逢二进一而不是十进制的逢十进一。例如，两个二进制数 1101 和 110 的四则运算如下：

加法运算　　　　　　　　　减法运算

　　　1101　　　　　　　　　　　1101
　＋　 110　　　　　　　　　　－　 110
　—————————　　　　　　　　　　—————————
　 10011　　　　　　　　　　　　 111

乘法运算　　　　　　　　　除法运算

　　　1101　　　　　　　　　　　　 10. …
　×　 110　　　　　　　　　 110)‾1‾1‾0‾1‾
　—————————　　　　　　　　　　　　 110
　 0000　　　　　　　　　　　　 —————————
　1101　　　　　　　　　　　　　　 1
　1101　　
　—————————
　1001110

3. 八进制（O）和十六进制（H）

用二进制表示数时，数码串很长，书写和显示都不方便，在计算机上常用八进制和十六进制。

八进制有 0～7 八个数码，进位规则是"逢八进一"，计数基数是 8。如

$$[253.8]_8 = 2 \times 8^2 + 5 \times 8^1 + 3 \times 8^0 + 8 \times 8^{-1}$$

任何一个八进制数 N 可表示为：

$$[N]_8 = \sum K_i \times 8^i$$

十六进制有 0～9，A（10），B（11），C（12），D（13），E（14），F（15）十六个数码，进位规则是"逢十六进一"，计数基数是 16。如

$$[1AD.2]_{16} = 1 \times 16^2 + 10 \times 16^1 + 13 \times 16^0 + 2 \times 16^{-1}$$

任何一个十六进制数 N 可表示为：

$$[N]_{16} = \sum K_i \times 16^i$$

6.2.2　数制转换

1. 二进制、八进制、十六进制数转换成十进制数

只要将二进制、八进制、十六进制数的各位加权系数求和即可。

例 6.1　将二进制数 $[101.1]_2$、八进制数 $[185.2]_8$、十六进制数 $[1BE.8]_{16}$ 转换成十进制数。

解： $[101.1]_2 = 1\times2^2 + 0\times2^1 + 1\times2^0 + 1\times2^{-1} = [4+0+1+0.5]_{10} = [5.5]_{10}$

$[185.2]_8 = 1\times8^2 + 8\times8^1 + 5\times8^0 + 2\times8^{-1} = [64+64+5+0.25]_{10} = [133.25]_{10}$

$[1BE.8]_{16} = 1\times16^2 + 11\times16^1 + 14\times16^0 + 8\times16^{-1} = [256+176+14+0.5]_{10} = [446.5]_{10}$

2．十进制数转换为二进制、八进制、十六进制数

对整数部分和小数部分分别进行转换。整数部分的转换可概括为"除 2、8、16 取余，后余先排"；小数部分的转换可概括为"乘 2、8、16 取整，整数顺排"。

例6.2 将十进制数$[35.625]_{10}$分别转换成二进制、八进制、十六进制数。

解： （1）转换成二进制数。

将整数部分与小数部分合起来，$[35.625]_{10} = [100011.101]_2$。

（2）转换成八进制数。

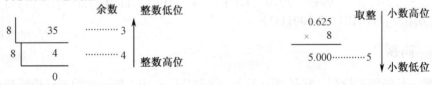

所以$[35.625]_{10} = [43.5]_8$。

（3）转换成十六进制数。

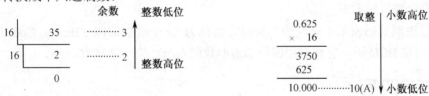

所以$[35.625]_{10} = [23.A]_{16}$。

3．二进制数与八进制、十六进制数之间的互换

因二进制的基数为 2，八进制、十六进制的基数分别为 8、16，它们之间的关系是 $2^3=8^1$、$2^4=16^1$，故三位、四位二进制数恰好对应一位八进制、十六进制数。因此，将二进制数转换成八进制、十六进制数时，只要以小数点为界，整数部分从右至左，每三位、四位一组；小数部分从左至右，每三位、四位一组，最低有效位不足三位、四位补 0，再将每一组二进制数转换为相应的八进制、十六进制数，最后将结果按序排列即可。

八进制、十六进制数转换成二进制数时，过程恰好和上面相反，即只要把原来的八进制、十六进制数逐位用相应的三位、四位二进制数代替即可。

例6.3 将二进制数$[10110101111.10101]_2$转换成八进制、十六进制数。

解：（1）转换成八进制数。

$$010 \quad 110 \quad 101 \quad 111\,.\,101 \quad 010$$
$$\downarrow \quad\; \downarrow \quad\; \downarrow \quad\; \downarrow \quad\;\; \downarrow \quad\; \downarrow$$
$$2 \qquad 6 \qquad 5 \qquad 7\,.\,\;5 \qquad 2$$

所以$[10110101111.10101]_2 = [2657.52]_8$。

（2）转换成十六进制数。

$$0101 \quad 1010 \quad 1111 \quad . \quad 1010 \quad 1000$$
$$\downarrow \quad\;\; \downarrow \quad\;\; \downarrow \qquad\;\; \downarrow \quad\;\; \downarrow$$
$$5 \qquad A \qquad F \quad . \quad A \qquad 8$$

所以$[10110101111.10101]_2 = [5AF.A8]_{16}$。

例6.4 将八进制数$[367.52]_8$、十六进制数$[3AC.9E]_{16}$转换成二进制数。

解：（1）八进制数$[367.52]_8$转换成二进制数。

$$3 \qquad 6 \qquad 7 \quad . \quad 5 \qquad 2$$
$$\downarrow \quad\;\; \downarrow \quad\;\; \downarrow \qquad\; \downarrow \quad\;\; \downarrow$$
$$011 \quad 110 \quad 111 \qquad 101 \quad 010$$

可略去最后的0，所以$[367.52]_{16}= [11110111.10101]_2$。

（2）十六进制数$[3AC.9E]_{16}$转换成二进制数。

$$3 \qquad A \qquad C \quad . \quad 9 \qquad E$$
$$\downarrow \qquad \downarrow \qquad \downarrow \qquad\quad \downarrow \qquad \downarrow$$
$$0011 \quad 1010 \quad 1100 \quad . \quad 1001 \quad 1110$$

所以$[3AC.9E]_{16}= [1110101100.1001111]_2$。

6.2.3 码制

码制是一种编码的规则，它是将若干个二进制数码0和1按一定的规则排列起来表示某种特定含义。如在开运动会时，每个运动员都有一个号码，这个号码只用于表示不同的运动员，并不表示数值的大小。

利用二进制数码表示十进制数的编码方法称为二-十进制编码（Binary Coded Decimal System），简称BCD码。它规定用四位二进制数码表示一位十进制数。

1．8421BCD码

四位二进制数码共有2^4=16种组合，而十进制数只需要十种状态，一般使用前面十种，即0000（0）～1001（9），其余六种组合1010～1111是无效的。四位二进制中从高位到低位的权分别是2^3=8，2^2=4，2^1=2，2^0=1，故这种编码又称为8421BCD码。这种代码每一位的权是固定不变的，它属于恒权代码。例如，$[53]_{10} = [01010011]_{8421BCD}$，$[10010110]_{8421BCD}=[96]_{10}$。

2．5421 BCD码、2421 BCD码

5421 BCD码和2421 BCD码都属于有权码，它们的位权从高到低依次是5、4、2、1和2、

4、2、1。例如，$[72]_{10}$ = $[10100010]_{5421BCD}$，$[01001011]_{5421BCD}$=$[48]_{10}$；$[83]_{10}$ = $[11100011]_{2421BCD}$，$[10011011]_{2421BCD}$=$[68]_{10}$。

3．余 3BCD 码

余 3BCD 码是由 8421BCD 码加 3（0011）得来的，是一种无权码。余 3BCD 码中的 0 和 9，1 和 8，2 和 7，3 和 6，4 和 5 互为反码，用作十进制的数学运算十分方便。

4．格雷（Gray）码

格雷（Gray）码也是一种无权码，其特点是相邻两个码之间仅有一位码有差异。常用于模拟量的转换，当模拟量发生微小变化而可能引起数字量发生变化时，格雷码仅改变一位，比其他码同时改变二位或多位更可靠，减少了出错的可能性。格雷码的规则较难记。表 6.2 所示是几种常见的代码。

表 6.2　几种常见的代码

十进制数	二进制数	有　权　码			无　权　码	
		8421BCD 码	5421 BCD 码	2421 BCD 码	余 3 BCD 码	格雷码
0	0000	0000	0000	0000	0011	0000
1	0001	0001	0001	0001	0100	0001
2	0010	0010	0010	0010	0101	0011
3	0011	0011	0011	0011	0110	0010
4	0100	0100	0100	0100	0111	0110
5	0101	0101	1000	1011	1000	0111
6	0110	0110	1001	1100	1001	0101
7	0111	0111	1010	1101	1010	0100
8	1000	1000	1011	1110	1011	1100
9	1001	1001	1100	1111	1100	1101
10	1010	00010000	00010000	00010000	01000011	1111
15	1111	00010101	00011000	00011011	01001000	1000

6.3　基本逻辑门

所谓逻辑关系是指事物的"条件"与"结果"的关系。在数字电路中，用输入信号反映"条件"，用输出信号反映"结果"，这种电路称为逻辑电路。逻辑电路像门一样按照一定的条件"开"或"关"，又称为门电路。最基本的逻辑关系有 3 种：与逻辑、或逻辑和非逻辑，对应的门电路有与门、或门和非门。

6.3.1　与逻辑及与门

1．与逻辑

与逻辑关系是指某几个条件同时满足时其结果才成立。如图 6.6（a）所示的是两个串联的开关控制一盏灯的与逻辑电路，开关 A，B 的闭合是条件，灯亮是结果。显然，只有开关 A，B 都闭合，灯才会亮。

2．与门

如图 6.6（b）所示的是二极管组成的与门电路。由图可知，在输入端 A，B 中只要有一个（或一个以上）为低电平 0，则与输入端相连的二极管必然获得正向电压而导通，在二极管的钳位作用下，使输出 Y 为低电平 0；只有输入 A 与 B 同时为高电平 1 时，输出 Y 才为高电平 1。可见，输出端与两个输入端之间存在着与逻辑关系。

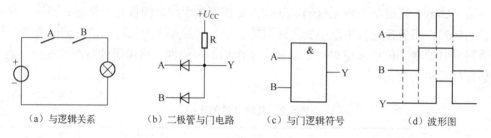

(a) 与逻辑关系　　(b) 二极管与门电路　　(c) 与门逻辑符号　　(d) 波形图

图 6.6　与门电路及逻辑符号

把输入变量可能的取值组合状态及其对应的输出状态列成表格，称为逻辑状态表或真值表。与门电路的逻辑状态见表 6.3。

表 6.3　与门逻辑状态表

A	B	Y
0	0	0
0	1	0
1	0	0
1	1	1

与逻辑关系还可以用逻辑函数式来表示，称为逻辑乘，逻辑关系式为：

$$Y = A \cdot B = AB \qquad (6-1)$$

逻辑乘的基本运算是：$0 \cdot 0 = 0$；$0 \cdot 1 = 0$；$1 \cdot 0 = 0$；$1 \cdot 1 = 1$。

对于多输入的与逻辑可表示为：$Y = ABCD\cdots$。与逻辑功能可用"全 1 出 1，见 0 出 0"的口诀来记忆。与门电路的逻辑符号[①]如图 6.6（c）所示。图 6.6（d）为与门电路在不同输入逻辑变量时对应输出的逻辑函数波形图。

6.3.2　或逻辑及或门

1．或逻辑

或逻辑关系是指在某几个条件中，只要有一个得到满足，结果就成立。如图 6.7（a）所示是两个并联的开关控制一盏灯的或逻辑电路，开关 A，B 的闭合是条件，灯亮是结果。显然，开关 A，B 只要有任一个闭合，灯就会亮。

---

① "&"表示"与"的意思。

2．或门

和与门的分析方法一样，如图 6.7（b）所示的是二极管或门电路，只要输入端 A 或 B 中有一个是高电平 1，相应的二极管就会导通，输出 Y 就是高电平 1，只有输入 A，B 同时为低电平 0 时，Y 才是低电平 0。

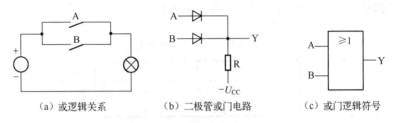

（a）或逻辑关系　　　　（b）二极管或门电路　　　　（c）或门逻辑符号

图 6.7　或门电路及逻辑符号

或门电路的逻辑状态见表 6.4。

表 6.4　或门逻辑状态表

A	B	Y
0	0	0
0	1	1
1	0	1
1	1	1

或逻辑用逻辑函数式表示，称为逻辑加，逻辑表达式为：

$$Y=A+B \qquad (6-2)$$

逻辑加的基本运算是：0+0=0；0+1=1；1+0=1；1+1=1。

对于多输入的或逻辑可表示为：Y=A+B+C+D+⋯。或逻辑功能可用"全 0 出 0，见 1 出 1"的口诀来记忆。或门电路的逻辑符号[①]如图 6.7（c）所示。

6.3.3　非逻辑及非门

1．非逻辑

非逻辑关系是指结果与条件相反。如图 6.8（a）所示是一个开关和灯并联的非逻辑电路，开关 A 闭合是条件，灯亮是结果。显然，开关 A 闭合，灯不亮；开关 A 断开，灯反而亮。

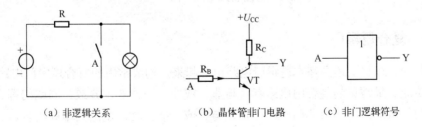

（a）非逻辑关系　　　　（b）晶体管非门电路　　　　（c）非门逻辑符号

图 6.8　非门电路及逻辑符号

---

① "≥1"表示只要输入端有一个或一个以上是高电平"1"，输出就是高电平"1"。

2. 非门

如图 6.8（b）所示的是晶体管非门电路，当输入 A 为高电平 1 时，晶体管处于饱和状态，输出 Y 为低电平 0；当输入 A 为低电平 0 时，晶体管处于截止状态，输出 Y 为高电平 1。

由于非门的输出信号与输入信号相位相反，故"非门"又称为"反相器"。非门是只有一个输入端的逻辑门，非门电路的逻辑状态见表 6.5。

表 6.5　非门逻辑状态表

A	Y
0	1
1	0

非逻辑用逻辑函数式表示称为逻辑非，其逻辑表达式为：

$$Y = \overline{A} \tag{6-3}$$

上式中 $\overline{A}$ 是反变量，读做 A 非。逻辑非的基本运算是：$\overline{0} = 1$，$\overline{1} = 0$。

非逻辑功能为"有 0 出 1，有 1 出 0"。非门电路的逻辑符号[①]如图 6.8（c）所示。

例 6.5　在三端输入的与门和或门的输入端 A，B 分别加上如图 6.9（a），（b）所示的脉冲波形，C 端接电源或接地，试画出与门及或门电路的输出波形。

解： 当与门电路的输入端接电源时，相当于 C=1；当或门电路的输入端接地时，相当于 C=0。对应输入波形 A，B 的变化分段讨论，运用对应的逻辑关系得出与门的输出如图 6.9（c）所示，或门的输出如图 6.9（d）所示。

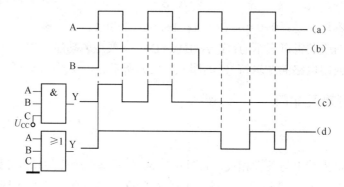

图 6.9　例 6.5 图

6.3.4　复合逻辑门

在实际中可以将上述的基本逻辑门电路组合起来，构成常用的复合逻辑门电路，以实现各种逻辑功能。最常见的复合门电路有：与非、或非、与或非、异或、同或门等。

与非门、或非门、与或非门电路分别是与、或、非三种门电路的串联组合。

异或门电路的特点是两个输入端信号相异时输出为 1，相同时输出为 0，其逻辑电路如

---

① 图 6.8（c）方框中"1"表示输入为高电平"1"时，输出才为低电平"0"。输出端的小圆圈表示逻辑非。

图 6.10 所示。同或门电路的特点是两个输入端信号相同时输出为 1，相异时输出为 0，其逻辑电路如图 6.11 所示（也可在异或门的最后加上一个非门构成）。

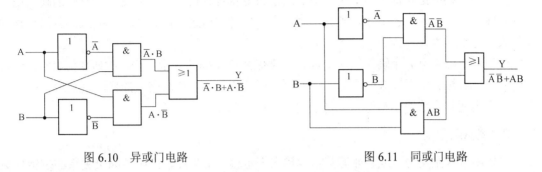

图 6.10 异或门电路   图 6.11 同或门电路

表 6.6 列出了几种常见的复合逻辑函数及对应门电路的逻辑符号。

表 6.6 几种常见的复合逻辑关系

逻 辑 关 系	逻 辑 表 达 式	记 忆 口 诀	逻 辑 符 号
与非	$Y = \overline{ABC}$	全 1 出 0 见 0 出 1	
或非	$Y = \overline{A + B + C}$	全 0 出 1 见 1 出 0	
与或非	$Y = \overline{AB + CD}$	任一与门全 1 出 0 每个与门均见 0 则出 1	
异或	$Y = A \oplus B$ $= \overline{A}B + A\overline{B}$	相同出 0 相异出 1	
同或	$Y = A \odot B$ $= \overline{A \oplus B}$ $= \overline{A}\,\overline{B} + AB$	相同出 1 相异出 0	

注意：一次异或逻辑运算只有二个输入变量，多个变量的异或运算，必须二个二个变量分别进行。例如 $A \oplus B \oplus C$，先进行其中二个变量的异或运算，其结果再和第三个变量进行异或运算。同或运算也具有同样的特点。

不仅二极管、三极管能构成门电路，场效应管也能构成门电路，而且在集成电路中应用很广。与三极管门电路相比，其特点是输入电阻高，电路损耗小，输出电压高。不管是哪一种器件构成的门电路，若其名称相同，则其逻辑关系和逻辑符号就相同。

6.3.5 逻辑电路的表示方法

表示一个逻辑电路有多种方法，常用的有：真值表、逻辑函数式、逻辑信号波形图、逻辑图、卡诺图 5 种。他们各有特点，相互联系、又可以相互转换，现介绍如下。

1. 真值表

真值表是根据给定的逻辑问题，把输入逻辑变量各种可能取值的组合和对应的输出函数值排列成的表格，它表示了逻辑函数与逻辑变量各种取值之间的一一对应关系。逻辑电路的真值表具有唯一性。

当逻辑电路中有 n 个输入逻辑变量时，共有 2^n 个不同的变量组合。在列真值表时，为避免遗漏，一般按 n 位二进制递增的方式列出。用真值表表示逻辑函数的优点是直观、明了，可直接看出逻辑电路输出与输入变量取值之间的关系。

2. 逻辑函数式

逻辑函数式是用与、或、非等基本运算来表示输入变量和输出函数因果关系的逻辑代数式。由真值表直接写出的逻辑式是标准的与-或逻辑式。写标准的与-或逻辑式的方法是：

（1）把任意一组变量取值中的 1 代以原变量，0 代以反变量，由此得到一组输入变量的与组合，如 3 个输入变量 A，B，C 为 110 时，则代换后的输入变量的与组合是 $AB\overline{C}$。

（2）把输出逻辑函数为 1 所对应的各输入变量的与组合相加，便得到标准的与-或逻辑式。

3. 波形图

波形图是按真值表画出的输入、输出关系的一系列波形，见表 6.7 所示。这种表示法形象，直观。

表 6.7　与非门的关系

逻辑函数表达式	$Y = \overline{A \cdot B}$
真值表	<table><tr><td>A</td><td>B</td><td>Y</td></tr><tr><td>1</td><td>1</td><td>0</td></tr><tr><td>1</td><td>0</td><td>1</td></tr><tr><td>0</td><td>1</td><td>1</td></tr><tr><td>0</td><td>0</td><td>1</td></tr></table>
波形图	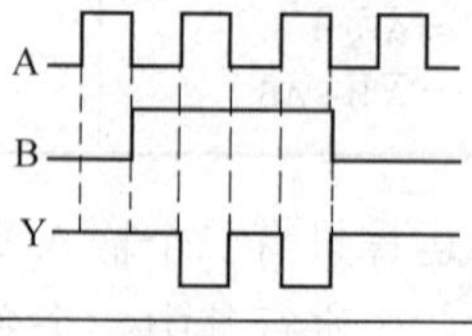
逻辑图	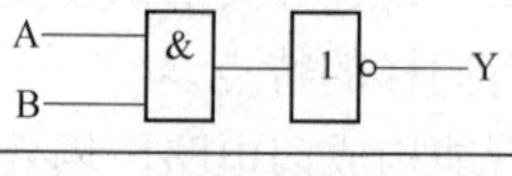
卡诺图	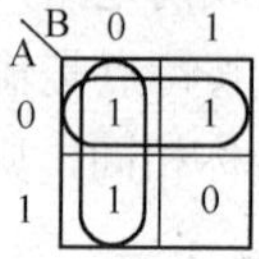

4. 逻辑图

逻辑图是用基本逻辑门和复合逻辑门的逻辑图形符号组成的对应于某一逻辑功能的电

路图，根据逻辑函数式画逻辑图时，只要把逻辑函数式中的各逻辑运算用相应门电路的逻辑图形符号代替，就可画出与逻辑函数对应的逻辑图。

5. 卡诺图

卡诺图是专门用来化简逻辑函数的，见 6.4 节。

例 6.6 已知逻辑函数：$Y = A + \overline{B}C + \overline{A}\overline{B}\overline{C}$，试求它对应的真值表。

解： 将 ABC 取值的所有组合 000，001，…111 逐一代入表达式，填入真值表即可，见表 6.8。

表 6.8　例 6.6 的真值表

A	B	C	Y
0	0	0	0
0	0	1	1
0	1	0	1
0	1	1	0
1	0	0	1
1	0	1	1
1	1	0	1
1	1	1	1

例 6.7 已知逻辑函数的真值表如表 6.9 所示，试写出逻辑式，并画出逻辑电路图。

解：

（1）写逻辑式：在真值表中，Y 为 1 的输入变量取值组合只有 000 和 111 两种，将 0 代以输入变量的反变量，1 代以输入变量的原变量，得到两个与项为 $\overline{A}\overline{B}\overline{C}$ 和 ABC，把它们相加便得到输出逻辑函数式为：

$$Y = \overline{A}\,\overline{B}\,\overline{C} + ABC$$

（2）根据逻辑式可画出图 6.12 所示的逻辑图。

表 6.9　例 6.6 的真值表

A	B	C	Y
0	0	0	1
0	0	1	0
0	1	0	0
0	1	1	0
1	0	0	0
1	0	1	0
1	1	0	0
1	1	1	1

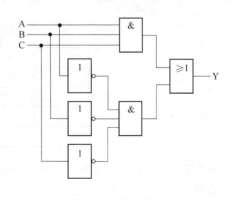

图 6.12　例 2.7 的图

6.4 逻辑运算法则

6.4.1 逻辑代数的基本运算法则和定律

逻辑代数是分析与设计逻辑电路的数学工具，逻辑代数的变量称为逻辑变量，表示的是逻辑关系，而不是数量关系，这是它与普通代数的本质区别。

1. 基本运算法则和定律

在逻辑代数中只有逻辑乘（"与"逻辑）、逻辑加（"或"逻辑）和求反（"非"逻辑）3种基本运算。根据这3种基本运算可以导出逻辑运算的一些法则和定律，见表6.10。

表6.10 逻辑代数的基本法则和定律

0-1律	$A+1=1$	$A \cdot 0=0$
自等律	$A+0=A$	$A \cdot 1=A$
重叠律	$A+A=A$	$A \cdot A=A$
互补律	$A+\overline{A}=1$	$A \cdot \overline{A}=0$
交换律	$A+B=B+A$	$A \cdot B=B \cdot A$
结合律	$(A+B)+C=A+(B+C)$	$(A \cdot B) \cdot C=A \cdot (B \cdot C)$
分配律	$A(B+C)=A \cdot B+A \cdot C$	$A+B \cdot C=(A+B) \cdot (A+C)$
非非律	$\overline{\overline{A}}=A$	
吸收律	$A+AB=A$	$A(A+B)=A$
	$A+\overline{A}B=A+B$	$AB+\overline{A}C+BC=AB+\overline{A}C$
对合律	$AB+A\overline{B}=A$	$(A+B) \cdot (A+\overline{B})=A$
反演律（摩根定律）	$\overline{A+B}=\overline{A} \cdot \overline{B}$	$\overline{A \cdot B}=\overline{A}+\overline{B}$

以上定律可用真值表证明，若等式两边式子的真值表相等，则证明等式成立。也可以由以上公式来相互证明。

例6.8 利用真值表证明 $\overline{A+B}=\overline{A} \cdot \overline{B}$ 成立。

证明：把 A、B 的所有取值组合分别代入 $\overline{A+B}$、$\overline{A} \cdot \overline{B}$ 进行逻辑运算，得到真值表如表6.11所示。表中第三列和第四列均分别对应相等，即证明了公式 $\overline{A+B}=\overline{A} \cdot \overline{B}$ 成立。

表6.11 真值表

A	B	$\overline{A+B}$	$\overline{A} \cdot \overline{B}$
0	0	1	1
0	1	0	0
1	0	0	0
1	1	0	0

例6.9 证明吸收律 $AB+\overline{A}C+BC=AB+\overline{A}C$ 成立。

证明：
$$AB+\overline{A}C+BC=AB+\overline{A}C+BC(A+\overline{A})=AB+\overline{A}C+ABC+\overline{A}BC$$
$$=(AB+ABC)+(\overline{A}C+\overline{A}BC)=AB+\overline{A}C$$

注意：逻辑推演中的"等号"不是表示两边变量数值相等，而是说明等号两边函数式所表达的逻辑功能相同，因此，等号两边的各项不可随意消项或移项。

2．逻辑代数的三个重要规则

逻辑代数的三个重要规则见表 6.12。

表 6.12　逻辑代数的三个重要规则

规　则	内　容	举　例
代入规则	在任何一个逻辑等式中，如果将等式两边所有出现某一变量 A 的地方，都代之以某个函数 Z，则等式依然成立	已知 $\overline{AB} = \overline{A} + \overline{B}$，如果以 Z=AC 代替等式中的 A，则 $$\overline{ACB} = \overline{AC} + \overline{B} = \overline{A} + \overline{C} + \overline{B}$$
反演规则	对于任意一个函数表达式 Y，如果将 Y 中所有的"·"换成"+"，"+"换成"·"，"0"换成"1"，"1"换成"0"，原变量换成反变量，反变量换成原变量，则所得到的逻辑表达式就是逻辑函数 Y 的反函数 $\overline{Y}$	已知 $Y = \overline{A} \cdot \overline{B} + C \cdot D + 0$，则 $$\overline{Y} = (A + B) \cdot (\overline{C} + \overline{D}) \cdot 1$$
对偶规则	对于任意一个函数表达式 Y，如果将 Y 中的"·"换成"+"，"+"换成"·"，"0"换成"1"，"1"换成"0"，那么得到的新的表达式 Y，称为 Y 的对偶式	已知 Y=A·(B+C)，则 $$Y' = A + B \cdot C$$ 已知 $Y = A + B\overline{C}$，则 $$Y' = A \cdot (B + \overline{C})$$

注意：应用反演规则时，不在一个变量上的长非号应保持不变。

6.4.2　逻辑函数的化简

大多数情况下，由逻辑真值表写出的逻辑式，以及由此而画出的逻辑电路图往往比较复杂。如果可以化简，就可以合理选用元件，电路可靠性也因此而提高。逻辑函数的化简有两种方法，即公式化简法和卡诺图化简法。

1．公式化简法

公式化简法就是运用上述的逻辑代数运算法则和定律把复杂的逻辑函数式化成简单的逻辑式。现将常用的化简方法列于表 6.13 中。

表 6.13　常用的化简方法

名　称	所用公式	方法说明	举　例
并项法	$A + \overline{A} = 1$	将两项合并为一项，并消去一个变量	$ABC + AB\overline{C} = AB(C + \overline{C}) = AB$
吸收法	A+AB=A	消去多余的乘积项 AB	$A\overline{B} + A\overline{B}CD(E+F) = A\overline{B}$
消去法	$A + \overline{A}B = A + B$	消去乘积项中多余的因子	$AB + \overline{A}C + \overline{B}C = AB + (\overline{A} + \overline{B})C$ $= AB + \overline{AB}C$ $= AB + \overline{C}$
配项法	A+A=A	重复写入某项，再与其他项配合化简	$Y = \overline{A}BC + ABC + A\overline{B}C + \overline{A}B\overline{C}$

公式化简法并没有统一的模式，要求对基本定律、基本公式、技巧规则比较熟悉，在化简比较复杂的逻辑函数时，通常要综合运用上面介绍的几种方法。

例 6.10 应用逻辑代数运算法则化简下列各式。

（1）$Y = ABC + \overline{A} + \overline{B} + \overline{C}$

（2）$Y = A\overline{B}C + A\overline{B}\,\overline{C}$

（3）$Y = A(BC + \overline{B}\,\overline{C}) + A(\overline{B}C + B\overline{C})$

（4）$Y = A\overline{B} + C + \overline{A}\,\overline{C}D + B\overline{C}D$

解：（1）$Y = ABC + \overline{A} + \overline{B} + \overline{C} = ABC + \overline{ABC} = 1$

（2）$Y = A\overline{B}C + A\overline{B}\,\overline{C} = A\overline{B}(C + \overline{C}) = A\overline{B}$

（3）$Y = A(BC + \overline{B}\,\overline{C}) + A(\overline{B}C + B\overline{C})$

$\qquad = ABC + A\overline{B}\,\overline{C} + A\overline{B}C + AB\overline{C} = AB(C + \overline{C}) + A\overline{B}(\overline{C} + C)$

$\qquad = AB + A\overline{B} = A(B + \overline{B}) = A$

（4）$Y = A\overline{B} + C + \overline{A}\,\overline{C}D + B\overline{C}D$

$\qquad = A\overline{B} + C + \overline{C}(\overline{A}D + BD)$ 分配律

$\qquad = A\overline{B} + C + (\overline{A}D + BD)$ 吸收律（$A + \overline{A}B = A + B$）

$\qquad = A\overline{B} + C + D(\overline{A} + B)$ 分配律

$\qquad = A\overline{B} + C + D\left(\overline{\overline{\overline{A} + B}}\right)$ 非非律

$\qquad = A\overline{B} + C + D(\overline{A\overline{B}})$ 反演律

$\qquad = A\overline{B} + C + D$ 吸收律（$A + \overline{A}B = A + B$）

逻辑函数的真值表是唯一的，但对应的逻辑表达式却是多种多样的。常用的有 5 种形式：与或表达式、或与表达式、与或非表达式、与非-与非表达式、或非-或非表达式。可运用逻辑函数的基本定律将逻辑表达式变换成不同的形式：

$\qquad Y = AC + B\overline{C}$ 与或表达式

$\qquad = \overline{\overline{AC} \cdot \overline{B\overline{C}}}$ 与非-与非表达式

$\qquad = \overline{\overline{AC} + \overline{B\overline{C}}}$ 与或非表达式

$\qquad = (A + \overline{C}) \cdot (B + C)$ 或与表达式

$\qquad = \overline{\overline{A + \overline{C}} + \overline{B + C}}$ 或非-或非表达式

上述各式中，与或表达式是最常见的，它比较容易与其他形式的表达式互换，但同一个逻辑函数得到的与或表达式也不唯一。由于生产和使用与非门集成电路较多，与非-与非表达式实用价值大。

2. 卡诺图化简法

卡诺图是逻辑函数的图解化简法，是根据逻辑变量中的变量组合按一定规则画出来的一种方块图，它克服了公式化简法对最终结果难以确定的缺点。卡诺图化简法具有确定的化简步骤，能比较方便地获得逻辑函数的最简与或式。

（1）卡诺图的画法。为了更好地掌握这种方法，必须理解下面几个概念。

最小项。全部输入变量（每个变量以原变量或以反变量只出现一次）的每一种组合都称为最小项。n 个变量的最小项有 2^n 个。为了书写方便，用 m 表示最小项，其下标为最小项的编号。3 个输入变量全体最小项的编号如表 6.14 示。其他不同输入变量下的最小项表，读者可仿照表 6.14 绘制。

表 6.14　三变量最小项表

A	B	C	最　小　项	简 记 符 号
0	0	0	$\bar{A}\bar{B}\bar{C}$	m_0
0	0	1	$\bar{A}\bar{B}C$	m_1
0	1	0	$\bar{A}B\bar{C}$	m_2
0	1	1	$\bar{A}BC$	m_3
1	0	0	$A\bar{B}\bar{C}$	m_4
1	0	1	$A\bar{B}C$	m_5
1	1	0	$AB\bar{C}$	m_6
1	1	1	ABC	m_7

相邻项。一个多变量逻辑表达式，如果其中两个最小项中只有一个变量为互反变量，其余变量均相同，则把这两项称为相邻项。例如，一个三变量逻辑函数中 $\bar{A}B\bar{C}$ 和 $\bar{A}BC$ 两项就是相邻项，对两个相邻项消去那个互为反变量的变量，则两个相邻项可合并，即 $\bar{A}\bar{B}\bar{C}+\bar{A}\bar{B}C=\bar{A}\bar{B}(\bar{C}+C)=\bar{A}\bar{B}$

卡诺图。美国贝尔实验室工程师毛・卡诺（Karnaugh）首先把状态表重新排列，构成一个能直接看出各项之间相邻关系的方格表，称为卡诺图。

用 2^n 个小方格表示 n 个变量的 2^n 个最小项，并且使逻辑相邻的最小项在几何位置上也相邻，按这样的相邻要求排列起来的方格图，叫作 n 个输入变量的最小项卡诺图，又称最小项方格图。图 6.13 所示是二～四变量的最小项卡诺图。图中横向变量和纵向变量的排列顺序，保证了最小项在卡诺图中的循环相邻性，即卡诺图中不仅每对小方格中的乘积项相邻，而且同一行左、右两侧及同一列顶部和底部的两小方格中的项也是相邻项。

A\B	$\bar{B}$	B
$\bar{A}$	$\bar{A}\bar{B}(m_0)$	$\bar{A}B(m_1)$
A	$A\bar{B}(m_2)$	$AB(m_3)$

（a）二变量

A\BC	$\bar{B}\bar{C}$	$\bar{B}C$	BC	$B\bar{C}$
$\bar{A}$	$\bar{A}\bar{B}\bar{C}(m_0)$	$\bar{A}\bar{B}C(m_1)$	$\bar{A}BC(m_3)$	$\bar{A}B\bar{C}(m_2)$
A	$A\bar{B}\bar{C}(m_4)$	$A\bar{B}C(m_5)$	$ABC(m_7)$	$AB\bar{C}(m_6)$

（b）三变量

AB\CD	$\bar{C}\bar{D}$	$\bar{C}D$	CD	$C\bar{D}$
$\bar{A}\bar{B}$	$\bar{A}\bar{B}\bar{C}\bar{D}(m_0)$	$\bar{A}\bar{B}\bar{C}D(m_1)$	$\bar{A}\bar{B}CD(m_3)$	$\bar{A}\bar{B}C\bar{D}(m_2)$
$\bar{A}B$	$\bar{A}B\bar{C}\bar{D}(m_4)$	$\bar{A}B\bar{C}D(m_5)$	$\bar{A}BCD(m_7)$	$\bar{A}BC\bar{D}(m_6)$
AB	$AB\bar{C}\bar{D}(m_{12})$	$AB\bar{C}D(m_{13})$	$ABCD(m_{15})$	$ABC\bar{D}(m_{14})$
$A\bar{B}$	$A\bar{B}\bar{C}\bar{D}(m_8)$	$A\bar{B}\bar{C}D(m_9)$	$A\bar{B}CD(m_{11})$	$A\bar{B}C\bar{D}(m_{10})$

（c）四变量

图 6.13　卡诺图

标准与-或式。如一个逻辑式中的每一个与项都是最小项，则该逻辑式称作标准与-或式，又称为最小项表达式。任何一种形式的逻辑式都可以利用基本定律和配项法化为标准与-或式，并且标准与-或式是唯一的。

例 6.11 把 $Y = \overline{A}B\overline{C} + AB\overline{C} + \overline{B}CD + \overline{B}C\overline{D}$ 化成标准与-或式。

解： 从表达式中可以看出 Y 是四变量的逻辑函数，但每个乘积项中都缺少一个变量，不符合最小项的规定。为此，将每个乘积项利用配项法把变量补足为 4 个变量，并进一步展开，即得最小项。

$$Y = \overline{A}B\overline{C}(D+\overline{D}) + AB\overline{C}(D+\overline{D}) + \overline{B}CD(A+\overline{A}) + \overline{B}C\overline{D}(A+\overline{A})$$
$$= \overline{A}B\overline{C}D + \overline{A}B\overline{C}\overline{D} + AB\overline{C}D + AB\overline{C}\overline{D} + A\overline{B}CD + \overline{A}\ \overline{B}CD + A\overline{B}C\overline{D} + \overline{A}\overline{B}C\overline{D}$$

（2）由逻辑表达式画出卡诺图。首先将逻辑表达式写成标准与-或式形式，然后把表达式中出现的所有最小项，在卡诺图相应的方格中填上"1"，其余小方格填"0"（也可不填），就可得到逻辑函数卡诺图。例如，与逻辑表达式 $Y = A\overline{B}C + ABC + AB\overline{C} + \overline{A}BC$ 相对应的卡诺图如图 6.14 所示。

（3）由卡诺图写出逻辑表达式。卡诺图与逻辑表达式相对应，二者可以互换，根据逻辑表达式可以画出卡诺图，也可以从卡诺图写出逻辑表达式。若已知一个卡诺图，只要将图中小方格为"1"的对应变量，组合成一个乘积项，变量为"1"的用原变量表示，变量为"0"的用反变量表示，然后将所有乘积项相加可得相应的逻辑表达式。例如，与图 6.15 对应的三变量卡诺图相对应的逻辑表达式为：

$$Y = \overline{A}BC + A\overline{B}\overline{C} + ABC + AB\overline{C}$$

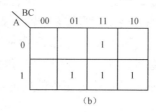

图 6.14　从逻辑表达式画卡诺图　　　图 6.15　从卡诺图写出逻辑表达式

（4）卡诺图化简的方法。利用卡诺图化简逻辑函数的方法，其步骤和规则如下：

第一步：画出相应变量逻辑函数的卡诺图。

第二步："填1"。就是把表达式中出现的所有最小项，在卡诺图相应的方格中填上1。

第三步："圈1"。也就是合并卡诺图中的相邻项，即把1按以下规则画成一个矩形包围圈。

① 只有相邻的"1"才能合并，且每个包围圈只能包含 2^n 个"1"，即只能按 2^n（n=0、1、2、3…）这样的数目画包围圈。

②"1"可以被重复圈在不同的包围圈中，但新的包围圈必须有新的元素"1"。

③ 包围圈的个数应尽量少，使"与"项少；包围圈中含有"1"的个数应尽量多，使消去的变量多。

④ 画包围圈时注意不要遗忘卡诺图中四周的相邻项。

第四步：提出每个包围圈中最小项的共有变量（与项）。

第五步：把共有变量（与项）写成或逻辑式，即为最简与或式。

卡诺图化简法的关键就是合并相邻项来消去有关变量。现以三变量和四变量的卡诺图为例来说明化简的方法。

① 两个相邻的小方格（包括处于一行或一列的两端），可以合并成一项，从而可以消去一个变量，如图6.16所示。

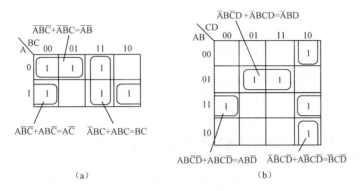

(a)　　　　　　　　　　(b)

图6.16　两个相邻项的合并

② 四个小方格组合为一个大方格，或组成一行（列），或处于两行（列）的末端，或处于四角，则可以合并成一项，从而可以消去两个变量，如图6.17所示。

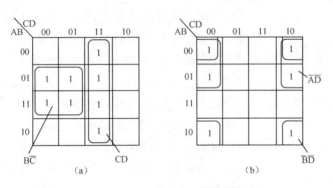

(a)　　　　　　　　　　(b)

图6.17　四个相邻项的合并

③ 八个小方格组成两行（列），或组成两边的两行（列），则可以合并成一项，从而可以消去三个变量，如图6.18所示。

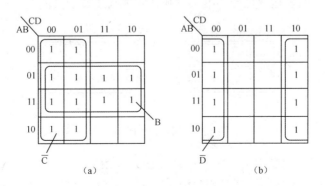

(a)　　　　　　　　　　(b)

图6.18　八个相邻项的合并

例 6.12　利用卡诺图化简例 6.11 函数表达式。

解：根据上题的结果，该表达式共有 8 个最小项，并且输入变量是 4 个。化简步骤如下：

① 画出四变量逻辑函数的卡诺图，见图 6.19。

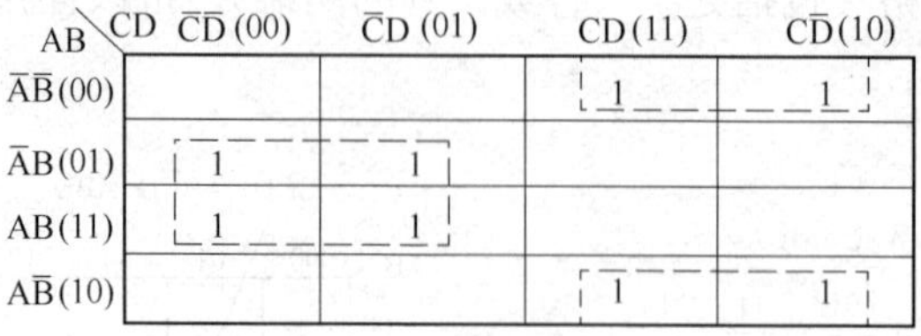

CD＼AB	$\overline{C}\overline{D}$(00)	$\overline{C}D$(01)	CD(11)	$C\overline{D}$(10)
$\overline{A}\overline{B}$(00)			1	1
$\overline{A}B$(01)	1		1	
AB(11)	1		1	
$A\overline{B}$(10)			1	1

图 6.19　四变量卡诺图

② 在卡诺图相应的方格中填上"1"。

③ 画包围圈"1"，如图 6.19 中虚线框所示。

④ 提出包围圈内的共有变量，分别是 $B\overline{C}$ 和 $\overline{B}C$。

⑤ 写出最简与或式：

$$Y = B\overline{C} + \overline{B}C$$

在利用卡诺图化简逻辑函数的过程中，步骤（3）是关键，应特别注意包围圈不要画错。

例 6.13　用卡诺图化简逻辑函数 $Y(A,B,C,D) = \sum m(2,5,9,11,12,13,14,15)$。

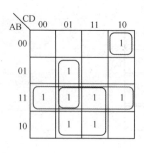

图 6.20　例 2.13 的卡诺图

解：因为逻辑函数 Y 直接给出了 8 个最小项之和形式，并且输入变量是 4 个，所以可以直接填写卡诺图，如图 6.20 所示。将组成矩形的"1"圈起来，共有 4 个圈（注意不要漏掉任何一个"1"），合并后得到 4 项，即 $Y = AB + AD + B\overline{C}D + \overline{A}B\overline{C}\overline{D}$。

例 6.14　用卡诺图化简逻辑函数 $Y = A\overline{B} + B\overline{C} + \overline{B}C + \overline{A}B$。

解：有时将 Y 转换为最小项之和的形式很麻烦，可直接由一般与或表达式填写卡诺图。Y 是 3 变量的函数，填写卡诺图时可能会有重复，只填一个"1"就可以了，见图 6.21。本题有两个结果。

由图 6.21（a）得：$Y = A\overline{B} + B\overline{C} + \overline{A}C$

由图 6.21（b）得：$Y = A\overline{C} + B\overline{C} + \overline{A}B$

可见，一个函数的表达式可能不唯一，那么实现其逻辑函数的逻辑电路也就不唯一。

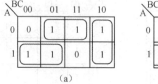
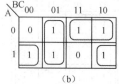

图 6.21　例 6.14 的卡诺图

例 6.15　用卡诺图化简逻辑函数 $Y = \overline{\overline{AC} + BD + \overline{A}BC}$。

解：如果先将 Y 转换成与或式是相当烦琐的。我们知道，对应一组变量的取值，若 $Y = 1$，则 $\overline{Y} = 0$，反之，$Y = 0$，则 $\overline{Y} = 1$。显然 $\overline{Y}$ 的卡诺图就是将 Y 的卡诺图中的"1"换成"0"，

"0"换成"1"。可以直接圈 Y 的卡诺图的"0"（相当于圈 $\overline{Y}$ 的卡诺图的"1"），来求 $\overline{Y}$ 的最简表达式。反过来也一样：直接圈 $\overline{Y}$ 的卡诺图的"0"（相当于圈 Y 的卡诺图的"1"），来求 Y 的最简表达式。这里可以先填 $\overline{Y}$ 的卡诺图。

$$\overline{Y} = A\overline{C} + BD + \overline{A}BC$$

$$= AB\overline{C}D + AB\overline{C}\,\overline{D} + A\overline{B}\,\overline{C}D + A\overline{B}\,\overline{C}\,\overline{D} + ABCD + AB\overline{C}D + \overline{A}BCD + \overline{A}B\overline{C}D + \overline{A}BCD + \overline{A}BC\overline{D}$$

具体填写方法与上例一样，如图 6.22 所示。直接圈卡诺图的"0"，合并化简得：

$$Y = \overline{A}\,\overline{B} + \overline{A}\,C\overline{D} + AC\overline{D} + \overline{B}C$$

3．具有约束项的逻辑函数的化简

（1）逻辑函数中的约束项。约束项是指在某些逻辑函数中，对一些最小项加以约束，使其不会出现的项。如 8421BCD 编码取的是 0000~1001 这十种代码，而 1010～1111 这六种代码是不允许出现的。

（2）利用约束项化简逻辑函数。

例 6.16 $Y = \overline{A}B\overline{C} + A\overline{B}\,\overline{C} + AB\overline{C}$，约束项是：$\overline{A}BC$ 和 ABC。

解： 因为 A、B、C 不允许出现 011 和 111，所以 $\overline{A}BC = 0$、ABC=0。Y 的卡诺图如图 6.23 所示，卡诺图对应约束项的位置填×。

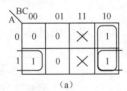 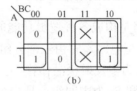

图 6.23　例 6.16 的卡诺图

按图 6.23（a）化简，只圈"1"，得到 $Y = A\overline{C} + B\overline{C}$。

按图 6.23（b）化简，把所有约束项都当 1 处理，将"×"和"1"一起圈：$Y' = A\overline{C} + B$。

把 Y 和 Y' 的真值表列在一起如表 6.15 所示，可以发现，只有涂阴影的两行，Y 和 Y' 的函数值不相同，而这两行正是约束项对应的取值。也就是说，如果 A、B、C 遵守约束（即不出现 011 和 111），则 Y= Y'。所以利用约束项可以使函数更简单。

表 6.15　例 6.16 的真值表

A	B	C	Y	Y'
0	0	0	0	0
0	0	1	0	0
0	1	0	1	1
0	1	1	0	1
1	0	0	1	1
1	0	1	0	0
1	1	0	1	1
1	1	1	0	1

上例约束条件可写成：$\overline{A}BC + ABC = 0$，也可以使用最小项编号，约束项用 d_i 表示。即 $d_4+d_7=0$，或 $\sum d(4,7) = 0$。

例 6.17 化简 $Y = \sum m(3,6,7,9) + \sum d(10,11,12,13,14,15)$。

解： 填写卡诺图，如图 6.24 所示，合并最小项时并不一定把所有的"×"都圈起来，要合理地利用约束项（需要时就圈，不需要时就不圈）。

合并化简得： $Y = AD + BC + CD$。

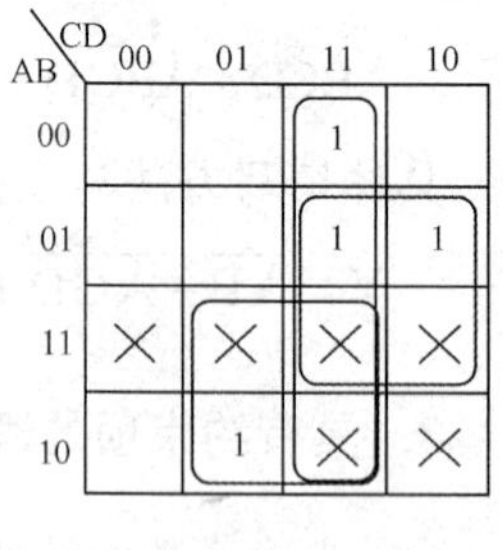

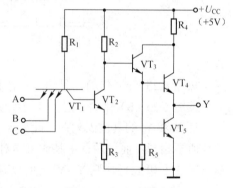

图 6.24 例 2.17 的卡诺图

6.5 集成与非门电路

把分立与非电路通过一定工艺集成在一块硅片上就制成了集成与非门电路。集成与非门电路包括双极型晶体管 TTL 与非门电路、单极型场效应管 CMOS 与非门电路等多种，它是小规模集成电路中最基本的品种。

6.5.1 TTL 与非门

TTL 电路，即晶体管-晶体管逻辑（Transistor-Transistor Logic）电路，该电路的内部各级均由晶体管组成。TTL 是一个电路系列，各种门电路都可以由 TTL 与非门电路变化得到。

1. TTL 与非门的组成及功能分析

TTL 与非门电路是构成各种逻辑功能的 TTL 集成电路的基本单元电路。图 6.25 所示是 TTL 与非门的典型电路，它由三部分组成：VT_1 和 R_1 为输入级，VT_1 为多发射极晶体管，起逻辑"与门"作用；VT_2、R_2 和 R_3 为中间级，是一个反相器，实现非功能；VT_3、VT_4、VT_5 和 R_4、R_5 为输出级，其中 VT_3、VT_4 组成复合管作为 VT_5 的有源负载，可提高负载能力。

当 VT_1 的任意一个输入端接低电平"0"时，则晶体管 VT_1 相对应的一个发射极导通，VT_1 处于深度饱和，VT_1 的基极电压 U_{B1} 很小，VT_2 和 VT_5 管截止，电源 $+U_{CC}$ 通过 R_2 向 VT_3、VT_4 提供电源，VT_3 和 VT_4 管饱和导通，减去 R_2 上的电压降和 VT_3、VT_4 发射结上的电压，输出为高电平，大约在 3.6V 左右。

图 6.25 TTL 与非门

当 VT_1 的发射极全接高电平"1"时，VT_1 管的发射极截止，VT_1 管基极电压 U_{B1} 较大，$U_{B1} \approx U_{BC1} + U_{BE2} + U_{BE5} = 0.7+0.7+0.7=2.1V$，$VT_2$ 和 VT_5 管饱和导通，VT_3 和 VT_4 管截止，输出为低电平 0.3V。因此电路具有"与非"功能。

2. TTL 与非门集成电路芯片

74LS 系列是 TTL 集成门系列中运用最为广泛的一种集成门电路。我国这类产品以代号 T 开头，其中 T4000 系列与国际 54/74LS 系列通用。此类集成电路采用双列直插式封装，把集成电路标志（凹口）置于左方，逆时针自下而上依次读出外引线编号。

图 6.26 所示为国际通用型号 74LS00 四二输入与非门的逻辑电路结构及外引线分布图，该集成块内含有四个二输入端与非门，共用一个电源 U_{CC}（引脚 14）和共用一个接地点 GND（引脚 7）。图中 A、B 为各门的输入端，Y 为输出端，其中 1A、1B，1Y；2A、2B，2Y 等为以字头数字区分的四个与非门。74LS00 型号中，74 表示中规模，L 表示低功耗，S 表示肖特基型管，00 表示序号。

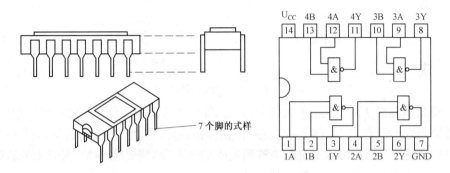

图 6.26　74LS00 四二输入与非门的逻辑电路结构及外引线分布图

分立元件构成的门电路在应用时有许多缺点，如体积大、可靠性差等，因此一般在电子电路中作为补充电路时用到。

例 6.18　用 74LS00 四二输入与非门构成一个二输入或门。

解：图 6.27（a）所示为用与非门构成的或门逻辑电路，其真值表见表 6.16，可见满足或门的逻辑功能。图 6.27（b）所示为用 74LS00 集成电路连接成或门的电路。

表 6.16　例 6.18 的真值表

A	B	Y_1	Y_2	Y
0	0	1	1	0
0	1	1	0	1
1	0	0	1	1
1	1	0	0	1

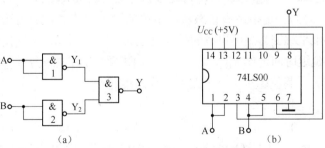

图 6.27　用 74LS00 组成或门电路

3．TTL 与非门的传输特性

TTL 与非门的电压传输特性是指空载条件(TTL 与非门的一个输入端电压由 0 开始增大，其余输入端接高电平）下，输出电压 u_o 与输入电压 u_i 之间的关系曲线。图 6.28（a）所示为测量电路，图 6.28（b）所示为电压传输特性曲线，其主要参数说明如下。

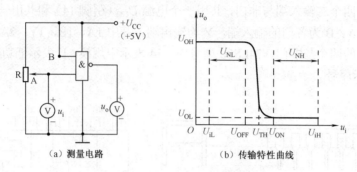

（a）测量电路　　　　　　　（b）传输特性曲线

图 6.28　测量电路与传输特性曲线

（1）输出高电平 U_{OH}。U_{OH} 是指与非门输入端至少有一个为低电平时的输出电压值。要求电压足够高，一般规定 $U_{OH} \geqslant 2.4V$。各个门电路的输出可能有差异，典型值是 3.6V。

（2）输出低电平 U_{OL}。U_{OL} 是指与非门输入端全为高电平时的输出电压值。要求电压足够低，一般规定 $U_{OL} \leqslant 0.4V$，典型值是 0.3V。

（3）输入低电平 U_{iL}。一般 $U_{iL}=(0.1 \sim 0.8V)$。

（4）输入高电平 U_{iH}。一般 $U_{iH}=(2 \sim 3.6V)$。

（5）开门电平 U_{ON}。U_{ON} 是在保证输出为额定低电平的条件下，允许的最小输入高电平值。U_{ON} 低，有利于高电平输入时的抗干扰能力。

（6）关门电平 U_{OFF}。U_{OFF} 是在保证输出为额定高电平的 90%条件下，允许的最大输入低电平值。U_{OFF} 高，有利于低电平输入时的抗干扰能力。

（7）阈值电压 U_{TH}。U_{TH} 为电压传输特性曲线转折区中点对应的输入电压值（也称门限电压或门槛电压）。它是对应门开启与关闭分界线处的输入电压值。$U_{TH} \approx 1.4V$。

（8）高电平噪声容限 U_{NH}。U_{NH} 是输入高电平时，保证电路输出仍为低电平时的最大允许负向干扰电压。其值等于输入高电平与开门电平之差，即 $U_{NH}=U_{iH}-U_{ON}$。

（9）低电平噪声容限 U_{NL}。U_{NL} 是输入低电平时，保证电路输出仍为高电平时的最大允许正向干扰电压。其值等于关门电平与输入低电平之差，即 $U_{NL}=U_{OFF}-U_{iL}$。

（10）扇出系数 N。N 是指允许驱动同类与非门电路的最大数目。一般规定 $N \geqslant 8$。

（11）传输延迟时间。是指逻辑状态从门电路的输入端传送到输出端所需的时间。通常将输出电压由低电平跳变为高电平时的传输延迟时间记作 t_{PLH}，把输出电压由高电平跳变为低电平时的传输延迟时间记作 t_{PHL}。在 74 系列门电路中 t_{PLH} 略大于 t_{PHL}，它们的数值都是通过实验方法测定的。其值越小，门电路的工作速度越快。

6.5.2　CMOS 与非门

CMOS（Complement-Metal Oxide Semiconductor）与非门是由 NMOS 集成电路及 PMOS 集成电路构成的互补对称的 MOS 集成电路。它的制造工艺复杂，成本高，但它具有突出的优点：静态功耗低，抗干扰能力强，工作稳定性好，是应用最广的一种集成电路。

1. CMOS 反相器

图 6.29 所示是 CMOS 反相器电路。VT_1 管为驱动管，是增强型 NMOS 管，VT_2 管是负

载管，是增强型 PMOS 管。两只管子特性对称，跨导相等且较大，导通电阻小。

当输入电压为高电平时，VT_1 管导通，VT_2 管截止，输出电压为低电平，且近似等于 0V；当输入电压为低电平时，VT_2 管导通，VT_1 管截止，输出电压为高电平，且近似等于 U_{DD}，可见电路实现非逻辑功能：$Y = \overline{A}$。

常用的 CMOS 反相器型号有 CC4069，CC4007 等，它们都是六反相器。

2. CMOS 与非门

在 CMOS 反相器的基础上，可以很容易构成具有各种功能的逻辑门电路。C4011 是 CMOS 四二输入与非门，可与 74LS00 代换（代换仅限使用 5V 电源）。图 6.30 所示的是 CC4023 与非门的外引线图。该电路内含三个三输入端与非门，共用一个电源 U_{DD}[①]（引脚 14）和共用一个接地点 U_{SS}（引脚 7）。

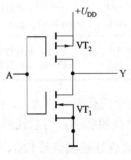

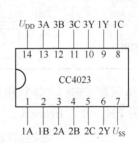

图 6.29　CMOS 反相器　　　　图 6.30　CC4023 与非门的外引线图

CMOS 与非门的工作电源电压范围很宽，从 3～18V 均可正常工作，与严格限制电源的 TTL 与非门相比要方便得多，它的缺点是速度比 74LS 系列低。

我国优先选用数字集成电路国际通用品种列为国家标准，表 6.17 是常用的主要系列。

表 6.17　数字集成电路的主要产品系列

系　列	子系列	名　　称	国际型号	部标型号
TTL	TTL HTTL STTL[②] LSTTL ALSTTL	基本型中速 TTL 高速 TTL 超高速 TTL 低功耗 TTL 先进低功耗 TTL	CT54/74 CT54/74H CT54/74S CT54/74LS CT54/74ALS	T1000 T2000 T3000 T4000
MOS	CMOS HCMOS HCMOST	互补场效晶体管型 高速 CMOS 与 TTL 兼容的高速 CMOS	CC4000 CT54/74HC CT54/74HCT	C00

CT74LS 系列是 TTL 类型中主要应用的产品系列，其品种和生产厂家非常多，价格较低。ALS 系列是 LS 系列的后续产品，在速度和功耗等方面有较大改进，但目前在价格和品种方面还不及 LS 系列。

HC 和 HCT 系列为高速 CMOS 电路，其工作速度已与 LSTTL 系列相当，而且其外引线排列和逻辑功能也与 LSTTL 系列相同。其中 HCMOS 的电源电压范围为 3～18V，与 CMOS 电路相同；而 HCMOST 的电源电压、工作电平与 LSTTL 电路相同，因此 HCT 系列可与相

---

① CMOS 型集成电路电源电压写成 U_{DD}，接地处写成 U_{SS}；而 TTL 型相应写成 U_{CC}、GND，以资区别。

应的 LSTTL 系列互换使用。

*6.5.3　三态输出与非门

三态输出与非门简称 TS 门，是一种可控与非门，与上述与非门电路不同，它的输入端多了一个控制端（或称使能端），输出端除可以出现高电平和低电平外，还可以出现第三种状态——高阻状态。TTL 三态输出与非门有两种：低电平控制型三态门，即 EN=0 时三态门开门；高电平控制型三态门，即 EN=1 时三态门开门。其逻辑功能及逻辑符号见表 6.18 所示。74LS126 是常用的集成三态门芯片。

表 6.18　三态输出与非门的逻辑关系

名　称	逻　辑　符　号	逻 辑 表 达 式	逻 辑 功 能
低电平控制型	A B $\overline{EN}$ & ▽ Y	$\overline{EN}=0$, $Y=\overline{AB}$ $\overline{EN}=1$, Y 高阻	$\overline{EN}=0$，执行与非逻辑 $\overline{EN}=1$，输出为高阻状态
高电平控制型	A B EN & ▽ Y	$EN=1$, $Y=\overline{AB}$ $EN=0$, Y 高阻	$EN=1$，执行与非逻辑 $EN=0$，输出为高阻状态

图 6.31 所示是三态门在计算机接口电路中的应用。每个门代表一路输出，使用一条公共总传输线。当 $\overline{EN_1}=0$、$\overline{EN_2}=1$、$\overline{EN_3}=1$ 时，Y_2、Y_3 呈高阻状态，与总线隔离，此时 Y_1 通过总线传输信号。可见，只要保证控制信号 EN_1、EN_2、EN_3 每一时刻只有一个为 0，即可将 EN=0 这路信号传输出去，避免了各门之间的相互干扰，实现了数据传输的控制。

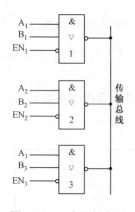

图 6.31　三态门的应用

6.5.4　集电极开路与非门（OC 门）

如果将几个与非门的输出端直接并联接到一根线[①]上使用时，各输出端的输出变量之间是与的关系，称之为"线与"。普通 TTL 与非门是不能实现"线与"的，因为与非门在输出低电平时，输出电阻很小，当并联在一起的两个门一个处于低电平，一个处于高电平时，电源将通过并联的高电平输出门向低电平输出门灌入很大的电流，这样会使输出低电平的门电压升高，还会因流过大电流而损坏输出管。

为此，专门设计了集电极开路的 TTL 与非门，简称 OC 门。OC 门中，起非门作用的三极管集电极是悬空的，只有外接上拉负载到电源上才能工作，注意负载的电源一般不再是 5V，而是高于 5V，多数可工作在 12～15V，个别的型号可以工作在 30V。这样就可以驱动一些特殊负载，如小型继电器（工作电压一般是 12V 或 24V）。OC 门的逻辑符号如图 6.32 所示。常用的 OC 门型号是 74LS03，它是四二输入与非门，与 74LS00 引线分布相同。

图 6.33 所示是 OC 门实现"线与"功能的电路，其逻辑关系可表示为：

---

① 如计算机中广泛使用的"母线"结构。

$$Y = Y_1 \cdot Y_2 = \overline{AB} \cdot \overline{CD} = \overline{AB + CD}$$

图 6.34 是 OC 门直接带动要求驱动电压高于 5V 的继电器负载。

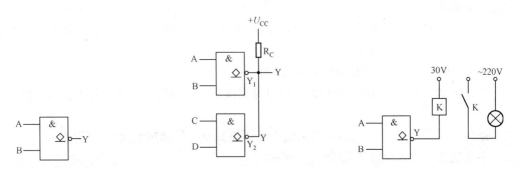

图 6.32　OC 门的逻辑符号　图 6.33　OC 门实现"线与"功能的电路　图 6.34　OC 门驱动继电器负载

注意：前面给出的各种门的逻辑符号是指国家标准符号，但在很多书籍中也会经常看到过去曾用过的符号和国外的符号，表 6.19 是三种逻辑符号的对照表。

表 6.19　三种逻辑符号的对照表

名　　称	逻辑符号		
	国　标	曾用符号	国外符号
与门			
或门			
非门			
与非门			
或非门			
与或非门			
异或门			
同或门			
三态与非门			
三态非门			
OC 门			

6.5.5　TTL 门电路和 CMOS 门电路的使用注意事项

1．TTL 门电路使用注意事项

（1）TTL 输出端。TTL 电路（三态门除外）的输出端不允许并联使用，也不允许直接与

+5V 电源或地线相连，否则将会使电路的逻辑混乱并损坏器件。

（2）TTL 输入端。TTL 电路的输入端外接电阻要慎重，对外接电阻的阻值有特别要求，否则会影响电路的正常工作。

（3）多余输入端的处理。与门、与非门等 TTL 电路的多余输入端可以做如下处理。

悬空：相当于接高电平。

与其他输入端并联使用：可增加电路的可靠性。

直接或通过电阻（100Ω～10kΩ）与电源相接以获得高电平输入，与地相接获得低电平输入。

或门、或非等 TTL 电路的多余输入端不能悬空，只能接地或并联使用。

多余输入端的处理方法见图 6.35 所示。

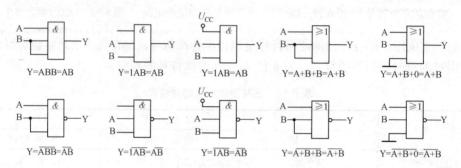

图 6.35　多余输入端的处理

（4）电源滤波。一般可在电源的输入端并接一个 100μF 的电容作为低频滤波，在每块集成电路电源输入端并接一个 0.01～0.1μF 的电容作为高频滤波，如图 6.36 所示。

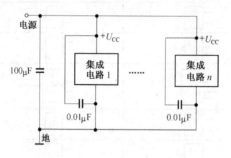

图 6.36　电源滤波示意图

（5）严禁带电操作。要在电路切断电源以后，方可插拔和焊接集成电路块，否则容易引起集成电路块的损坏。

2. CMOS 门电路使用注意事项

（1）防静电。应注意存放的环境，防止外来感应电势将栅极击穿。

（2）焊接。焊接时不能使用 25W 以上的电烙铁，通常采用 20W 内热式烙铁，并用带松香的焊锡丝，焊接时间不宜过长，焊锡量不宜过大。

（3）输入、输出端。CMOS 电路不用的输入端，不允许悬空，必须按逻辑要求接 U_{DD} 或 U_{SS}，否则不仅会造成逻辑混乱，而且容易损坏器件。

输出端不允许直接与 U_{DD} 或 U_{SS} 连接，否则将导致器件损坏。

（4）电源。U_{DD} 接电源正极，U_{SS} 接电源负极（通常接地），不允许反接，在接装电路、插拔电路器件时，必须切断电源，严禁带电操作。

（5）输入信号。器件的输入信号不允许超出电压范围，若不能保证这一点，必须在输入端串联限流电阻起保护作用。

（6）接地。所有测试仪器，外壳必须良好接地。若信号源需要换挡，最好先将输出幅度减到最小。

本 章 小 结

（1）数字信号的数值相对于时间的变化是离散的。处理数字信号的电子电路是数字电路。

（2）常用的计数制除十进制外，还有二进制、八进制和十六进制，应掌握它们的特点和相互换算方法。将若干个二进制数码 0 和 1 按一定的规则排列起来表示某种特定含义的代码，称为二进制代码。

（3）常用的逻辑门有与门、或门、非门、与非门、或非门。他们的主要描述方法有逻辑函数表达式、真值表、逻辑信号波形图和逻辑电路图等。

（4）利用逻辑代数的运算法可对复杂的逻辑函数进行化简。化简逻辑函数的另一种方法是采用卡诺图，卡诺图化简逻辑函数有一定的步骤，应注意遵循。

（5）集成逻辑门有 TTL 和 CMOS（其中 CMOS 应用最广泛）两大类，使用时应注意其逻辑功能、管脚定义及使用方法。

习 题 6

6.1 完成下列数制转换。

（1）$(11011)_2 = ($　　　　$)_{10}$

（2）$(1101001)_2 = ($　　　　$)_{10}$

（3）$(37)_{10} = ($　　　　$)_2$

（4）$(174)_{10} = ($　　　　$)_2$

6.2 完成下列十进制数与 8421BCD 码之间的转换。

（1）$(801)_{10} = ($　　　$)_{8421BCD}$

（2）$(326)_{10} = ($　　　$)_{8421BCD}$

（3）$(0110\ 1001)_{8421BCD} = ($　　　　$)_{10}$

（4）$(0010\ 0011\ 0101)_{8421BCD} = ($　　　　$)_{10}$

6.3 完成下列数制转换。

（1）$(255)_{10} = ($　　　　$)_2 = ($　　　　$)_8 = ($　　　　$)_{16}$

（2）$(11010)_2 = ($　　　$)_8 = ($　　　　$)_{16} = ($　　　　$)_{10}$

（3）$(3FF)_{16} = ($　　　$)_2 = ($　　　　$)_8 = ($　　　　$)_{10}$

（4）$(173)_8 = ($　　　$)_2 = ($　　　　$)_{16} = ($　　　　$)_{10}$

6.4 完成下列二进制的算术运算。

（1）1011+111　　　（2）1000-11　　　（3）1101×101　　　（4）1100÷100

6.5 二进制数 10010110 对应的十进制数是多少？8421BCD 码 10010110 对应的十进制数是多少？

6.6 试用与非门连接成与门；或非门连接成或门。

6.7 已知输入端 A，B 的输入信号波形如图 6.37 所示，试画出经过与非门、或非门、异或门后的输出波形。

6.8 画出以下逻辑函数的逻辑图。

（1） $Y = AB + C$

（2） $Y = \overline{A(B+C)}$

（3） $Y = A + \overline{B}C + \overline{A}B\overline{C}$

（4） $Y = AB + \overline{\overline{BC}(\overline{C} + \overline{D})}$

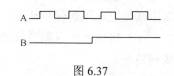

图 6.37

6.9 写出图 6.38 所示各逻辑电路的逻辑表达式。

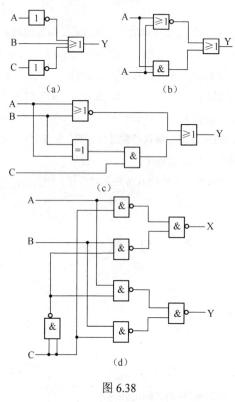

图 6.38

6.10 已知真值表如表 6.20 所示，试写出对应的逻辑表达式。

表 6.20

ABC	Y
000	1
001	0
010	1
011	0
100	1
101	0
110	0
111	0

6.11 有两个逻辑门电路的输入、输出相应波形如图 6.39 所示，试写出：（1）Y_1 与 A·B；（2）Y_2 与 C·D 的逻辑函数式。

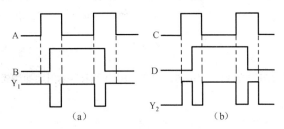

图 6.39

6.12 把逻辑函数 $Y = A\overline{B} + B\overline{C} + C\overline{A}$ 变换为与非-与非表达式。

6.13 应用逻辑代数式证明下列各式。

（1）$(A + B)(\overline{A} + B) = B$

（2）$\overline{AB + \overline{A}C} = A\overline{B} + \overline{A}\,\overline{C}$

（3）$A\overline{B} + B\overline{C} + AB\overline{C} + ABC\overline{D} = A\overline{B} + B\overline{C}$

6.14 用真值表证明下列各式。

（1）$\overline{A}\,\overline{B}\,\overline{C} = \overline{A + B + C}$

（2）$A + BC = (A + B)(A + C)$

6.15 写出下列逻辑函数的对偶式。

（1）$Y = \overline{\overline{A + \overline{B}} + C}$

（2）$Y = (\overline{A} + B)(B + C)(A + \overline{C})$

（3）$Y = \overline{A}B\overline{C} + \overline{A\overline{D}}$

6.16 写出下列逻辑函数的反函数。

（1）$Y = \overline{A}B + \overline{C}D$

（2）$Y = A(B + C) + CD$

（3）$Y = B\left[(A + \overline{C}D) + E\right]$

6.17 用公式法化简下列各式。

（1）$Y = AB + AB(E+F)$

（2）$Y = A\overline{B} + B + \overline{A}B$

（3）$Y = \overline{A}B\overline{C} + A + \overline{B} + C$

（4）$Y = \overline{A + B + C} + AB\overline{C}$

（5）$Y(A,B,C) = \sum m(0,1,2,3,4,6,7)$

（6）$Y(A,B,C) = \sum m(0,2,3,4,6) \cdot \sum m(4,5,6,7)$

6.18 用卡诺图化简下列逻辑函数。

（1）$F(A,B,C) = \sum m(0,1,2,4,5,7)$

（2）$F = \overline{A}\,\overline{B}\,\overline{D} + \overline{A}\,\overline{B}CD + \overline{A}\,BC\overline{D} + \overline{A}B\overline{C}D + A\overline{B}\,\overline{C}\,\overline{D}$

（3）$F(A,B,C,D) = \sum m(2,3,6,7,8,10,12,14)$

（4）$F = ABD + \overline{A}B\overline{D} + A\overline{C}\,\overline{D} + \overline{A}\,\overline{C}D + B\overline{C}$

6.19 试确定图 6.40 中所示各逻辑门的输出 Y。

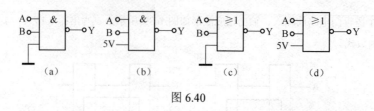

图 6.40

6.20 图 6.41 中各逻辑门均为 TTL 门电路，要实现图中所示各输出端的逻辑关系，试标明多余输入端应如何处理。

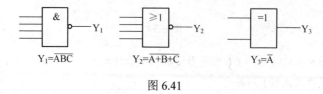

图 6.41

6.21 判断图 6.42 所示各逻辑电路是否正确，并写出其逻辑表达式。

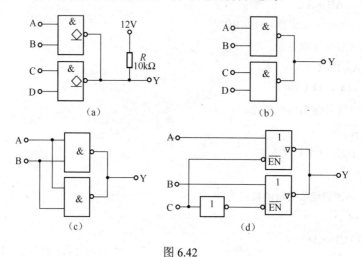

图 6.42

6.22 对于 TTL 数字集成电路来说，在使用中应注意：

（1）电源电压极性不得接反，其额定值为 5V。（　　）

（2）不使用的输入端接高电平。（　　）

（3）三态门的输出端可以并联，但三态门的控制端所加的信号电平只能使其中一个门处于工作状态，而其他所有与输出端相并联的三态门均处于高阻状态。（　　）

6.23 8 输入的 TTL 或非门，在逻辑电路中使用时，其中有 5 个输入端是多余的，对多余端将作如下处理：

（1）将多余端与使用端连接在一起。（　　）

（2）将多余端悬空。（　　）

（3）将多余端通过一个电阻接工作电源。（　　）

（4）将多余端接地。（　　）

第7章 组合逻辑电路

内容提要

本章在简单说明组合逻辑电路的特点后，重点讨论了组合逻辑电路的分析方法和设计方法，并从逻辑功能及应用的角度来讨论加法器、编码器、译码器、数值比较器和数据选择器等几种常用的组合逻辑电路及相应的中规模集成电路，最后简要介绍了组合逻辑电路中的竞争-冒险现象。

逻辑电路按逻辑功能不同分为两大类，一类称做组合逻辑电路（简称组合电路），其在任何时刻产生的稳定输出和该时刻的输入信号有关，而与该时刻以前的输入信号无关；另一类称做时序逻辑电路（简称时序电路），其在任何时刻产生的稳定输出不仅与该时刻电路的输入信号有关，而且与电路过去的输入信号有关。

组合逻辑电路在逻辑功能上具有如下共同特点：

（1）从功能上讲，某时刻电路的输出只决定于该时刻电路的输入信号，而与电路以前的状态无关，即无"记忆"功能。

（2）从器件上讲，电路由逻辑门构成，不含记忆元器件（后面讲述）。

（3）从结构上讲，输入信号是单向传输的，不存在输出端到输入端的反馈回路。

7.1 组合逻辑电路的分析

组合逻辑电路的分析，是指已知组合逻辑电路，找出输出函数与输入变量之间的逻辑关系，从而了解电路所实现的逻辑功能，并对给定逻辑电路的工作性能进行评价。其基本步骤如下：

已知逻辑图→写出逻辑表达式→化简逻辑式→列出真值表→分析逻辑功能。

例 7.1 分析图 7.1 中所示的组合逻辑电路，说明电路功能，并对电路性能做出评价。

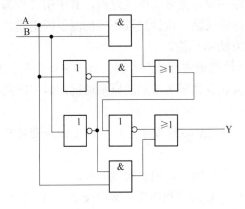

图 7.1 例 7.1 组合逻辑电路

解：第一步，从电路的输入到输出逐级写出逻辑函数式，最后得到表示输出与输入关系的逻辑函数表达式：

$$Y = \overline{\overline{AB} + \overline{\overline{A}\,\overline{B}} + A\overline{B}}$$

第二步，用公式法或卡诺图法将逻辑函数表达式化简，本例中函数关系较简单，采用公式法化简：

$$Y = (A \oplus B) + A\overline{B} = \overline{A}B + A\overline{B} + A\overline{B} = \overline{A}B + A\overline{B} = A \oplus B$$

第三步，根据化简后的逻辑表达式列出真值表，如表 7.1 所示。

由于异或逻辑为基本逻辑关系，故也可略去真值表。

第四步，说明电路功能，并对电路性能进行评价。

由化简后的函数表达式可知，该电路能够完成异或运算功能。由于本电路用 3 个非门、3 个与门、2 个或门来实现异或功能，显然，该电路可以用前面所述的一个异或来完成，因此该电路的设计是不经济的。

表 7.1 真值表

A	B	Y
0	0	0
0	1	1
1	0	1
1	1	0

从上面组合逻辑电路的分析我们可以知道，在对组合逻辑电路的分析过程中，由已知电路写出逻辑函数表达式和列写真值表的过程比较容易掌握，但由真值表说明电路的功能则需要一定的电路知识和经验，需要一定的知识积累。

7.2 组合逻辑电路的设计

所谓组合逻辑设计方法，就是从给定的逻辑功能要求出发，求出满足该逻辑功能电路的过程，其基本步骤如下：

（1）根据给出的逻辑功能要求，确定输入变量和输出变量之间的功能和逻辑关系。

（2）写出输入变量和输出变量之间的真值表。

（3）根据真值表化简输出函数的逻辑表达式。

（4）根据选择的器件，变换成相应的表达式。

（5）根据表达式画出逻辑图。

实际上，组合逻辑电路的设计是分析的逆过程，其中第二步为关键，影响到后续步骤的正确性。逻辑设计的方法比较灵活，设计过程不应拘泥于固定模式，通常取决于实际问题的难易程度及设计者的思维方法和经验。

例 7.2 某汽车驾驶员培训班进行结业考试，有 3 名评判员，其中 A 为主评判员，B 和 C 为副评判员。在评判时按照少数服从多数的原则通过，但主评判员认为合格也通过，试用与非门实现该逻辑电路。

解：第一步，根据给出的逻辑功能要求，可以确定输入变量和输出变量之间的功能和逻辑关系如表 7.2 所示。

第二步，根据功能表，写出输入、输出变量的真值表。设 A，B，C 为 1 时，分别表示合格；为 0 时，表示不合格。Y 为评判结果（输出变量），Y 为 1 时，表示通过（合格）；Y 为 0 时，表示不通过（不合格），则可以得到如表 7.3 所示的真值表。

表7.2 功能表				表7.3 真值表			

<table>
表7.2 功能表

A	B	C	评判结果
不合格	不合格	不合格	不合格
不合格	不合格	合格	不合格
不合格	合格	不合格	不合格
不合格	合格	合格	合格
合格	不合格	不合格	合格
合格	不合格	合格	合格
合格	合格	不合格	合格
合格	合格	合格	合格
</table>

表7.2 功能表

A	B	C	评判结果
不合格	不合格	不合格	不合格
不合格	不合格	合格	不合格
不合格	合格	不合格	不合格
不合格	合格	合格	合格
合格	不合格	不合格	合格
合格	不合格	合格	合格
合格	合格	不合格	合格
合格	合格	合格	合格

表7.3 真值表

A	B	C	Y
0	0	0	0
0	0	1	0
0	1	0	0
0	1	1	1
1	0	0	1
1	0	1	1
1	1	0	1
1	1	1	1

第三步，根据真值表化简输出函数的逻辑表达式。在这里，我们采用卡诺图来进行化简，得到如图 7.2 所示的卡诺图。这样可以得到化简的 Y 的输出表达式：

$$Y = A + BC$$

第四步，由于这里要求应用与非门来实现逻辑电路，故要转换成相应的表达式：

$$Y = \overline{\overline{A + BC}} = \overline{\overline{A} \cdot \overline{BC}}$$

第五步，根据表达式画出逻辑图。这样可以画出用与非门实现该功能的逻辑电路图，如图 7.3 所示。

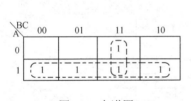

图 7.2 卡诺图

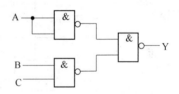

图 7.3 逻辑电路图

例 7.3 三种载客列车分别为特快、直快和普客，在同一时间里只能有一趟列车从车站开出，即只能给出一个开车信号，它们的顺序为先特快，然后直快，最后普快。试用与非门完成此逻辑电路的设计。

解：（1）按逻辑功能要求，设 A、B、C 分别表示特快、直快和普客，红（R）、绿（G）、黄（Y）三种色光灯分别指示 A、B、C 三类列车。灯亮为 1，表示允许所指示的列车从车站开出；灯不亮为 0，表示该列车不能开出。列出逻辑真值表如表 7.4 所示。

表7.4 真值表

A	B	C	R	G	Y
0	0	0	0	0	0
0	0	1	0	0	1
0	1	0	0	1	0
0	1	1	0	1	0
1	0	0	1	0	0

A	B	C	R	G	Y
1	0	1	1	0	0
1	1	0	1	0	0
1	1	1	1	0	0

（2）按逻辑真值表写出表征各灯状态的逻辑式，将结果为 1 的各输入按"与"关系组成一项，将各个为 1 的项按"或"关系组合起来即为所求逻辑式，并用公式法化简：

$$R = A\overline{B}\,\overline{C} + A\overline{B}C + AB\overline{C} + ABC = A\overline{C}(\overline{B} + B) + AC(\overline{B} + B) = A\overline{C} + AC = A$$

$$G = \overline{A}\overline{B}\,\overline{C} + \overline{A}\overline{B}C = \overline{A}\overline{B}(\overline{C} + C) = \overline{A}\overline{B}$$

$$Y = \overline{A}\,\overline{B}C$$

用与非门表示相应的逻辑式：

$$R = A \quad （不需要变换）$$

$$G = \overline{\overline{\overline{A}\overline{B}}}$$

$$Y = \overline{\overline{\overline{\overline{A}\,\overline{B}C}}}$$

（3）根据化简后的逻辑式画逻辑图，如图 7.4 所示。

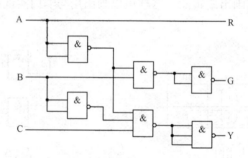

图 7.4　例 7.3 信号灯逻辑图

（4）按逻辑图，用一块四二输入与非门 74LS00 和一块三三输入与非门 74LS10 就可完成。

（5）验证逻辑功能符合要求。

7.3　常用的组合逻辑电路

下面将着重从逻辑功能及应用的角度来讨论几种常用的组合逻辑电路。

7.3.1　加法器

加法器是算术运算电路中的基本运算单元，分为半加器和全加器两种。

1. 半加器

两个 1 位二进制数相加，如果不考虑来自低位的进位，只是将两个 1 位二进制数进行求和的运算，称为半加，实现半加运算的电路叫做半加器。按照二进制加法运算规则可以列出半加器的真值表，如表 7.5 所示。

表 7.5　半加器的真值表

加数 A	被加数 B	和数 S	进位数 C
0	0	0	0
0	1	1	0
1	0	1	0
1	1	0	1

由真值表可知：

$$S = A\bar{B} + \bar{A}B$$

$$C = AB$$

半加器的逻辑电路图和逻辑符号如图 7.5 所示。

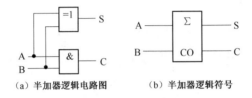

（a）半加器逻辑电路图　　　　（b）半加器逻辑符号

图 7.5　半加器的逻辑电路图和逻辑符号

2. 全加器

两个 1 位二进制数相加，若考虑来自低位的进位，称为全加，实现全加功能的电路称为全加器。

全加器可以实现加数、被加数和低位来的进位信号相加，即实现两个 1 位二进制数及低位进位 3 个数的求和运算，并根据求和结果给出该位的进位信号。根据全加器的功能，可列出它的真值表，如表 7.6 所示。其中 A_i 和 B_i 分别为加数和被加数，C_{i-1} 为相邻低位来的进位数，S_i 表示本位和数，C_i 表示向相邻高位的 进位数。如图 7.6 所示的是全加器的逻辑符号。

表 7.6　全加器的真值表

输　　入			输　　出	
A_i	B_i	C_{i-1}	S_i	C_i
0	0	0	0	0
0	0	1	1	0
0	1	0	1	0
0	1	1	0	1
1	0	0	1	0
1	0	1	0	1
1	1	0	0	1
1	1	1	1	1

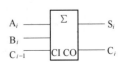

图 7.6　全加器逻辑符号

3．集成加法器

把多个 1 位全加器适当加以连接，就可构成多位全加器，实现多位二进制数的求和运算，将其集成在一块芯片上，就制成集成加法器。如 74LS183 就是双 2 位全加器，每个全加器都具有独立的本位和进位输出。另外还有 74LS82 双 2 位二进制全加器，74LS283 及 CC4008 4 位超前进位全加器。

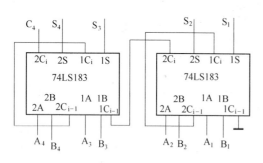

图 7.7　集成加法器 74LS183 的应用

例 7.4　试用 74LS183 构成 4 位二进制加法器。

解：采用两块 74LS183 全加器，接线如图 7.7 所示。将最低位加法器的 CI 接地，其余各位加法器的 CI 都与各自低位 CO 相连。

7.3.2　编码器

数字系统只能处理二进制信息，将十进制数或字符等转换成二进制代码，这个过程称为编码，完成编码这一功能的逻辑电路称为编码器。编码器分普通编码器和优先编码器两类。

1．普通编码器

在普通编码器中，任何时刻只允许输入一个编码信号，编码器只对唯一的一个有效信号进行编码，即其输入是一组有约束（互相排斥）的变量。因此，N 位编码器可以表示 2^N 个信息。如 4 位编码器可以表示 2^4 即 16 个信息。

普通编码器分为二进制编码器和二-十进制编码器。将若干个特定含义的输入信号编为二进制代码的过程，称为二进制编码器，常见的编码器有 8 线-3 线（有 8 个信号输入端，3 个二进制码输出端），16 线-4 线等。用二进制代码来表示十进制数，称为二-十进制编码器，最常用的是 8421BCD 码，4 位 BCD 编码器原理图如图 7.8 所示，有 10 个输入对象 $Y_0 \sim Y_9$，输出是 4 位二进制数码 DCBA。表 7.7 是其对应的真值表，输入信号只有 10 种组合。

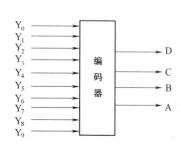

图 7.8　4 位 BCD 编码器框图

表 7.7　BCD 编码器真值表

输入	输出 8421BCD			
Y	D	C	B	A
Y_0	0	0	0	0
Y_1	0	0	0	1
Y_2	0	0	1	0
Y_3	0	0	1	1
Y_4	0	1	0	0
Y_5	0	1	0	1
Y_6	0	1	1	0
Y_7	0	1	1	1
Y_8	1	0	0	0
Y_9	1	0	0	1

我们通过一个实例来说明编码器的设计。

例 7.5　假定开关 $S_0 \sim S_9$ 的通断状态分别表示十进制数 0～9 的选中情况，且每次只能选一个数字。按键接通，该数字选中。试根据题意设计一个组合逻辑电路，用 8421BCD 码的输出表示开关状态。

解：根据题意，每次只有一个输入有效，可列出输入与输出关系对应的编码表。如表 7.7 所示，由编码表可得出输出函数的逻辑表达式：

$$D = Y_8 + Y_9$$

$$C = Y_4 + Y_5 + Y_6 + Y_7$$

$$B = Y_2 + Y_3 + Y_6 + Y_7$$

$$A = Y_1 + Y_3 + Y_5 + Y_7 + Y_9$$

由逻辑表达式可作出构成的逻辑电路图，如图 7.9 所示。图中 $S_0 \sim S_9$ 分别代表 0～9 十个数字，如 S_0 按下，则表示对 0 进行编码。

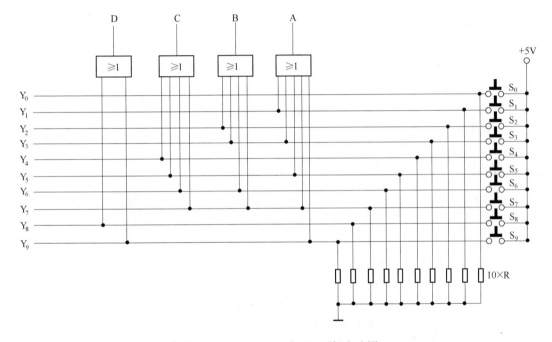

图 7.9　8421BCD 码编码器逻辑电路图

2. 优先编码器

普通编码器电路虽然比较简单，但同时按下 2 个或更多键时，其输出将是混乱的。而在控制系统中被控对象常常不止一个，因此必须对多对象输入的控制量进行处理。目前广泛使用的是优先编码器，它允许若干输入信号同时有效，编码器按照输入信号的优先级别进行编码。

（1）二进制 8 线-3 线优先编码器。常见的集成二进制 8 线-3 线优先编码器 74LS148，可以将 8 条输入数据线编码为二进制的 3 条输出数据线，它对输入端采用优先编码，以保证只对最高位的数据线进行编码。

图 7.10 是 74LS148 引脚排列图，图中 0～7 为输入信号端，EI 是使能输入端，A_0、A_1、A_2 是三个输出端，GS 和 EO 是用于扩展功能的输出端。表 7.8 是 74LS148 的功能表。

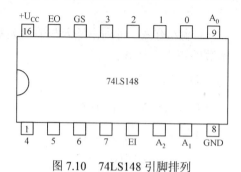

图 7.10　74LS148 引脚排列

表 7.8　74LS148 功能表

输　入　端									输　出　端				
EI	0	1	2	3	4	5	6	7	A_2	A_1	A_0	GS	EO
1	×	×	×	×	×	×	×	×	1	1	1	1	1
0	1	1	1	1	1	1	1	1	1	1	1	1	0
0	×	×	×	×	×	×	×	0	0	0	0	0	1
0	×	×	×	×	×	×	0	1	0	0	1	0	1
0	×	×	×	×	×	0	1	1	0	1	0	0	1
0	×	×	×	×	0	1	1	1	0	1	1	0	1
0	×	×	×	0	1	1	1	1	1	0	0	0	1
0	×	×	0	1	1	1	1	1	1	0	1	0	1
0	×	0	1	1	1	1	1	1	1	1	0	0	1
0	0	1	1	1	1	1	1	1	1	1	1	0	1

在表 7.8 中，输入和输出均为低电平有效。优先级别以输入 7 为最高，0 为最低。EI 为使能输入端，只有 EI=0 时，允许编码；EI=1 时，禁止编码，此时 $A_2A_1A_0$=111，且 GS=1，EO=1。EO 为使能输出端，主要用于级联，一般接到下一片的 EI 端。当 EI=0 允许工作时，如果 0～7 端有信号输入，EO=1；若 0～7 端无信号输入时，EO=0。GS 为扩展输出端，当 EI=0 时，只要有编码信号，GS 就是低电平。

利用 EI、EO 和 GS 这三个特殊功能端可将编码器进行扩展。

例 7.6　试用两片 74LS148 扩展成 16 线-4 线优先编码器。

解： 图 7.11 为用两片 74LS148 扩展成的 16 线-4 线优先编码器。由于每片芯片有 8 个输入端，两片正好 16 个输入端，因此输入端无须扩展。而每片输出代码为 3 位，故需要扩展 1 位输出端。工作情况说明如下：

将 1# 芯片的输入信号作为低 8 位输入，2# 芯片的输入信号作为高 8 位输入，且规定 $\bar{I}_{15}$ 的优先权最高，$\bar{I}_0$ 的优先权最低。

为了保证电路能正常工作，必须使 2# 芯片的使能输入端 EI=0。

当 $\bar{I}_8$～$\bar{I}_{15}$ 中只要有一个输入为低电平时，2# 芯片工作且有编码输出，其 EO=1，GS=0，即相当于 1# 芯片的 EI=1，因而 1# 芯片不工作，此时 D_3=1。所以当输入 $\bar{I}_8$～$\bar{I}_{15}$ 时，输出 $D_3D_2D_1D_0$ 为 1000～1111。若 $\bar{I}_8$～$\bar{I}_{15}$ 均为高电平，2# 芯片不工作，其 EO=0，GS=1，相当于 1# 芯片的 EI=0，因而 1# 芯片工作，此时 D_3=0。所以当输入 $\bar{I}_0$～$\bar{I}_7$ 时，输出 $D_3D_2D_1D_0$ 为 0000～0111。

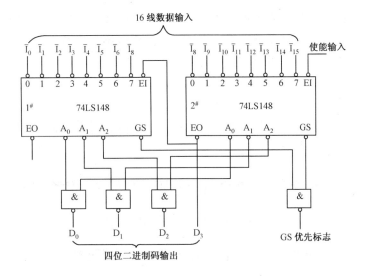

图 7.11 两片 74LS148 扩展成 16 线-4 线优先编码器

（2）二–十进制 10 线-4 线 8421 编码器。8421 编码器有 10 个输入端，4 个输出端，能把十进制数转换为 8421BCD 码。这种电路可视为计算键盘上输入数字的方式，如输入键符 5，编码器输出为 0101，然后通过译码器显示 5。

74LS147 是一种集成二–十进制 10 线-4 线优先编码器，其引脚排列如图 7.12 所示，表 7.9 是它的功能表。

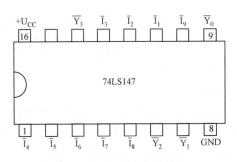

图 7.12　74LS147 引脚排列

表 7.9　74LS147 功能表

输　入　端									输　出　端			
$\bar{I}_1$	$\bar{I}_2$	$\bar{I}_3$	$\bar{I}_4$	$\bar{I}_5$	$\bar{I}_6$	$\bar{I}_7$	$\bar{I}_8$	$\bar{I}_9$	$\bar{Y}_3$	$\bar{Y}_2$	$\bar{Y}_1$	$\bar{Y}_0$
1	1	1	1	1	1	1	1	1	1	1	1	1
×	×	×	×	×	×	×	×	0	0	1	1	0
×	×	×	×	×	×	×	0	1	0	1	1	1
×	×	×	×	×	×	0	1	1	1	0	0	0
×	×	×	×	×	0	1	1	1	1	0	0	1
×	×	×	×	0	1	1	1	1	1	0	1	0
×	×	×	0	1	1	1	1	1	1	0	1	1
×	×	0	1	1	1	1	1	1	1	1	0	0
×	0	1	1	1	1	1	1	1	1	1	0	1
0	1	1	1	1	1	1	1	1	1	1	1	0

由表 7.9 可以看出，输入低电平有效，输出的是 8421BCD 码的反码。输入端采用优先编码，$\overline{I}_9$ 的级别最高，$\overline{I}_1$ 的级别最低，$\overline{I}_0$ 在功能表中并没有出现，当 $\overline{I}_9 \sim \overline{I}_1$ 均无效（既均为高电平）时输出为 1111，就是 $\overline{I}_0$ 的编码。

7.3.3　译码器

译码是编码的逆过程，如图 7.13 所示，也就是把二进制代码所表示的信息翻译过来的过程。实现译码功能的电路称为译码器。

图 7.13　译码是编码的逆过程

按逻辑功能特点，译码器可以分为通用译码器和显示译码器两大类：

1. 通用译码器

通用译码器是直接将代码转换成电路状态的译码器。常用的有二进制译码器和二-十进制译码器。

（1）二进制译码器。将输入二进制代码译成对应输出信号的电路，称为二进制译码器。若输入端有 N 位，代码组合就有 2^N 个，当然可译出 2^N 个输出信号，但每次只有一个输出信号是有效的，故常称为 N 线 -2^N 线译码器。常见的二进制译码器有 2 线-4 线译码器、3 线-8 线译码器、4 线-16 线译码器等。

图 7.14 为集成 3 线-8 线译码器 74LS138 的符号图，图 7.15 为 74LS138 管脚图，图中，A_2、A_1、A_0 为二进制译码输入端，$\overline{Y}_0 \sim \overline{Y}_7$ 为译码输出端（低电平有效），G_1、$\overline{G}_{2A}$、$\overline{G}_{2B}$ 为控制端（也叫使能端、片选端），控制选通，即控制该电路是否可以译码，也便于用户进行功能扩展。其真值表见表 7.10，当 $G_1=0$ 或者 $\overline{G}_2=1$ 时，也即 $G_1 \cdot \overline{\overline{G}_{2A} + \overline{G}_{2B}} = 0$ 时，不管输入 A_2、A_1、A_0 为何值，译码器均处于禁止工作状态，输出 $\overline{Y}_0 \sim \overline{Y}_7$ 全为高电平 1；当 $G_1=1$，同时 $\overline{G}_2=0$ 时，也即 $G_1 \cdot \overline{\overline{G}_{2A} + \overline{G}_{2B}} = 1$ 时，译码器处于工作状态，输出信号由 A_2，A_1，A_0 决定。

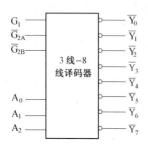

图 7.14　74LS138 符号

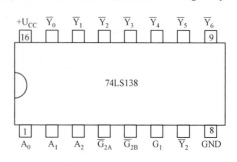

图 7.15　74LS138 管脚图

表 7.10 3 线–8 线译码器真值表

输　入						输　出							
使能		选择											
G_1	$\overline{G_2}$	A_2	A_1	A_0		$\overline{Y}_7$	$\overline{Y}_6$	$\overline{Y}_5$	$\overline{Y}_4$	$\overline{Y}_3$	$\overline{Y}_2$	$\overline{Y}_1$	$\overline{Y}_0$
×	1	×	×	×		1	1	1	1	1	1	1	1
0	×	×	×	×		1	1	1	1	1	1	1	1
1	0	0	0	0		1	1	1	1	1	1	1	0
1	0	0	0	1		1	1	1	1	1	1	0	1
1	0	0	1	0		1	1	1	1	1	0	1	1
1	0	0	1	1		1	1	1	1	0	1	1	1
1	0	1	0	0		1	1	1	0	1	1	1	1
1	0	1	0	1		1	1	0	1	1	1	1	1
1	0	1	1	0		1	0	1	1	1	1	1	1
1	0	1	1	1		0	1	1	1	1	1	1	1

由真值表可以得到输出的逻辑函数式:

$$\overline{Y}_0 = \overline{\overline{A_2}\,\overline{A_1}\,\overline{A_0}}$$

$$\overline{Y}_1 = \overline{\overline{A_2}\,\overline{A_1}A_0}$$

$$\overline{Y}_2 = \overline{\overline{A_2}A_1\overline{A_0}}$$

$$\overline{Y}_3 = \overline{\overline{A_2}A_1A_0}$$

$$\overline{Y}_4 = \overline{A_2\overline{A_1}\,\overline{A_0}}$$

$$\overline{Y}_5 = \overline{A_2\overline{A_1}A_0}$$

$$\overline{Y}_6 = \overline{A_2A_1\overline{A_0}}$$

$$\overline{Y}_7 = \overline{A_2A_1A_0}$$

集成二进制译码器的应用很多,典型应用有:实现逻辑函数、译码功能的扩展、用作数据分配器等,下面通过例题来说明。

例7.7 利用 74LS138 实现逻辑函数: $Y = AB + BC + CA$。

解: 先将函数式转换成标准与或式:

$$Y = AB(C + \overline{C}) + BC(A + \overline{A}) + CA(B + \overline{B}) = AB\overline{C} + \overline{A}BC + A\overline{B}C + ABC$$

设

$$A=A_2, \quad B=A_1, \quad C=A_0$$

则

$$Y = A_2A_1\overline{A_0} + \overline{A_2}A_1A_0 + A_2\overline{A_1}A_0 + A_2A_1A_0$$

$$= \overline{\overline{A_2A_1\overline{A_0} + \overline{A_2}A_1A_0 + A_2\overline{A_1}A_0 + A_2A_1A_0}}$$

$$= \overline{\overline{A_2A_1\overline{A_0}}\cdot\overline{\overline{A_2}A_1A_0}\cdot\overline{A_2\overline{A_1}A_0}\cdot\overline{A_2A_1A_0}}$$

$$= \overline{\overline{Y}_6\overline{Y}_3\overline{Y}_5\overline{Y}_7}$$

当 74LS138 的控制端 $G_1 \cdot \overline{G_{2A}} + \overline{G_{2B}} = 1$ 时,译码器工作。若将 A_2,A_1,A_0 作为三个输入

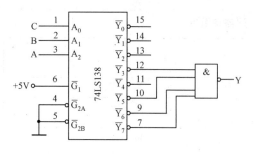

图 7.16 用 74LS138 实现组合逻辑

变量，输出恰好是 8 个最小项的反 $\overline{Y}_0 \sim \overline{Y}_7$，利用附加的门电路就可以实现任何三变量的函数。实现上述逻辑函数的组合逻辑电路如图 7.16 所示。

例 7.8 利用两片 74LS138 实现 4 线-16 线译码器。

解： 把两片 74LS138 适当连接可以实现 4 线-16 线译码器，如图 7.17 所示。

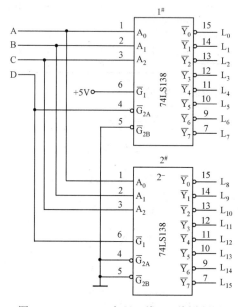

图 7.17 74LS138 实现 4 线-16 线译码器

D、C、B、A 为输入，其中 C、B、A 作低三位直接接到 $1^\#$ 或 $2^\#$ 片的 $A_2A_1A_0$ 端，而 D 为最高位，用来作片选信号，$L_0 \sim L_{15}$ 为输出。

当 D=0 时，$2^\#$ 片的 $G_1 \cdot \overline{\overline{G}_{2A} + \overline{G}_{2B}} = 0$ 禁止工作，$1^\#$ 片工作；当 D=1 时，$1^\#$ 片的 $G_1 \cdot \overline{\overline{G}_{2A} + \overline{G}_{2B}} = 0$ 禁止工作，$2^\#$ 片工作。例如，当 DCBA=0101 时，输出只有 L_5（$1^\#$ 片的 $\overline{Y}_5$）为低电平；当 DCBA=1101 时，输出只有 L_{13}（$2^\#$ 片的 $\overline{Y}_5$）为低电平。

例 7.9 利用 74LS138 构成一位数据分配器。

解： 图 7.18 所示是由 74LS138 构成的一位数据分配器。图中 $G_1 = 1$、$\overline{G}_{2B} = 0$，将 $\overline{G}_{2A}$ 作为数据输入端 D，而将 $A_2A_1A_0$ 作为数据分配器的地址。

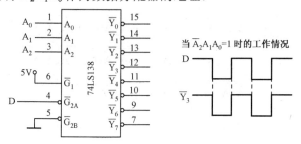

图 7.18 数据分配器

当 $A_2A_1A_0$=011 时，若 D=1，即 $\overline{G}_{2A}=1$，译码器不工作，$\overline{Y}_0 \sim \overline{Y}_7$ 均为 1；若 D=0，即 $\overline{G}_{2A}=0$，译码器使能（即译码），只有 $\overline{Y}_3=0$，其余输出均为 1。因此，数据 D 被分配到了输出端 $\overline{Y}_3$。由此看来，从 $\overline{G}_{2A}$ 送来的数据只能分配到 $A_2A_1A_0$ 所指定的输出端。

2．二-十进制译码器

把 4 位二进制代码翻译成对应的 1 位十进制数字的电路，称为二-十进制译码器。它有 4 个输入端，输入为 8421BCD 码，10 个输出端，所以又称为 4 线-10 线译码器。

图 7.19 为集成 8421BCD 码译码器 74LS42 的符号图，输出低电平有效。图 7.20 为 74LS42 管脚图，功能表如表 7.11 所示。

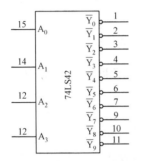
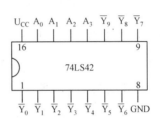

图 7.19　74LS42 符号图　　　　图 7.20　74LS42 管脚图

表 7.11　74LS42 的功能表

序号	输入				输出									
	D	C	B	A	$\overline{Y}_0$	$\overline{Y}_1$	$\overline{Y}_2$	$\overline{Y}_3$	$\overline{Y}_4$	$\overline{Y}_5$	$\overline{Y}_6$	$\overline{Y}_7$	$\overline{Y}_8$	$\overline{Y}_9$
0	0	0	0	0	0	1	1	1	1	1	1	1	1	1
1	0	0	0	1	1	0	1	1	1	1	1	1	1	1
2	0	0	1	0	1	1	0	1	1	1	1	1	1	1
3	0	0	1	1	1	1	1	0	1	1	1	1	1	1
4	0	1	0	0	1	1	1	1	0	1	1	1	1	1
5	0	1	0	1	1	1	1	1	1	0	1	1	1	1
6	0	1	1	0	1	1	1	1	1	1	0	1	1	1
7	0	1	1	1	1	1	1	1	1	1	1	0	1	1
8	1	0	0	0	1	1	1	1	1	1	1	1	0	1
9	1	0	0	1	1	1	1	1	1	1	1	1	1	0
伪码	1	0	1	0	1	1	1	1	1	1	1	1	1	1
	1	0	1	1	1	1	1	1	1	1	1	1	1	1
	1	1	0	0	1	1	1	1	1	1	1	1	1	1
	1	1	0	1	1	1	1	1	1	1	1	1	1	1
	1	1	1	0	1	1	1	1	1	1	1	1	1	1
	1	1	1	1	1	1	1	1	1	1	1	1	1	1

CC4028 是 CMOS 集成 4 线-10 线译码器，其功能及外引线分布如图 7.21（a）所示，

图 7.21（b）是它的输入、输出方法。

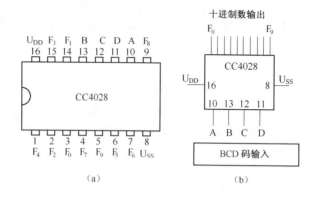

图 7.21　CC4028 及其输入、输出连接

通用译码器除用于译码外，还可以用于数据选择、数据分配、数字比较、脉冲发生和控制等许多方面。

2．数字显示器件及显示译码器

在数字系统中，往往要求把测量和运算的结果直接用十进制数字显示出来，以便于观察，这就需要有译码器翻译出特定的信号去驱动数字显示器件，这种类型的译码器称为显示译码器。

（1）数字显示器件。用于数字仪器中的显示器就其工作原理、性能及规格等方面区分，品种较多，但主要有半导体发光显示器（LED）、液晶显示器（LCD）和等离子体显示板。

① LED 显示器。LED 显示器分为两种。一种是发光二极管（又称 LED）；另一种是发光数码管（又称 LED 数码管）。长度小于 0.5in（1in=2.54cm）的数码管，内部有 8 个发光二极管，将发光二极管组成七段数字图形和一个小数点封装在一起，就做成发光数码管，又称七段 LED 显示器，图 7.22 所示的是发光数码管的结构。这些发光二极管一般采用两种连接方式，即共阴极接法和共阳极接法。

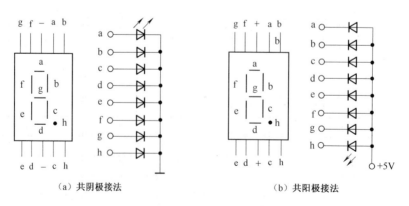

图 7.22　发光数码管的结构

在使用中，共阳极接法的数码管阳极接高电平，则其内部阴极接低电平的那些发光二极管发光。反之，共阴极接法的数码管阴极接低电平，则其内部阳极接高电平的那些发光二极

管发光。

半导体 LED 显示器件的特点是清晰悦目，工作电压低（1.5～3V），体积小，寿命长（一般大于 1000h），响应速度快（1～100ns），颜色丰富多彩（有红、黄、绿等颜色），工作可靠。LED 数码管是目前最常用的数字显示器件，常用的有 BS204（共阳极）和 BS202（共阴极）等。

② LCD 显示器。LCD 显示器中的液态晶体材料是一种有机化合物，在常温下既有液体特性，又有晶体特性。利用液晶在电场作用下产生光的散射或偏光作用原理，便可实现数字显示。

液晶显示器的最大优点是供电电压低和微功耗，通常电压为 1.5～5V，功耗仅微安量级，是各类显示器中功耗最低者，可直接用 CMOS 集成电路驱动。同时 LCD 制造工艺简单，体积小而薄，特别适用于小型数字仪表中。液晶显示器近几年发展迅速，开始出现高清晰度、大屏幕显示的液晶器件。可以说，液晶显示器将是具有广泛前途的显示器件。

③ 等离子体显示板。等离子体显示板是一种较大的平面显示器件，采用外加电压使气体放电发光，并借助放电点的组合形成数字图形。等离子体显示板结构类似液晶显示器，但两平行板间的物质是惰性气体。这种显示器件工作可靠，发光亮度大，常用于大型活动场所。我国在等离子体显示板应用方面已经取得了巨大成功。

（2）显示译码器。专门用来驱动数码管工作的译码器称为显示译码器。它与二进制译码器的区别是：对于一个特定的代码输入，七个输出端中可能同时有多个输出端有信号输出。

① BCD 码七段显示译码器。目前用得较多的是 BCD 码七段显示译码器，它是将 8421BCD 码翻译成七段码，以便驱动七段显示器，显示出相应的十进制的 10 个数码。其输入为 8421BCD 码 A，B，C，D，输出为驱动七段发光二极管显示字形的信号 a，b，c，d，e，f，g，如图 7.23 所示。

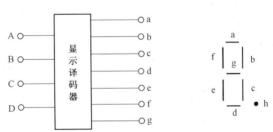

图 7.23　显示译码器及七段数码管关系示意图

显然，若采用共阴极数码管，则输出的 a，b，c，d，e，f，g 应该为"1"，若采用共阳极数码管，则输出的 a，b，c，d，e，f，g 应该为"0"，这样就能驱动显示段发光。

② 集成 BCD 码七段显示译码器。由于显示器件的种类比较多，应用又十分广泛，因而厂家生产用于显示驱动的译码器也有各种不同的规格和品种。例如，对于常见的用来驱动七段字形显示器的 BCD 码七段显示译码器就有 74LS47（共阳极，无上拉电阻）、74LS48（共阴极，有上拉电阻）、CC4511（共阴极，有上拉电阻）、74LS49（共阴极，无上拉电阻）等多种型号。

图 7.24 为集成 BCD4 线-7 段字型显示译码器 74LS48 的符号图，图 7.25 为 74LS48 管脚图，功能表如表 7.12 所示。

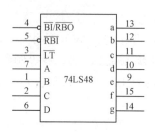

图 7.24　74LS48 符号图

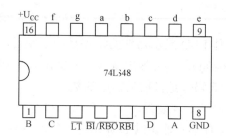

图 7.25　74LS48 管脚图

表 7.12　74LS48 的功能表

十进制数	显示或功能	输入							输出						
		$\overline{LT}$	$\overline{RBI}$	D	C	B	A	$\overline{BI}/\overline{RBO}$	a	b	c	d	e	f	g
0		1	1	0	0	0	0	1/	1	1	1	1	1	1	0
1		1	×	0	0	0	1	1/	0	1	1	0	0	0	0
2		1	×	0	0	1	0	1/	1	1	0	1	1	0	1
3		1	×	0	0	1	1	1/	1	1	1	1	0	0	1
4		1	×	0	1	0	0	1/	0	1	1	0	0	1	1
5		1	×	0	1	0	1	1/	1	0	1	1	0	1	1
6		1	×	0	1	1	0	1/	0	0	1	1	1	1	1
7		1	×	0	1	1	1	1/	1	1	1	0	0	0	0
8		1	×	1	0	0	0	1/	1	1	1	1	1	1	1
9		1	×	1	0	0	1	1/	1	1	1	0	0	1	1
10		1	×	1	0	1	0	1/	0	0	0	1	1	0	1
11		1	×	1	0	1	1	1/	0	0	1	1	0	0	1
12		1	×	1	1	0	0	1/	0	1	0	0	0	0	1
13		1	×	1	1	0	1	1/	1	0	0	1	0	11	1
14		1	×	1	1	1	0	1/	0	0	0	1	1	1	1
15		1	×	1	1	1	1	1/	0	0	0	0	0	0	0
	灭灯 $\overline{BI}$	×	×	×	×	×	×	0/	0	0	0	0	0	0	0
	动态灭 0 $\overline{RBI}$	1	0	0	0	0	0	/0	0	0	0	0	0	0	0
	试灯,显示 8 $\overline{LT}$	0	×	×	×	×	×	1/	1	1	1	1	1	1	1

74LS48 高电平有效，适合与共阴极数码管配合使用。其功能说明如下：

从真值表可以看出，当输入 DCBA 为 0000～1001 时，显示 0～9 数字信号；而当输入为 1010～1110 时，显示稳定的非数字信号；当输入为 1111 时，7 个显示段全熄灭。

$\overline{LT}$ 为试灯输入端。当 $\overline{LT}$ =0，$\overline{BI}/\overline{RBO}$ =1/ 时，不管其他输入状态如何，a～g 七段全亮，用于检查各段发光二极管的好坏。

$\overline{RBI}$ 为动态灭 "0"（消隐）输入端。当 $\overline{LT}$ =1，$\overline{BI}/\overline{RBO}$ =/0 时，如果 DCBA=0000 时，若 $\overline{RBI}$ =0，a～g 七段全灭，不显示 "0"；而 $\overline{RBI}$ =1 时，则显示 "0"。它是为降低功耗而设置的，$\overline{RBI}$ 与 $\overline{RBO}$ 配合，可用于熄灭多位数字前后所不需要显示的零。

$\overline{BI}/\overline{RBO}$ 为熄灯输入端/动态灭 "0" 输出端，低电平有效。这个端子比较特殊，$\overline{BI}$ 和 $\overline{RBO}$

是线与逻辑，既可作输入，也可作输出，它们共用一根外引线，以减少端子数目。功能表中"/"上边的字母$\overline{BI}$表示输入，"/"下边的字母$\overline{RBO}$表示输出。当$\overline{BI}=0$时，a～g七段全灭；$\overline{RBO}$作动态灭"0"指示，即当本位灭"0"时，$\overline{RBO}=0$输出，控制下一位的$\overline{RBI}$，作为"0"输入。

控制信号的优先级别是：$\overline{BI}$、$\overline{LT}$、$\overline{RBI}$。

图7.26所示是$\overline{RBI}$、$\overline{RBO}$的连接方法，目的是灭掉不必要的0。例如，正常译码的十进制数分别是：305、**0**08、0**6**0、**2**00，其中黑体的0就没有必要显示，用图7.26可分别显示为：305、8、60、200。

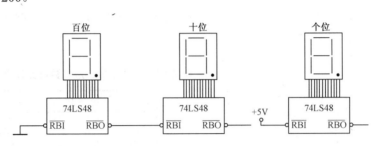

图7.26　$\overline{RBI}$、$\overline{RBO}$的连接方法

74LS47与74LS48的功能相同，只是字段输出低电平有效，可直接驱动共阳极的0.5in半导体数码管。

CC4511驱动共阴极LED数码管BS202。如图7.27所示为CC4511的引脚排列。A，B，C，D为BCD码输入端，a，b，c，d，e，f，g为译码输出端，输出"1"有效，用来驱动共阴极LED数码管；$\overline{LT}$为测试输入端，$\overline{LT}$="0"时，译码输出全为"1"；$\overline{BI}$为消隐输入端，$\overline{BI}$="0"时，译码输出全为"0"；LE为锁定端，LE="1"时译码器处于锁定（保持）状态，译码输出保持在LE=0时的数值，LE=0为正常译码。

由于CC4511内接有上拉电阻，故只需要在输出端与数码段之间串入限流电阻即可，对于没有上拉电阻的显示译码器，则需要在译码器的输出端和电源之间接入一个适当的电阻，由于输出为高电平有效，所以应使用共阴数码管，这里采用BS202。CC4511具有拒伪码功能，当输入码超过1001时，输出全为0，数码管熄灭。

CC4511与BS202的连接如图7.28所示。

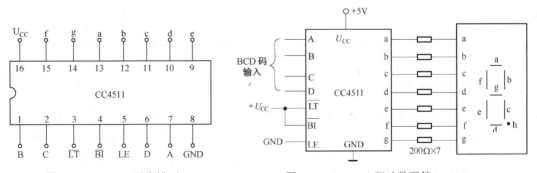

图7.27　CC4511引脚排列　　　　图7.28　CC4511驱动数码管BS202

7.3.4　数值比较器

实现对两个n位二进制数进行比较并判断其大小关系的逻辑电路称为数值比较器。

两个 n 位二进制数 A（$A_{n-1}A_{n-2}\cdots A_1A_0$）和 B（$B_{n-1}B_{n-2}\cdots B_1B_0$）比较的结果，可能有 A>B，A=B，A<B 3 种情况。两数相比，高位的比较结果起决定作用，即高位不等便可以确定两数不等，高位相等再进行低 1 位的比较，所有位均相等才表示两数相等。所以，n 位二进制数的比较过程是从高位到低位逐位进行比较的，也就是说，n 位二进制数值比较器是由 n 个 1 位二进制数值比较器组成的。

1．一位数值比较器

两个 1 位二进制数 A 和 B 相比较，有 3 种可能，如图 7.29 所示。根据其功能可列出真值表如表 7.13 和逻辑表达式。

图 7.29　两个 1 位二进制数值比较器

表 7.13　两个 1 位二进制数值比较器真值表

A	B	M	G	L
0	0	0	1	0
0	1	0	0	1
1	0	1	0	0
1	1	0	1	0

两个 1 位二进制数值比较器的逻辑表达式为：

$$M = A\overline{B}$$

$$G = \overline{A}\,\overline{B} + AB = \overline{A \oplus B} = \overline{A\overline{B} + \overline{A}B}$$

$$L = \overline{A}B$$

根据上式可作出逻辑电路图，如图 7.30 所示。

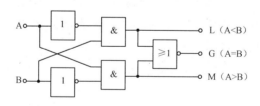

图 7.30　两个 1 位二进制数值比较器的逻辑电路

2．4 位数值比较器

n 位二进制数值比较器由 n 个 1 位数值比较器组成，4 位二进制数值比较器由 4 个 1 位数值比较器组成。例如，$A_3A_2A_1A_0$，$B_3B_2B_1B_0$ 是两个 4 位二进制数 A 和 B，进行比较时应首先比较 A_3 和 B_3。如果 $A_3>B_3$，那么不管其他几位数码为何值，肯定是 A>B。若 $A_3<B_3$，则不管其他几位数码为何值，肯定是 A<B。如果 $A_3=B_3$，就必须通过比较低 1 位 A_2 和 B_2 来判断 A 和 B 的大小，如果 $A_2=B_2$，还必须通过比较更低 1 位 A_1 和 B_1 来判断，依次类推，直至比较出 A 和 B 的大小。

4 位数值比较器常见的型号有 74LS85、54LS85、CC14585 等。74LS85 引脚如图 7.31

所示，74LS85 的符号如图 7.32 所示，其真值表见表 7.14。

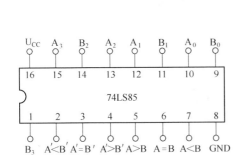

图 7.31　4 位数值比较器 74LS85 引脚图

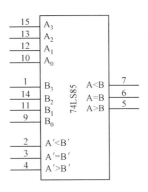

图 7.32　74LS85 符号图

表 7.14　4 位二进制数值比较器真值表

比较输入				级联输入			输出		
A_3　B_3	A_2　B_2	A_1　B_1	A_0　B_0	$A'>B'$	$A'<B'$	$A=B$	$A>B$	$A<B$	$A=B$
$A_3>B_3$	×	×	×	×	×	×	1	0	0
$A_3<B_3$	×	×	×	×	×	×	0	1	0
$A_3=B_3$	$A_2>B_2$	×	×	×	×	×	1	0	0
$A_3=B_3$	$A_2<B_2$	×	×	×	×	×	0	1	0
$A_3=B_3$	$A_2=B_2$	$A_1>B_1$	×	×	×	×	1	0	0
$A_3=B_3$	$A_2=B_2$	$A_1<B_1$	×	×	×	×	0	1	0
$A_3=B_3$	$A_2=B_2$	$A_1=B_1$	$A_0>B_0$	×	×	×	1	0	0
$A_3=B_3$	$A_2=B_2$	$A_1=B_1$	$A_0<B_0$	×	×	×	0	1	0
$A_3=B_3$	$A_2=B_2$	$A_1=B_1$	$A_0=B_0$	1	0	0	1	0	0
$A_3=B_3$	$A_2=B_2$	$A_1=B_1$	$A_0=B_0$	0	1	0	0	1	0
$A_3=B_3$	$A_2=B_2$	$A_1=B_1$	$A_0=B_0$	0	0	1	0	0	1

在 74LS85 的引脚及真值表中，除了两个 4 位二进制数输入端外，还有 3 个用于扩展的串联（也称级联）输入端（$A'>B'$　$A'<B'$　$A'=B'$），其逻辑功能相当于在 4 位二进制数比较器的最低位 A_0，B_0 后添加了 1 位更低的比较数位。表中"×"表示无论是大于还是小于都不影响结果。

例 7.10　试用两片 74LS85 构成 8 位数值比较器。

解：图 7.33 为用两片 74LS85 构成的 8 位数值比较器。比较两个 8 位二进制数 A 和 B。

A=$a_7a_6a_5a_4a_3a_2a_1a_0$，a_7 为最高位，a_0 为最低位

B=$b_7b_6b_5b_4b_3b_2b_1b_0$，b_7 为最高位，b_0 为最低位

$1^\#$片比较低 4 位数值，$2^\#$片比较高 4 位数值，低 4 位数值比较结果（三个输出）送到高 4 位数值相应的级联输入端，而低 4 位数值比较器的级联输入端的接法是：$A'>B'$ 和 $A'<B'$ 接地，$A'=B'$ 接高电平（5V），因为低 4 位数值的比较结果就取决这 4 位数值本身。

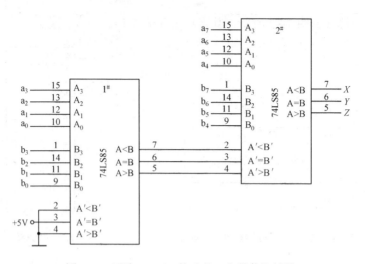

图 7.33　两片 74LS85 构成的 8 位数值比较器

7.3.5　数据选择器

在多路输入数据的传送过程中，能够根据需要将其中任意一路选择传送到输出端的电路，称为数据选择器。数据选择器又称为多路选择器或多路开关。

1. 四选一数据选择器

数据选择器的基本逻辑功能是在一些选择信号的控制下，从多路输入数据中选择一路作为输出，其原理可用一个单刀多掷开关来描述，可用图 7.34（a）来表示，其中 $S_1 S_0$ 为控制信号，$D_0 \sim D_3$ 为 4 个数据输入，Y 为输出。该图为四路输入数据选择一路输出的数据选择器，可用图 7.34（b）框图表示，其作用是将输入并行数据变为串行数据输出。

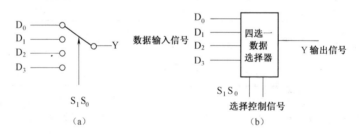

图 7.34　四选一数据选择器

选择 $D_0 \sim D_3$ 四路数据输入的哪一路作为输出，可按选择控制信号状态约定，如表 7.15 所示，其相应的真值表如表 7.16 所示。

表 7.15　选择控制信号状态约定表

S_1	S_0	Y
0	0	D_0
0	1	D_1
1	0	D_2
1	1	D_3

表 7.16　四选一数据选择器真值表

输　　入			输出
D	S_1	S_0	Y
D_0	0	0	D_0
D_1	0	1	D_1
D_2	1	0	D_2
D_3	1	1	D_3

由真值表可写出输出函数 Y 的逻辑表达式：

$$Y = \overline{S_1}\,\overline{S_0}D_0 + \overline{S_1}S_0D_1 + S_1\overline{S_0}D_2 + S_1S_0D_3$$

由上式读者自己可做出四选一的逻辑电路图（这里略）。

2. 集成数据选择器

集成数据选择器的规格品种很多，如四选一，八选一等等，重要的是看懂真值表 7.17，理解其逻辑功能。在这里我们介绍常用的八选一数据选择器。图 7.35 所示的是集成八选一数据选择器 74LS151 的引脚图。74151，74251，74LS251 的引脚图也一样，它有 8 个数据输入端 $D_0 \sim D_7$，3 个地址输入端 A_0，A_1，A_2，一个选通控制端 $\overline{S}$，低电平有效，两个互补的输出端 $\overline{Y}$ 和 Y。

表 7.17　集成八选一数据选择器真值表

输　入					输　出	
D	A_2	A_1	A_0	$\overline{S}$	Y	$\overline{Y}$
×	×	×	×	1	0	1
D_0	0	0	0	0	D_0	$\overline{D_0}$
D_1	0	0	1	0	D_1	$\overline{D_1}$
D_2	0	1	0	0	D_2	$\overline{D_2}$
D_3	0	1	1	0	D_3	$\overline{D_3}$
D_4	1	0	0	0	D_4	$\overline{D_4}$
D_5	1	0	1	0	D_5	$\overline{D_5}$
D_6	1	1	0	0	D_6	$\overline{D_6}$
D_7	1	1	1	0	D_7	$\overline{D_7}$

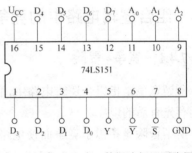

图 7.35　集成八选一数据选择器引脚图

从真值表可以看出，当 $\overline{S}=1$ 时，选择器被禁止，无论地址码是什么，Y 总是等于 0；当 $\overline{S}=0$ 时，选择器被选中（使能工作），Y 依据 $A_2A_1A_0$ 取值的不同，选择数据 $D_0 \sim D_7$ 中的一个，此时有：

$$Y = D_0\overline{A_2}\,\overline{A_1}\,\overline{A_0} + D_1\overline{A_2}\,\overline{A_1}A_0 + D_2\overline{A_2}A_1\overline{A_0} + D_3\overline{A_2}A_1A_0 + D_4A_2\overline{A_1}\,\overline{A_0}$$

$$+ D_5A_2\overline{A_1}A_0 + D_6A_2A_1\overline{A_0} + D_7A_2A_1A_0$$

可见，利用数据选择器可以实现任何一个三变量的逻辑函数。

例 7.11　用 74LS151 实现逻辑函数 $Y = AB + AC$。

解：令 $A=A_2$，$B=A_1$，$C=A_0$，先将 Y 写成最小项之和的形式：

$$Y = AB(C + \overline{C}) + AC(B + \overline{B}) = ABC + AB\overline{C} + A\overline{B}C = A_2A_1A_0 + A_2A_1\overline{A_0} + A_2\overline{A_1}A_0$$

然后与 74LS151 的输出表达式比较。

令 74LS151 的 $\overline{S}=0$，$D_5 = D_6 = D_7 = 1$，$D_0 = D_1 = D_2 = D_3 = D_4 = 0$，即可得到给定的逻辑函数，如图 7.36 所示。

3. 数据分配器

数据分配器是数据选择器的逆过程。在选择控制信号作用下，将一路输入信息传送到多个输出端中指定的输出通道上进行传输的电路，称为数据分配器。其工作原理可用图 7.37

来描述，作用是将串行数据输入变为并行数据输出。

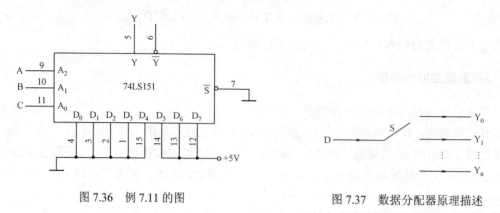

图 7.36　例 7.11 的图　　　　　　　　　图 7.37　数据分配器原理描述

如将译码器的使能端作为数据输入端，二进制代码输入端作为地址信号输入端使用，则译码器变成为一个数据分配器。

7.4　组合逻辑电路中的竞争与冒险

7.4.1　竞争-冒险

所谓竞争是指组合逻辑电路中，同一输入信号经过不同途径传输后到达同一门输入端的时间有先有后的现象。

所谓冒险是指由于竞争而使电路的输出发生瞬时错误的现象。

图 7.38 中，理想情况下电路有稳定输出：$Y = \overline{A} \cdot A = 0$，但实际上门电路有延迟，$\overline{A}$ 滞后于输入 A，结果使得与门的输出 Y 就出现了"毛刺"。这就是由竞争造成的错误输出，这种宽度很窄的脉冲，人们形象地称其为毛刺。

一旦出现了毛刺，若下级负载对毛刺敏感，则毛刺将使负载电路发生误动作，破坏逻辑关系。

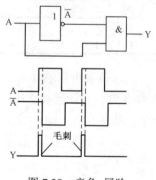

图 7.38　竞争-冒险

7.4.2　竞争-冒险的识别

1. 代数法

如果给一个逻辑表达式中的某些变量赋予一定的值（0 或 1）时，剩余的变量可简化成 $Y = \overline{X} + X$ 或 $Y = \overline{X} \cdot X$ 的形式，则变量 X 可能引起冒险现象。

例 7.12　判断逻辑函数 $Y = \overline{A}B + \overline{B}C + AC$ 是否存在冒险现象。

解：由于当 A=C=0 时，函数 $Y = \overline{B} + B$，所以变量 B 的变化可能引起函数的冒险现象。

2. 卡诺图法

在卡诺图中，逻辑函数的"与-或式"中每一个"乘积项"都对应着一个卡诺圈。如果两个卡诺圈存在着相切的部分，且相切部分又没有被其他卡诺圈所包含，则该函数存在冒险现象。

例 7.13 已知逻辑函数 $Y = \overline{ABC} + BD + AC\overline{D}$，试判断该函数有无冒险现象。

解：（1）先画出该函数卡诺图，见图 7.39（a）。

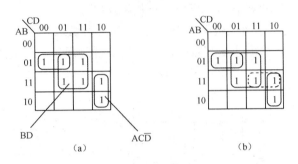

图 7.39 例 7.13 的图

（2）找出相切的卡诺圈，看相切的部分是否被其他卡诺圈包含。

从图中可看出，卡诺圈 BD 和 $AC\overline{D}$ 相切，相切的部分如图 7.39（b）中虚线圈所示，并未被其他卡诺圈包含，所以该函数存在冒险现象。

3．实验法

利用示波器仔细观察在输入信号各种变化情况下的输出信号，如果发现了毛刺则发生了冒险现象。这是经常采用的、最有效的方法。

7.4.3 竞争–冒险的消除

1．增加乘积项

如果能让有冒险现象的函数不出现 $Y = \overline{X} + X$ 或 $Y = \overline{X} \cdot X$ 的形式，或者在卡诺图中设法将相切的卡诺圈包围上，就可以避免冒险现象的发生。

例 7.14 试在例 7.13 逻辑函数 $Y = \overline{ABC} + BD + AC\overline{D}$ 中加入乘积项消除冒险。

解：先变换逻辑函数

$$Y = \overline{ABC} + (BD + AC\overline{D}) = \overline{ABC} + BD + AC\overline{D} + ABC$$

可见，如果加入一个乘积项 ABC，原函数式不变。那么相切的两个卡诺圈就被 ABD 的卡诺圈（即图 7.39（b）中虚线圈）包含，就可以避免冒险。

对于中、大规模集成电路，由于其内部结构无法改变，所以这种方法不适用。

2．在输出端并联电容

如果在电路的输出端并联一个小电容，如图 7.40 所示，就足以把很窄的毛刺去掉。由于电容对高频电路的影响较

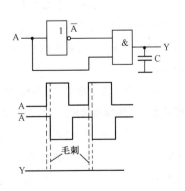

图 7.40 用小电容消除冒险

大，所以此法只适用于工作在频率不高的电路。

3．引入选通信号

在组合电路中加一个选通信号，当输入信号发生变化时用选通信号使输出门关闭，等电路稳定后再打开输出门，这样就可以避免冒险现象发生。

如图 7.41（a）所示，在组合电路输出门的一个输入端加入一个选通信号 P，只有当选通信号有效（P=1）时，输出才是有效的，即可消除冒险现象。其电压波形如图 7.41（b）所示。

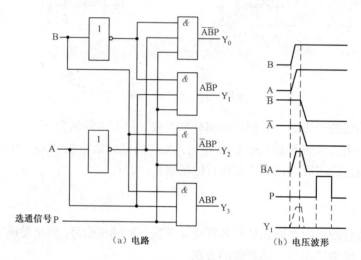

（a）电路　　　　　　　　　（b）电压波形

图 7.41　用选通信号消除竞争-冒险

该方法简单易行，在一些中、大规模集成电路中常常设置使能端，通过给使能端加合适的选通信号来避免冒险发生。

本 章 小 结

（1）组合电路的分析基本步骤可以表示为：逻辑图→写出逻辑表达式→逻辑表达式化简→列出真值表→逻辑功能描述。

（2）组合电路的设计基本步骤可以表示为：列出真值表→写出逻辑表达式或画出卡诺图→逻辑表达式化简和变换→画出逻辑图。

（3）实现多位二进制数相加的电路称为加法器。根据功能的不同可以分为半加器、全加器和集成加法器。

（4）将十进制数或字符等转换成二进制代码的过程称为编码。完成编码的逻辑电路称为编码器。目前经常使用的编码器有普通编码器和优先编码器两类，其工作原理类似。

（5）将二进制代码所表示的信息翻译过来的过程称为译码。实现译码功能的电路称为译码器。译码器的种类有很多，但它们的工作原理是相类似的，按其逻辑功能不同，译码器可以分为通用译码器和显示译码器。

（6）用来完成两个二进制数的大小比较的逻辑电路称为数值比较器，简称比较器。在数字电路中，数值比较器的输入是要进行比较的两个二进制数，输出是比较的结果。

（7）数据选择器是能够从来自不同地址的多路数字信号中任意选出所需要的一路信号作为输出的组合电路，具体选择哪一路数据作为输出，则由当时的数据选择控制信号来决定。

习 题 7

一、判断题（正确的打 √，错误的打 ×）

7.1 组合逻辑电路具有记忆功能。（ ）

7.2 译码器是一种多输入、多输出的逻辑电路。（ ）

7.3 将低位来的进位与两个 1 位二进制数一起相加的加法器称为半加器。（ ）

7.4 数据选择器和数值比较器都属于组合电路。（ ）

7.5 编码器的功能与译码器的功能相反。（ ）

二、选择题（单选）

7.6 组合逻辑电路的特点是（ ）。

    A. 含有记忆元件   B. 输出、输入间有反馈通路

    C. 电路输出与以前状态有关   D. 全部由门电路构成

7.7 下列器件中，属于组合电路的有（ ）。

    A. 计数器和全加器   B. 寄存器和数值比较器

    C. 全加器和数值比较器   D. 计数器和数据选择器

7.8 下列显示器件中，功率较小的是（ ）。

    A. LED 显示器   B. LCD 显示器

7.9 有光照时才能使用的显示器是（ ）。

    A. LED 显示器   B. LCD 显示器

7.10 一个十六选一的数据选择器，其地址输入端有（ ）个。

    A. 2   B. 4   C. 1   D. 8

7.11 对于共阴极七段显示数码管，若要显示数字"6"，则七段显示译码器 a～g 应该为（ ）。

    A. 0011111   B. 0100000   C. 1100000   D. 1011111

7.12 在二进制译码器中，若输入 4 位代码，则有（ ）个输出信号。

    A. 2   B. 4   C. 16   D. 8

7.13 某二进制编码器的输入为 $y_7y_6y_5y_4y_3y_2y_1y_0$=01000000 时，输出的 3 位二进制代码 CBA=（ ）。

    A. 010   B. 101   C. 111   D. 110

7.14 在设计编码电路时，若需要对 30 个信号进行编码，则需要使用（ ）位二进制代码。

    A. 3   B. 4   C. 5   D. 6

7.15 数据选择器的基本功能是在一定选择信号的控制下（ ）。

    A. 从若干个输出中选出一路   B. 从输出中选出若干路

    C. 从若干个输出中选择一路作为输出   D. 从若干个输入中选择一路作为输出

三、填空题

7.16 一个二进制编码器若需要对 12 个输入信号进行编码，则要采用_____位二进制代码。

7.17 组合逻辑电路是指任何时刻电路的输出仅由当时的_____决定。

7.18 三变量输入译码器，其译码输出信号最多应有_____个。

7.19 数据选择器的功能是_____。

7.20 一个二-十进制译码器，规定为：输出低电平有效。当输入的 8421 码为 1000 时，其输出 $y_9y_8y_7y_6y_5y_4y_3y_2y_1y_0$=_____。

7.21 一个 4 位全加器如图 7.42 所示，当输入 $a_3a_2a_1a_0$=0101，$b_3b_2b_1b_0$=0011 时，其输出的各位进位 $c_3c_2c_1c_0$=_____。

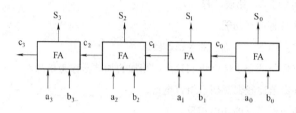

图 7.42

7.22 用二进制表示有关对象（信号）的过程称为_____，1 位二进制代码可以表示_____个信号。

7.23 试列举 5 种常用的集成组合逻辑电路_____、_____、_____、_____、_____。

7.24 n 个输入端的二进制译码器共有_____个输出端，对于每一组输入代码，有_____个输入端具有有效电平。

7.25 数据选择器是一种_____输入，_____输出的逻辑部件。

7.26 八选一数据选择器有_____位地址输入端。

7.27 1 位加法器分为_____和_____两种。

四、解析题

7.28 逻辑电路如图 7.43 所示，要求：（1）写出 F 的表达式；（2）说明电路的逻辑功能；（3）用最简的逻辑电路实现 F。

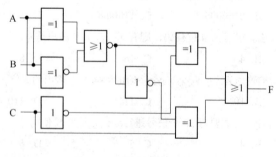

图 7.43

7.29 某组合逻辑电路的输入 A，B，C 及输出 F 的波形如图 7.44 所示。

（1）写出 F 的逻辑表达式（最简与或表达式）；

（2）画出用与非门实现此逻辑功能的逻辑图。

7.30 设计一个 3 人表决电路，表决方式为少数服从多数，即 2 人或 2 人以上同意，则表决通过，否则表决不通过。规定：同意为 1，不同意为 0；表决通过为 1，表决不通过为 0。要求：（1）列出真值表；（2）求出最简与或表达式；（3）用与非门实现该电路。

7.31 试用与非门设计一个三变量的奇偶校验电路。当输入的三个变量中有奇数个变量为 1 时，输出为 1，否则输出为 0。

7.32 设计如图 7.45 所示的伪码检验电路，当输入信号为 8421 码的伪码（非法码）时，要求输出为 1，否则输出为 0，试用与非门实现，并要求实现的电路为最简电路。

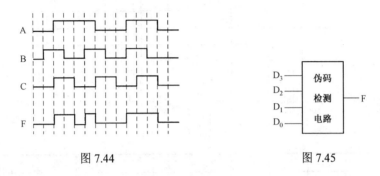

图 7.44   图 7.45

7.33 如图 7.46 所示，是一个半加器 $\sum_1$，两个全加器 $\sum_2$ 和 $\sum_3$。试将其连接成三位二进制加法器。

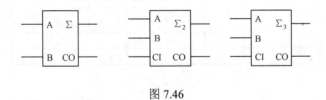

图 7.46

7.34 电话室有三种电话，按由高到低优先级排序依次是火警电话、急救电话、工作电话，要求电话编码依次为 00、01、10。试设计电话编码控制电路。

7.35 设计一个译码电路把 8421BCD 码的 0、1、2、…9 翻译出来。

7.36 分析如图 7.47 所示的组合电路，分别写出 F_1，F_2 的逻辑表达式，并说明电路的逻辑功能。

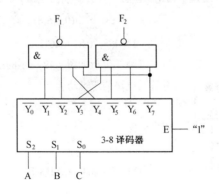

图 7.47

7.37 图 7.48 所示是一个三位二进制译码器的逻辑图，写出各输出端的逻辑式，并填写其真值表。

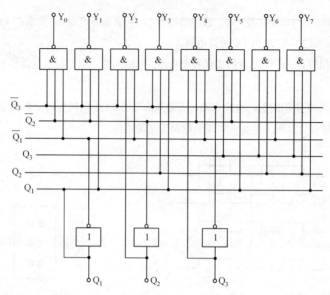

Q_1	Q_2	Q_3	$\overline{Q_1}$	$\overline{Q_2}$	$\overline{Q_3}$	Y_0	Y_1	Y_2	Y_3	Y_4	Y_5	Y_6	Y_7

图 7.48

7.38 设计一个故障显示控制电路，要求两台电机 A 和 B 正常工作时，绿灯亮；一台电机有故障时，黄灯亮；两台电机同时有故障时，红灯亮。

7.39 一个三输入、三输出的逻辑电路，当 A=1，B=C=0 时，红、绿灯亮；B=1，A=C=0 时，黄、绿灯亮，C=1，A=B=0 时，红、黄灯亮；当 A=B=C=0 时，三个灯全亮，试完成此逻辑电路的设计。

7.40 试用译码器 74LS138 实现下列逻辑函数（允许附加门电路）。

（1） $Y = \sum m(0,3,5,8)$；

（2） $Y = AB\overline{C} + \overline{A}C$。

7.41 分析如图 7.49 所示的组合电路，写出 F_1 的逻辑表达式，并说明电路的逻辑功能。

7.42 试用数据选择器 74LS151 实现下列逻辑函数，画出逻辑电路图。

（1） $Y = A + BC$

（2） $Y = \overline{A}BC + \overline{A}\,\overline{B} + BC$

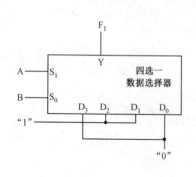

图 7.49

第8章　触发器及时序逻辑电路

内容提要

本章先按照电路结构和工作特点重点介绍基本 RS 触发器和同步触发器的逻辑功能及使用；对边沿触发器的触发方式及功能进行特别说明；介绍不同触发器之间的相互转换。此外还详细讨论了计数器、寄存器等小规模和中规模集成电路的逻辑功能和使用方法。

时序逻辑电路不仅具备组合逻辑电路的基本功能，还必须具备对过去时刻的状态进行存储或记忆的功能。具备记忆功能的电路称为存储电路，它主要由各类触发器组成。时序逻辑电路一般由组合逻辑电路和存储电路（存储器）两部分组成，其结构框图如图 8.1 所示。

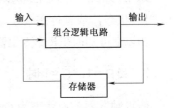

触发器能够存储 1 位二进制数码，即具有记忆功能，并且其状态能在触发脉冲作用下迅速翻转。现在大量使用集成触发器，各种触发器的基础是基本 RS 触发器。

图 8.1　时序逻辑电路的结构框图

8.1　基本 RS 触发器

基本 RS 触发器，又称 RS 锁存器，常见的有两种结构：一种由与非门构成；另一种由或非门构成。

8.1.1　基本 RS 触发器的构成

基本 RS 触发器，如图 8.2（a）所示，它由"与非"门 G_1、G_2 交叉耦合构成。$\overline{R}$，$\overline{S}$ 是信号输入端；Q、$\overline{Q}$ 是两个互补的信号输出端。触发器状态在触发脉冲作用下转换的过程，称为触发器的翻转。有用正脉冲触发的，也有用负脉冲触发的。$\overline{R}$、$\overline{S}$ 端加非号表明基本 RS 触发器采用负脉冲触发，如果用正脉冲触发，则应记为 R、S。通常规定触发器 Q 端的状态为触发器的状态，它具有两个稳定状态：Q=0，$\overline{Q}$=1 或 Q=1，$\overline{Q}$=0。

图 8.2（b）所示是基本 RS 触发器的符号，输入端方框外的小圆圈也表示负脉冲触发。

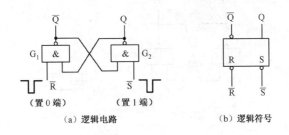

（a）逻辑电路　　　　　　　　　　（b）逻辑符号

图 8.2　与非门构成的基本 RS 触发器逻辑电路

8.1.2 基本 RS 触发器的工作原理

1. 当 $\overline{R}$ =0，$\overline{S}$ =1，即在 $\overline{R}$ 端加负脉冲时

假设触发器的原状态为 Q=0，$\overline{Q}$ =1，对 G_2 门由于 $\overline{R}$ =0，根据"与非"门逻辑功能，则 $\overline{Q}$ =1，由于存在 G_2 门对 G_1 门的反馈线，G_1 门两输入均为 1，其输出端 Q=0。若触发器的原状态为 Q=1，$\overline{Q}$ =0，则加在 G_2 门的 $\overline{R}$ =0 将使 $\overline{Q}$ =1，G_1 门输出 Q 由 1 翻转为 0。

可见，无论原状态是 Q=0 或 Q=1，只要输入信号 $\overline{R}$ =0，$\overline{S}$ =1，触发器的状态一定是 Q=0，$\overline{Q}$ =1。这时称触发器处于置"0"状态，亦称复位态（$\overline{R}$ 端叫置 0 端），这是触发器的一个稳态。

2. 当 $\overline{R}$ =1，$\overline{S}$ =0，即在 $\overline{S}$ 端加负脉冲

采用与上相同的方法和步骤分析可知，触发器终了状态为 Q=1，$\overline{Q}$ =0，称此时触发器处于"1"状态，或置位态（$\overline{S}$ 端叫置 1 端），这是触发器的另一个稳态。

由以上可知：在 $\overline{R}$ 或 $\overline{S}$ 上输入负脉冲，触发器将成为 Q=1，$\overline{Q}$ =0 或 Q=0，$\overline{Q}$ =1 稳定状态。

3. 当 $\overline{R}$ =1，$\overline{S}$ =1 时

假设触发器的原状态为 Q=0，$\overline{Q}$ =1，对 G_1 门由于 $\overline{S}$ =1，对于 G_2 门由于 $\overline{R}$ =1，根据"与非"门逻辑功能，则 Q=0，$\overline{Q}$ =1；若触发器的原状态为 Q=1，$\overline{Q}$ =0，同样，与非门的作用使 Q=1，$\overline{Q}$ =0。

可见，当负脉冲撤除后（即此时 $\overline{R}$ =1，$\overline{S}$ =1），触发器能保持信号作用前的输出状态，这种特性称为具有保持功能或记忆功能。

4. 当 $\overline{R}$ =0，$\overline{S}$ =0 时

不论触发器的原状态如何，此时两个与非门的输出都为 1，即 Q=$\overline{Q}$ =1，这破坏了触发器的逻辑关系。一旦撤去低电平，Q 与 $\overline{Q}$ 的状态取决于将撤消的信号；如果信号同时撤消，则 Q 与 $\overline{Q}$ 的状态不确定，使触发器的工作变得不可靠。因此触发器工作时 $\overline{R}$ =0，$\overline{S}$ =0 的情况是不允许的。

采用或非门构成的基本 RS 触发器逻辑电路及逻辑符号如图 8.3 所示。由逻辑电路图可知，其输出端逻辑表达式为：

$$Q = \overline{R + \overline{Q}}$$
$$\overline{Q} = \overline{S + Q}$$

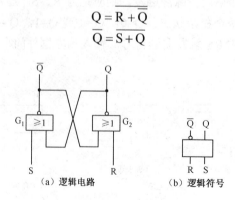

（a）逻辑电路　　　　　（b）逻辑符号

图 8.3　或非门构成的基本 RS 触发器逻辑电路

用或非门构成的基本 RS 触发器，在实现置位和复位的功能时是采用正脉冲触发，所以在符号图前没有小圆圈。

8.1.3 触发器的功能描述方法

在介绍触发器的功能描述方法之前，我们先介绍一下有关现态和次态的概念。

现态是触发器接收输入信号之前所处的状态，用 Q^n 和 $\overline{Q^n}$ 表示；次态是触发器接收输入信号之后所处的状态，用 Q^{n+1} 和 $\overline{Q^{n+1}}$ 表示。根据前面对基本触发器的分析可知，Q^{n+1} 的值不仅和输入信号有关，而且还取决于现态。

对于触发器逻辑功能的描述通常有 4 种形式，即特征表（真值表）、特征方程、激励表（状态图）以及时序图，下面分别介绍。

1．特征表

反映触发器次态 Q^{n+1}，现态 Q^n 和输入 $\overline{R}$，$\overline{S}$ 之间对应关系的表格叫做特性表。根据前面的工作原理可以很容易得到基本 RS 触发器的特性表，如表 8.1 所示。对应的简化功能表如表 8.2 所示。

表 8.1　基本 RS 触发器特性表

$\overline{R}$	$\overline{S}$	Q^n	Q^{n+1}	功能
0	1	1	0	置0
0	1	0	0	置0
1	0	1	1	置1
1	0	0	1	置1
1	1	1	1	保持
1	1	0	0	保持
0	0	1	不定	不允许
0	0	0	不定	不允许

表 8.2　基本 RS 触发器简化功能表

$\overline{R}$	$\overline{S}$	Q^{n+1}	功能
0	1	0	置0
1	0	1	置1
1	1	Q^n	保持
0	0	不定	不允许

2．特征方程

触发器的特征方程就是触发器次态 Q^{n+1} 与输入及现态 Q^n 之间的逻辑关系式。从表 8.1 所示的特性表可以看出，Q^{n+1} 与 Q^n，$\overline{R}$，$\overline{S}$ 都有关，在 $\overline{R}$，$\overline{S}$，Q^n 3 个变量的 8 种取值中，正常情况下，001，000 两种取值是不会出现的，也就是说，这是约束项，这样可以得到如图 8.4 所示的 Q^{n+1} 的卡诺图。

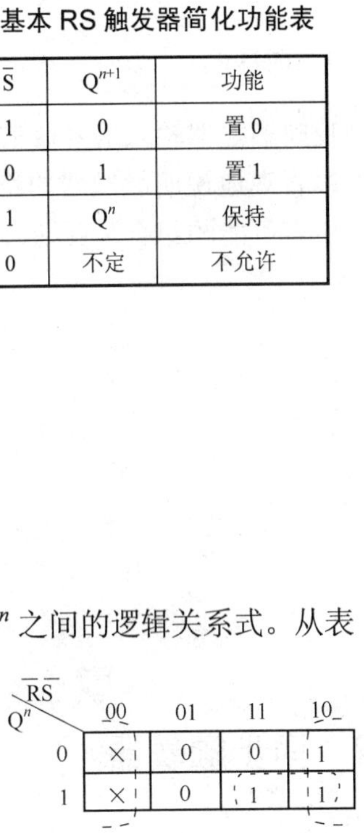

由图 8.4 可得到其对应的特征方程为：

$\overline{RS}$ Q^n	00	01	11	10
0	$\times$	0	0	1
1	$\times$	0	1	1

图 8.4　基本 RS 触发器 Q^{n+1} 的卡诺图

$$\begin{cases} Q^{n+1} = S + \overline{R}Q^n \\ \overline{R} + \overline{S} = 1 \quad \text{（约束条件）} \end{cases}$$

即

$$Q^{n+1} = S + \overline{R}Q^n \tag{8-1}$$

3. 激励表和状态图

激励表描述了触发器欲达到目标状态所需要的输入信号状态，它可以由前面的特征表直接得到。表 8.3 是基本 RS 触发器的激励表。状态图是用于描述触发器的状态转换关系及转换条件的图形，由激励表可以得到其对应的状态图，如图 8.5 所示。图中两个圆圈分别表示触发器的两个状态，箭头指示状态转换方向，箭头旁标注的是状态转换所需要的输入信号条件。例如当触发器处在 0 状态，即 Q^n=0 时，若输入信号 $\overline{RS}$=01 或 11，触发器仍为 0 状态，若 $\overline{RS}$=10，触发器就会翻转成为 1 状态。表 8.3 和图 8.5 中的 "×" 均表示不管是什么状态或称做任意状态。

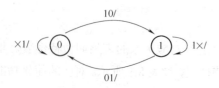

图 8.5　基本 RS 触发器的状态图

表 8.3　基本 RS 触发器的激励表

Q^n	Q^{n+1}	$\overline{R}$	$\overline{S}$
0	0	×	1
0	1	1	0
1	0	0	1
1	1	1	×

4. 时序图

反映触发器输入信号取值和状态之间对应关系的图形称为时序图（或称工作波形图），它可以直观地说明触发器的特性和工作状态，值得说明的是，在时序图中必须包含输入状态的所有可能的组合，否则，就不是正确的时序图。如图 8.6 所示的是基本 RS 触发器的时序图。

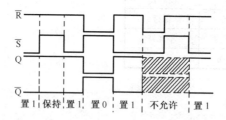

图 8.6　基本 RS 触发器的时序图

8.2　同步触发器

基本 RS 触发器直接受输入信号控制。在实际中，我们常希望输入信号仅在一定的时间内起作用，为此，在基本 RS 触发器上增加一个控制端，它像时钟一样，提供触发器准确的翻转时刻，称为"时钟脉冲"，通常以 CP（Clock Pulse 的缩写）表示。其作用是：无控制触发脉冲时，RS 触发器只对 R、S 端出现的触发电平起暂存的作用，不会立即翻转；若控制端给出控制触发脉冲，触发器才按存入的信息翻转。用时钟脉冲控制输入信号起作用时间的触发器，称为同步触发器或钟控触发器。

8.2.1 同步 RS 触发器

1. 同步 RS 触发器的构成

同步 RS 触发器的逻辑电路及逻辑符号如图 8.7 所示。G_1、G_2 两个与非门构成基本 RS 触发器，其触发信号来自 G_3 和 G_4 两个与非门的输出；G_3 和 G_4 构成的电路称为触发器导引电路；R、S 端及 CP 端为 3 个控制端，CP 端称时钟脉冲控制端，且 CP 端连接的框边处无小圆圈，表示此触发器是正脉冲触发；通常还设有直接置 0 端或直接置 1 端，也称预置端，用 $\overline{R}_D$、$\overline{S}_D$ 表示（负脉冲触发），只在时钟脉冲工作前使用，而在时钟脉冲工作过程中应将其悬空或接高电平。

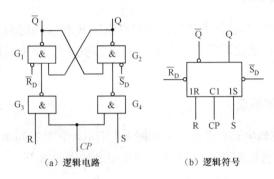

（a）逻辑电路   （b）逻辑符号

图 8.7 同步 RS 触发器

2. 同步 RS 触发器的工作原理

（1）CP=0 时：G_3 和 G_4 被封锁，因为无论 R 和 S 如何变化，两个门的输出均为 1，此时基本 RS 触发器的 $\overline{S} = \overline{R} = 1$，触发器的输出状态 Q 及 $\overline{Q}$ 将保持不变。

（2）CP=1 时：CP 对 G_3 和 G_4 的封锁被解除，在这种条件下：

R=0，S=1：导引电路中 $\overline{R} = 1$，$\overline{S} = 0$，作为基本 RS 触发器的输入信号，触发器处于置 "1" 态，Q=1，$\overline{Q} = 0$；R=1，S=0：导引电路中 $\overline{R} = 0$，$\overline{S} = 1$，作为基本 RS 触发器的输入信号，触发器置 "0" 态，Q=0，$\overline{Q} = 1$；R=0，S=0：导引电路中 G_3 及 G_4 均输出 1，$\overline{R} = 1$，$\overline{S} = 1$，显然，触发器的输出状态将保持不变。R=1，S=1：导引电路中 G_3 及 G_4 均输出 0，$\overline{R} = 0$，$\overline{S} = 0$，使触发器输出 $Q = \overline{Q} = 1$，CP 过去后，状态变为不定，应用中要避免这种情况出现。

同步 RS 触发器中，通常还设有直接置 0 或置 1 端，用 $\overline{R}_D$、$\overline{S}_D$ 表示，只在时钟脉冲工作前使用，而在时钟脉冲工作过程中应将其悬空或接高电平。

3. 同步 RS 触发器的功能描述

（1）特性表。综上所述，可得出同步 RS 触发器的特性表，见表 8.4。

表 8.4 同步 RS 触发器的特性表

CP	R	S	Q^{n+1}	功能
0	×	×	Q^n	保持
1	0	1	1	置 1

CP	R	S	Q^{n+1}	功能
1	1	0	0	置0
1	0	0	Q^n	保持
1	1	1	不定	不允许

（2）特征方程。根据特性表，很容易得到同步 RS 触发器的特征方程如下：

$$\begin{cases} Q^{n+1} = S + \overline{R}Q^n \\ RS = 0 \quad （约束条件） \end{cases} \qquad \text{CP=1 有效} \qquad (8\text{-}2)$$

8.2.2　同步 D 触发器

同步 RS 触发器的 R，S 之间有约束。不允许出现 R 和 S 同时为 1 的情况，否则会使触发器处于不确定的状态，这就限制了同步 RS 触发器的使用。下面我们介绍不具有约束条件的同步 D 触发器。

1．同步 D 触发器的构成

同步 D 触发器的逻辑电路和逻辑符号如图 8.8 所示。它是在同步 RS 触发器的基础上增加了一个反相器，通过它把加在 S 端的 D 信号反相之后送到 R 端。

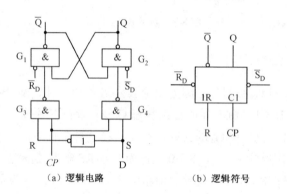

（a）逻辑电路　　　　　　　（b）逻辑符号

图 8.8　同步 D 触发器

2．同步 D 触发器的工作原理

（1）当 CP=0 时，则有 $\overline{S}=1$，$\overline{R}=1$，根据基本 RS 触发器的工作原理，同步 D 触发器的输出保持原来的状态。

（2）当 CP=1 时，由与非门的特性可以得到：$\overline{R}=D$，$\overline{S}=\overline{D}$，即 $\overline{R}$，$\overline{S}$ 互补，自然满足约束条件。

D=0，此时有：$\overline{R}=0$，$\overline{S}=1$，由基本 RS 触发器的原理有：Q=0，$\overline{Q}=1$。

D=1，此时有：$\overline{R}=1$，$\overline{S}=0$，由基本 RS 触发器的原理有：Q=1，$\overline{Q}=0$。

3．同步 D 触发器的功能描述

（1）特性表。由 D 触发器工作原理可得其特性表，见表 8.5。

（2）特征方程。将 $\overline{R}=D$，$\overline{S}=\overline{D}$ 代入基本 RS 触发器的特征方程式（8-1）得到同步 D 触发器的特征方程（当然也可以由特性表得到）：

$$Q^{n+1}=D \tag{8-3}$$

由此可见，同步 D 触发器的次态始终与输入信号 D 保持一致，故又称其为 D 锁存器或数据暂存器。

8.2.3 同步 JK 触发器

1. 同步 JK 触发器的构成

同步 JK 触发器的逻辑电路和逻辑符号如图 8.9 所示。

表 8.5 同步 D 触发器的特性表

CP	D	Q^{n+1}
0	0 或 1	Q^n
1	0	0
1	1	1

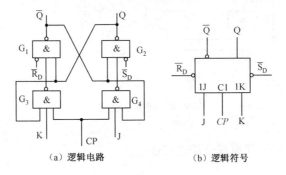

（a）逻辑电路　　　　（b）逻辑符号

图 8.9　同步 JK 触发器

2. 同步 JK 触发器的工作原理及功能描述

由图 8.9 可知，$\overline{S}=\overline{J\cdot CP\cdot\overline{Q^n}}$，$\overline{R}=\overline{K\cdot CP\cdot Q^n}$

当 CP=0 时，$\overline{S}=\overline{R}=1$，触发器保持原状态不变。

当 CP=1 时，$\overline{S}=\overline{J\cdot\overline{Q^n}}$，$\overline{R}=\overline{K\cdot Q^n}$，将它们代入基本触发器特征方程式（8-1），得到 JK 触发器的特征方程：

$$Q^{n+1}=S+\overline{R}\cdot Q^n=J\cdot\overline{Q^n}+\overline{K\cdot Q^n}\cdot Q^n=J\cdot\overline{Q^n}+\overline{K}\cdot Q^n \tag{8-4}$$

同时，注意到：$\overline{S}+\overline{R}=\overline{J\cdot\overline{Q^n}}+\overline{K\cdot Q^n}=\overline{J}+Q^n+\overline{K}+\overline{Q^n}=1$

即，无论输入信号 J，K 如何变化，该触发器的约束条件都会自动满足。

由特征方程可以得到同步 JK 触发器的真值表，见表 8.6。当 J=K=1 时，$Q^{n+1}=\overline{Q^n}$ 可认为 J、K 端都悬空。

表 8.6　同步 JK 触发器的真值表

CP	J	K	Q^{n+1}	功能
0	×	×	Q^n	保持
1	1	0	1	置1
1	0	1	0	置0
1	0	0	Q^n	保持
1	1	1	$\overline{Q^n}$	计数

8.2.4　同步 T 触发器

1．同步 T 触发器的构成

将 JK 触发器的 JK 端短接在一起作为输入端 T，就得到同步 T 触发器，图 8.10 所示为同步 T 触发器的逻辑电路和逻辑符号。

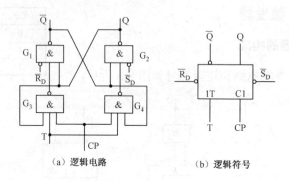

（a）逻辑电路　　　　　（b）逻辑符号

图 8.10　同步 T 触发器

2．同步 T 触发器的工作原理及功能描述

在同步 JK 触发器的基础上我们可以知道同步 T 触发器的工作原理，在同步 JK 触发器的特征方程式（8-4）中令 T=J=K，则有：

$$Q^{n+1} = T \cdot \overline{Q^n} + \overline{T} \cdot Q^n = T \oplus Q^n \qquad (8-5)$$

由此可得其真值表，如表 8.7 所示。

表 8.7　同步 T 触发器的真值表

T	Q^{n+1}	功能
0	Q^n	保持
1	$\overline{Q^n}$	翻转

从表 8.7 可知，当 T=0 时，触发器无计数功能，时钟脉冲到来前后状态不变；当 T=1 时，触发器具有计数功能，每个时钟脉冲都会引起触发器翻转。因此，T 触发器又称为可控计数触发器。

T′触发器：是只具有计数功能的 T 触发器。其逻辑符号与 T 触发器相同，但 T 端置 1。

按触发方式分类。所谓触发方式反映的是触发器翻转时刻和时钟脉冲之间的关系。时钟触发器可分为：电位触发型（正负电位）、边沿触发型、主从触发型三种。

8.3　触发器的分类及转换

8.3.1　触发器的分类

基本 RS 触发器无时钟信号，是构成各类触发器的基本电路形式。时钟触发器的种类很多，主要有三种分类方式：按逻辑功能分类，按结构形式分类，按触发方式分类。

按逻辑功能分类。时钟触发器可分为：RS 型、JK 型、D 型、T（T′）型四种。

按结构形式不同，时钟触发器又可分为四种：

1．同步型

在 CP 高电平期间接收数据输入信号，改变输出状态，这种触发方式称为高电平触发，是结构最简单的一种，只能用在 CP 高电平期间接收数据输入信号，且保持恒定不变的场合。

注意：同步型触发器存在空翻现象，就是指在一个时钟脉冲内，触发器发生一次以上的翻转。它将造成触发器输出状态在逻辑上的混乱，应避免。

2．边沿型

只在 CP 下降沿到达时接收数据输入信号，改变输出状态，称为下降沿触发。为了工作可靠，应保证数据输入信号在 CP 下降沿前建立并保持不变，直至到达下降沿。有的触发器是采用上升沿触发方式的。边沿触发器具有更强的抗干扰能力，可以有效地克服空翻现象。

3．维持-阻塞型

也采用边沿触发方式，在 CP 上升沿到达时接收数据输入信号，改变输出状态，称为上升沿触发。它具有维持和阻塞的功能，能正确地导引时钟脉冲前沿瞬间的输入状态，并阻塞改变输出状态的通道，以达到消除空翻的目的。

4．主从型

该触发器由两级时钟触发器组成，前级称为主触发器，后级称为从触发器。其工作过程分两步进行：第一步，它在 CP 上升沿接收数据输入信号并在 CP 高电平期间保持不变时，主触发器翻转，从触发器不变；第二步，在 CP 下降沿时，从触发器翻转。这种触发方式称为主从触发。主从触发器的第一步是为第二步作准备的，其翻转是在时钟信号由 1 回落到 0 时发生的，也属下降沿触发。

注意：同一功能的触发器，可以采用不同的电路结构形式来实现，但真值表均一样。例如，同是 T 型触发器，既可用主从型结构形式，也可用维持阻塞型结构形式来实现；反之，同一电路结构形式，可以构成不同功能的触发器，例如，主从结构形式不仅可以构成 RS 型触发器，也可构成 JK 型、D 型、T（T′）型触发器。

按触发方式分类。所谓触发方式反映的是触发器翻转时刻和时钟脉冲之间的关系。时钟触发器可分为：电位触发型（正负电位）、边沿触发型、主从触发型三种。

下面以 JK 触发器为例来说明各种触发方式的逻辑符号，见图 8.11。CP 输入端顶部若无

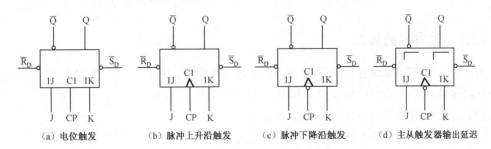

（a）电位触发　　（b）脉冲上升沿触发　　（c）脉冲下降沿触发　　（d）主从触发器输出延迟

图 8.11　触发方式

"∧"表示电位触发，顶部若有"∧"表示边沿触发。若 CP 时钟信号仅有"∧"而无小圆圈则表示"上升沿触发"，又称正边沿触发；若 CP 时钟信号既有"∧"又有小圆圈则表示"下降沿触发"，又称负边沿触发。主从触发器中符号"⌐"表示输出延迟。

我们通过例子来说明电位触发与边沿触发的工作原理。

例 8.1 已知同步 RS 触发器输入信号波形如图 8.12 所示，试画出输出端 Q 的波形，设 Q 的初态为 1。

解：输出端 Q 的波形如图 8.12 所示，注意其空翻现象。

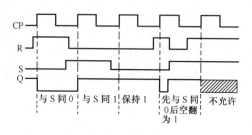

图 8.12 例 8.1 的图

例 8.2 已知 D 触发器输入信号波形如图 8.13 所示，试画出电位触发和边沿触发（下降沿）方式下输出端 Q 的波形。设 Q 的初态为 0。

解：电位触发方式下输出端 Q 的波形和边沿触发方式（下降沿）下输出端 Q' 的波形如图 8.13 所示。Q 的波形存在空翻，而 Q' 的波形克服了空翻。

例 8.3 已知 JK 触发器输入信号波形如图 8.14 所示，试画出边沿触发（上升沿）方式下输出端 Q 和 $\overline{Q}$ 的波形。设 Q 的初态为 0。

解：边沿触发方式（上升沿）下输出端 Q 和 $\overline{Q}$ 的波形如图 8.14 所示。

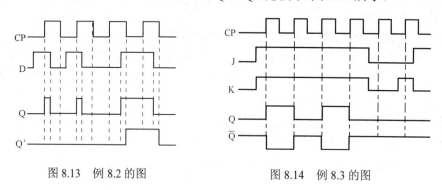

图 8.13 例 8.2 的图   图 8.14 例 8.3 的图

8.3.2 触发器的转换

由于实际生产的集成触发器只有 JK 和 D 触发器两种，所以在这里也只介绍如何把这两种触发器转换成其他类型的触发器，以及它们之间的相互转换。

根据已有触发器获得待求触发器的步骤如下：

（1）写出已有触发器和待求触发器的特征方程。

（2）变换待求触发器的特征方程，使之与已有触发器的特征方程一致。

（3）根据变量相同，系数相等则方程一定相等的原则，比较已有、待求触发器的特征方程，求出转换逻辑。

（4）画电路图。

1. JK 触发器转换为 D 触发器

JK 触发器的特征方程为： $\qquad$ $Q^{n+1} = J\overline{Q^n} + \overline{K}Q^n$ （8-6）

D 触发器的特征方程为： $Q^{n+1} = D$

变换 D 触发器表达式，使之与 JK 触发器方程相同，即：

$$Q^{n+1} = D(\overline{Q^n} + Q^n) = D\overline{Q^n} + DQ^n \tag{8-7}$$

把 Q^n，$\overline{Q^n}$ 视为变量，余下部分视为系数，比较式（8-6）和式（8-7）得到：

$$J = D，\quad K = \overline{D}$$

画出电路图，如图 8.15 所示，图中 CP 为下降沿触发。

2. JK 触发器转换为 RS 触发器

JK 触发器的特征方程为： $Q^{n+1} = J\overline{Q^n} + \overline{K}Q^n$

RS 触发器的特征方程为： $\begin{cases} Q^{n+1} = S + \overline{R}Q^n \\ RS = 0 \end{cases}$

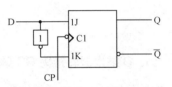

图 8.15 JK 触发器转换为 D 触发器

变换 RS 触发器表达式： $Q^{n+1} = S + \overline{R}Q^n = S(\overline{Q^n} + Q^n) + \overline{R}Q^n = S\overline{Q^n} + SQ^n + \overline{R}Q^n$

$$= S\overline{Q^n} + \overline{R}Q^n + SQ^n(\overline{R} + R) = S\overline{Q^n} + \overline{R}Q^n + \overline{R}SQ^n + RSQ^n$$

上式中 $\overline{R}SQ^n$ 可以被 $\overline{R}Q^n$ 吸收，RSQ^n 是约束项，应去掉，故有

$$Q^{n+1} = S\overline{Q^n} + \overline{R}Q^n$$

将上式与 JK 触发器特征方程比较可得到： $\begin{cases} J = S \\ K = R \end{cases}$

画出电路图，如图 8.16 所示。

3. JK 触发器转换为 T 触发器

JK 触发器的特征方程为： $Q^{n+1} = J\overline{Q^n} + \overline{K}Q^n$

T 触发器的特征方程为： $Q^{n+1} = T\overline{Q^n} + \overline{T}Q^n$

比较两式得到： $\begin{cases} J = T \\ K = T \end{cases}$

画出电路图，如图 8.17 所示。

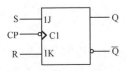

图 8.16 JK 触发器转换为 RS 触发器

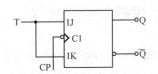

图 8.17 JK 触发器转换为 T 触发器

4．D 触发器转换为 JK 触发器

D 触发器的特征方程为：$Q^{n+1} = D$

JK 触发器的特征方程为：$Q^{n+1} = J\overline{Q^n} + \overline{K}Q^n$

比较以上两式得到：$D = J\overline{Q^n} + \overline{K}Q^n$

画电路图，如图 8.18 所示。

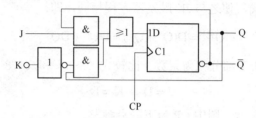

图 8.18　D 触发器转换为 JK 触发器

5．D 触发器转换为 RS 触发器

D 触发器的特征方程为：$Q^{n+1} = D$

RS 触发器的特征方程为：$\begin{cases} Q^{n+1} = S + \overline{R}Q^n \\ RS = 0 \end{cases}$

显然，$D = S + \overline{R}Q^n$ 时，以上两式必然相等。

画出电路图，如图 8.19 所示。

6．D 触发器转换为 T 触发器

D 触发器的特征方程为：$Q^{n+1} = D$

T 触发器的特征方程为：$Q^{n+1} = T\overline{Q^n} + \overline{T}Q^n$ 比较以上两式，可得到：$D = T \oplus Q^n$。画出电路图，如图 8.20 所示。

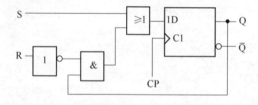

图 8.19　D 触发器转换为 RS 触发器

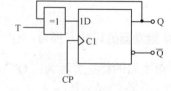

图 8.20　D 触发器转换为 T 触发器

8.4　时序逻辑电路的分析

时序逻辑电路的分析，就是根据给定的时序逻辑电路分析出该电路的逻辑功能。按照构成时序逻辑电路的所有触发器是否在同一时钟脉冲 CP 作用下工作可将其分为同步时序逻辑电路和异步时序逻辑电路。

8.4.1 同步时序逻辑电路的分析

同步时序逻辑电路的分析一般可按以下步骤进行：

（1）写方程式。根据电路写出各个触发器的驱动方程和电路的输出方程，再将驱动方程代入所用触发器的特性方程，从而求出电路的状态方程。

（2）列真值表。假定初态，分别代入状态方程和输出方程进行计算，依次求出在某一初态状态下的次态和输出，列表表示，即得状态真值表。

（3）作状态图。根据状态真值表的结果，画出状态转换图。

（4）画时序图。根据状态真值表、状态转换图和触发器的触发方式画出时序图。

（5）功能描述。用文字概括电路的逻辑功能。

例 8.4 分析图 8.21 所示电路的逻辑功能。设起始状态是 $Q_2Q_1Q_0=000$。

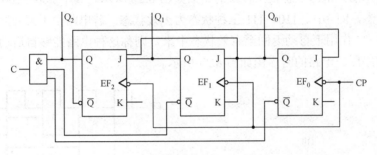

图 8.21 同步时序电路

解： 该电路由 3 个 JK 触发器和 1 个与门构成，没有外加输入信号，输出信号为 C。该电路的 3 个触发器共用一个时钟信号，因此是同步时序电路。

（1）写方程式。

驱动方程为：

$$J_0 = \overline{Q_2^n}, \quad K_0 = 1$$

$$J_1 = Q_0^n, \quad K_1 = Q_0^n$$

$$J_2 = Q_0^n Q_1^n, \quad K_2 = 1$$

输出方程为：

$$C = \overline{Q_2^n Q_1^n Q_0^n}$$

状态方程为：将驱动方程代入 JK 触发器的特性方程 $Q^{n+1} = J\overline{Q^n} + \overline{K}Q^n$，可得状态方程：

$$Q_0^{n+1} = J_0 \overline{Q_0^n} + \overline{K_0} Q_0^n = \overline{Q_0^n Q_2^n}$$

$$Q_1^{n+1} = J_1 \overline{Q_1^n} + \overline{K_1} Q_1^n = Q_0^n \overline{Q_1^n} + \overline{Q_0^n} Q_1^n = Q_0^n \oplus Q_1^n$$

$$Q_2^{n+1} = J_2 \overline{Q_2^n} + \overline{K_2} Q_2^n = Q_0^n Q_1^n \overline{Q_2^n}$$

（2）列真值表。设初态 $Q_2^n Q_1^n Q_0^n = 000$，则次态 $Q_2^{n+1} Q_1^{n+1} Q_0^{n+1} = 001$，$C = 0$；再将 001 设为初态，求次态和输出，依次进行，可计算列出如表 8.8 所示的状态真值表。

表 8.8　状态真值表

CP 序数	Q_2^n	Q_1^n	Q_0^n	Q_2^{n+1}	Q_1^{n+1}	Q_0^{n+1}	C
0	0	0	0	0	0	1	0
1	0	0	1	0	1	0	0
2	0	1	0	0	1	1	0
3	0	1	1	1	0	0	0
4	1	0	0	0	0	0	1
5	1	0	1	0	1	0	0
6	1	1	0	0	1	0	0
7	1	1	1	0	0	0	0

（3）作状态图。电路状态依次转换的结果如图 8.22 所示。其中 000→100 共五个循环状态称为有效状态，而 101、110、111 三种状态为无效状态。若电路由于某种原因进入了无效状态，而能在 CP 作用下自动返回至有效状态中来，则称这种电路能够自启动。

（4）画时序图。电路的时序图如图 8.23 所示。

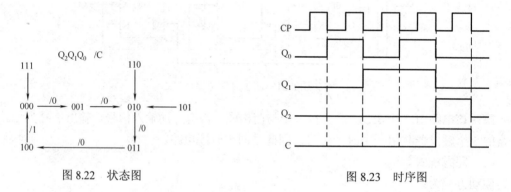

图 8.22　状态图

图 8.23　时序图

（5）功能描述。由以上分析可知，该电路是五进制同步加法计数器。C 端为进位端，并且具有自启动功能。

8.4.2　异步时序逻辑电路的分析

异步时序电路的分析与同步时序电路的分析基本相同，只是由于各个触发器的时钟信号不同，所以需要写出各时钟方程。

例 8.5　异步时序电路如图 8.24 所示，试分析其逻辑功能。

解：该电路由 3 个 JK 触发器构成，且 3 个触发器的时钟信号不同，因此是异步时序电路。

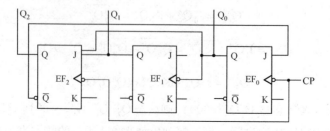

图 8.24　异步时序逻辑电路

（1）写方程式。

时钟方程为：

$$CP_0 = CP_2 = CP$$

$$CP_1 = Q_0$$

驱动方程为：

$$J_0 = \overline{Q_2^n}, \quad K_0 = 1$$

$$J_1 = 1, \quad K_1 = 1$$

$$J_2 = Q_0^n Q_1^n, \quad K_2 = 1$$

状态方程为：将驱动方程代入 JK 触发器的特性方程 $Q^{n+1} = J\overline{Q^n} + \overline{K}Q^n$，可得状态方程为：

$$Q_0^{n+1} = \overline{Q_0^n Q_2^n} \quad （CP 下降沿有效）$$

$$Q_1^{n+1} = \overline{Q_1^n} \quad （Q_0 下降沿有效）$$

$$Q_2^{n+1} = Q_0^n Q_1^n \overline{Q_2^n} \quad （CP 下降沿有效）$$

（2）列真值表。假定初态，代入状态方程，计算次态，得到状态真值表如表 8.9 所示。

表 8.9 真值表

CP 序数	Q_2^n	Q_1^n	Q_0^n	Q_2^{n+1}	Q_1^{n+1}	Q_0^{n+1}	有效时钟		
0	0	0	0	0	0	1	CP_2		CP_0
1	0	0	1	0	1	0	CP_2	CP_1	CP_0
2	0	1	0	0	1	1	CP_2		CP_0
3	0	1	1	1	0	0	CP_2	CP_1	CP_0
4	1	0	0	0	0	0	CP_2		CP_0
5	1	0	1	0	1	0	CP_2	CP_1	CP_0
6	1	1	0	0	1	0	CP_2		CP_0
7	1	1	1	0	0	0	CP_2	CP_1	CP_0

（3）作状态图。如图 8.25 所示。

（4）画时序图。如图 8.26 所示。

（5）功能描述。由以上分析可知，该电路是五进制异步加法计数器，并且具有自启动功能。

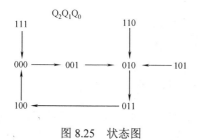

图 8.25 状态图

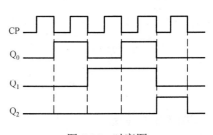

图 8.26 时序图

8.5 计数器

在数字电路中，能够记忆输入脉冲个数的电路称为计数器，它由触发器组合构成。计数器的种类很多，按触发器的状态转换与计数脉冲是否同步，分为同步计数器和异步计数器；按进位制不同，分为二进制计数器、十进制计数器和任意进制计数器（N 进制计数器）；按数值的增减，分为加法计数器、减法计数器和可逆计数器。计数器是数字系统的重要组成部分，主要用于计数，也可用于分频和定时。下面介绍一些常用的计数器。

8.5.1 二进制计数器

1. 二进制异步加法计数器

（1）电路组成。如图 8.27 所示为 3 位二进制异步加法计数器。它由 3 个 JK 触发器组成，低位的输出 Q 接到高位的控制端 C，只有最低位 FF_0 的 C 端接收计数脉冲 CP。每个触发器的 J，K 端都悬空，即 J = K = 1，处于计数状态。只要控制端 C 的信号由 "1" 变到 "0"，触发器的状态就翻转。$C = Q_2 Q_1 Q_0$ 是进位信号。

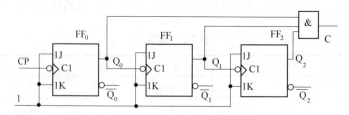

图 8.27　3 位二进制异步加法计数器

（2）工作原理。计数器工作前应清零，即 $Q_2 Q_1 Q_0 = 000$。第一个 CP 脉冲输入后，当该脉冲的下降沿到来时，FF_0 翻转，Q_0 由 "0" 变为 "1"，这样 $Q_0 = 1$ 就加到 FF_1 的 C 端，使 FF_1 保持不变，计数器的状态为 001。第二个 CP 脉冲输入后，FF_0 又翻转，Q_0 由 "1" 变为 "0"。这样 $Q_0 = 0$ 就加到 FF_1 的 C 端，使 FF_1 翻转，Q_1 由 "0" 变为 "1"。$Q_1 = 1$ 就加到 FF_2 的 C 端，使 FF_2 保持不变，计数器的状态为 010。

按此规律，随着计数脉冲 CP 的不断输入，计数器的状态如图 8.28 所示，当第 7 个 CP 脉冲输入后，计数器的状态为 111，产生进位信号 C=1，再输入一个 CP 脉冲，计数器的状态恢复为 000。

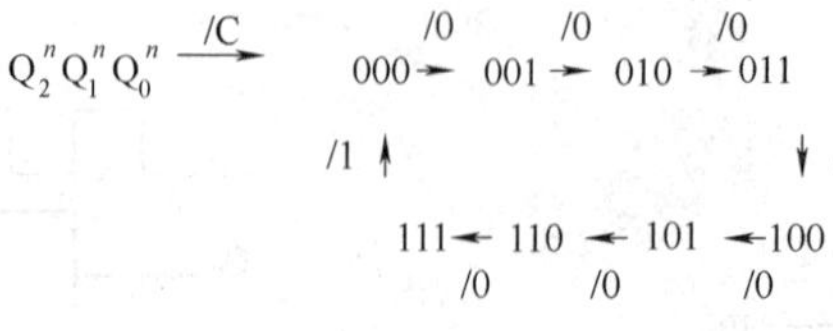

$$Q_2^n Q_1^n Q_0^n \xrightarrow{/C}$$

$$\begin{array}{ccccc} & /0 & /0 & /0 \\ 000 \rightarrow & 001 \rightarrow & 010 \rightarrow & 011 \end{array}$$

$$/1 \uparrow \qquad\qquad\qquad \downarrow /0$$

$$\begin{array}{ccccc} 111 \leftarrow & 110 \leftarrow & 101 \leftarrow & 100 \\ /0 & /0 & /0 \end{array}$$

图 8.28　3 位二进制异步加法计数器的状态图

如图 8.29 所示是 3 位二进制异步加法计数器的时序图（或波形图），可见 Q_0 的脉冲波形周期比计数脉冲 CP 大 1 倍，Q_1 的脉冲波形周期比 Q_0 大 1 倍，余可类推。因此二进制计数器

的 Q_0，Q_1，Q_2 的脉冲频率，分别是计数脉冲频率的二分频、四分频和八分频。计数器可作为分频器，同时也体现了定时的作用。

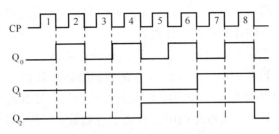

图 8.29   3 位二进制异步加法计数器时序图

如果把图 8.27 中接 Q_0，Q_1 的线改接到 $\overline{Q_0}$，$\overline{Q_1}$ 端，就可以构成 3 位二进制异步减法计数器，其工作原理类似，这里不再介绍。

2．二进制同步加法计数器

为提高计数速度，将计数脉冲送到每一个触发器的 C 端，使各触发器的状态变化与计数脉冲同步，这种方式组成的计数器称为同步计数器。

（1）电路组成。由 JK 触发器构成的 3 位同步加法计数器如图 8.30 所示。其中 $C = Q_2 Q_1 Q_0$ 是进位信号。

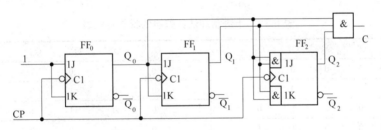

图 8.30   3 位二进制同步加法计数器

（2）工作原理。计数器工作前应清零，则有 $Q_2 Q_1 Q_0 = 000$。第一个 CP 脉冲输入后，当该脉冲的下降沿到来时，FF_0 翻转，Q_0 由"0"变为"1"，J_1，J_2 均为"0"。这样 FF_1，FF_2 保持不变，计数器的状态为 001。同时，$J_1 = K_1 = Q_0 = 1$，$J_2 = K_2 = Q_1 Q_0 = 0$。第二个 CP 脉冲输入后，FF_0 又翻转，Q_0 由"1"变为"0"，FF_1 翻转，Q_1 由"0"变为"1"，FF_2 保持不变，计数器的状态为 010。同时，$J_1 = K_1 = Q_0 = 0$，$J_2 = K_2 = Q_1 Q_0 = 0$。第三个 CP 脉冲到来后，FF_0 由"0"变为"1"，FF_1，FF_2 保持不变，计数器的状态为 011。同时，$J_1 = K_1 = Q_0 = 1$，$J_2 = K_2 = Q_1 Q_0 = 1$。第四个 CP 脉冲到来后，FF_0，FF_1，FF_2 均翻转，计数器的状态为 100。

按此规律，随着计数脉冲 CP 的不断输入，计数器的状态同图 8.28 所示的状态，并且可按表 8.10 所示的逻辑关系进行级间连接。

表 8.10   3 位同步二进制加法计数器连接的逻辑关系

触发器序号	触发器翻转条件	J、K 端逻辑关系式
FF_0	每输入一次脉冲翻转一次	$J_0 = K_0 = 1$
FF_1	$Q_0 = 1$	$J_1 = K_1 = Q_0$
FF_2	$Q_0 = Q_1 = 1$	$J_2 = K_2 = Q_0 Q_1$

8.5.2 十进制计数器

二进制计数器虽然简单，运算方便，但人们习惯的是十进制计数器。因此，需要将二进制计数器转换成具有十进制计数功能的计数器。

用 4 个 JK 触发器可组成 8421 码异步十进制加法计数器，如图 8.31 所示。计数器的状态转换和普通二进制计数器相同，表 8.11 为十进制加法计数器的状态转换表。CP 是计数脉冲输入，计数数码由 $Q_3Q_2Q_1Q_0$ 并行输出，C 是进位输出端。计数器每个次态的 4 位二进制数代表一个十进制数。例如，次态为 0101，代表十进制数 5，表示计数器已输入了 5 个计数脉冲；第六个计数脉冲输入后，状态转变为 0110，代表十进制数 6；若计数器次态为 1001 时，代表十进制数 9；第十个脉冲输入后，状态转变为 0000，同时产生一个进位输出信号 C=1，相当于十进制数逢十进一。

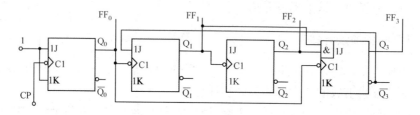

图 8.31　十进制异步加法计数器

表 8.11　十进制加法计数器的状态转换表

CP	Q_3^n	Q_2^n	Q_1^n	Q_0^n	Q_3^{n+1}	Q_2^{n+1}	Q_1^{n+1}	Q_0^{n+1}	C
1	0	0	0	0	0	0	0	1	0
2	0	0	0	1	0	0	1	0	0
3	0	0	1	0	0	0	1	1	0
4	0	0	1	1	0	1	0	0	0
5	0	1	0	0	0	1	0	1	0
6	0	1	0	1	0	1	1	0	0
7	0	1	1	0	0	1	1	1	0
8	0	1	1	1	1	0	0	0	0
9	1	0	0	0	1	0	0	1	0
10	1	0	0	1	0	0	0	0	1

8.5.3 集成计数器

中规模集成计数器有二进制、十进制和任意进制计数器等多种类型，功能齐全，使用灵活。目前有 TTL 和 CMOS 两大系列的各型产品供选择，现举例说明。

1. 集成 4 位二进制同步加法计数器 74LS161

就基本工作原理而言，集成 4 位二进制同步加法计数器与前面介绍的 3 位二进制同步加法计数器并无区别，只是为了使用和扩展功能方便，在制作集成电路时，增加了一些辅助功能，下面介绍比较典型的芯片 74LS161。

（1）74LS161 的引脚排列。74LS161 的引脚排列、逻辑功能示意图如图 8.32 所示，其中 CP 是同步计数脉冲输入端，$\overline{CR}$ 是异步清零端（低电平有效）；$\overline{LD}$ 是预置数控制端（低电平有效）；CT_P 和 CT_T 是两个计数器工作状态控制端；$D_0 \sim D_3$ 是并行置数输入端；CO 是进位信号输出端；$Q_0 \sim Q_3$ 是计数器状态并行输出端。

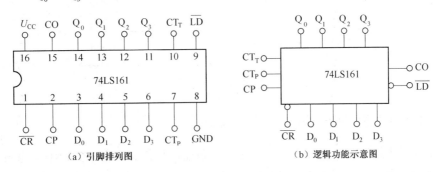

图 8.32　集成 4 位二进制同步加法计数器 74LS161

（2）74LS161 的状态表。表 8.12 是集成计数器 74LS161 的状态表。

表 8.12　集成计数器 74LS161 的状态表

输　　入									输　　出				
$\overline{CR}$	$\overline{LD}$	CT_T	CT_P	CP	D_0	D_1	D_2	D_3	Q_0^{n+1}	Q_1^{n+1}	Q_2^{n+1}	Q_3^{n+1}	CO
0	×	×	×	×	×	×	×	×	0	0	0	0	0
1	0	×	×	↑	d_0	d_1	d_2	d_3	d_0	d_1	d_2	d_3	
1	1	1	1	↑	×	×	×	×	计数				
1	1	0	×	↑	×	×	×	×	保持				
1	1	×	0	↑	×	×	×	×	保持				0

（3）74LS161 的功能。

① $\overline{CR}$ =0 时异步清零，此时，不管 CP 及其他输入信号如何，$Q_0^{n+1}Q_1^{n+1}Q_2^{n+1}Q_3^{n+1} = 0000$；由于清零功能与时钟无关，故这种清零称为异步清零。

② $\overline{CR}$ =1，$\overline{LD}$ =0 时同步预置数，在 $D_0 \sim D_3$ 预置某个数据 $d_0 \sim d_3$，此时，在 CP 上升沿作用下，并行输入数据 $d_0 \sim d_3$ 进入计数器，使 Q_0^{n+1} Q_1^{n+1} Q_2^{n+1} $Q_3^{n+1} = d_0 d_1 d_2 d_3$。

③ $\overline{CR} = \overline{LD}$ =1 且 $CP_T = CP_P = 1$ 时，按照 4 位自然二进制码进行同步加法二进制计数；当计数到 1111 时，进位输出端 CO 送出进位信号（高电平有效）。

④ $\overline{CR} = \overline{LD}$ =1 且 $CP_T \cdot CP_P = 0$ 时，计数器保持原来状态不变。

⑤ 功能扩展。74LS161 有异步清零端 $\overline{CR}$，利用反馈归零法，可组成任意进制计数器。74LS161 还有预置控制端 $\overline{LD}$ 和预置输入端 $D_0 \sim D_3$，利用反馈预置法也可组成任意进制计数器。多片 74LS161 可以利用控制端 CT_P 和 CT_T 进行级联扩展。例如，用两片 74LS161 构成 8 位二进制计数器，即 2^8 进制计数器，正确的连接如图 8.33 所示。

除上述异步清零二进制计数器外，还有同步清零二进制计数器，如 74LS163，它必须在 CP 下降沿作用下 $\overline{CR}$ =0 时才能清零，其余逻辑功能、工作原理及外引线排列与 74LS161 没有区别。

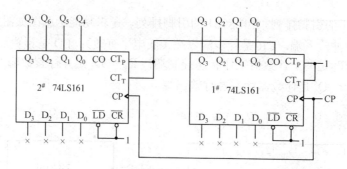

图 8.33 用两片 74LS161 构成 8 位二进制计数器

2. 集成 4 位二进制同步加法计数器 74LS160

74LS160 是十进制异步清零（8421BCD）计数器，其各端功能与 74LS161 相同，所不同的是 74LS160 的输出只能从 0000～1001，当 $Q_3Q_2Q_1Q_0=1001$ 时，进位输出端 CO=1。用两片 74LS160 构成一百进制计数器的连线图见图 8.34 所示。74LS162 是十进制（8421BCD）同步清零计数器，其各端功能与 74LS161 也相同。

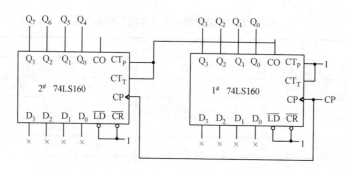

图 8.34 用两片 74LS160 构成一百进制计数器

3. 集成 4 位二进制异步加法计数器 74LS197

（1）74LS197 的引脚排列。74LS197 的引脚排列、逻辑功能示意如图 8.35 所示。其中 CP_0 是触发器 FF_0 的时钟输入端，CP_1 是触发器 FF_1 的时钟输入端；$\overline{CR}$ 是清零端；$CT/\overline{LD}$ 是计数和置数控制端；CT_P 和 CT_T 是两个计数器工作状态控制端；$D_0 \sim D_3$ 是并行输入数据端；$Q_0 \sim D_3$ 是计数器状态输出端。

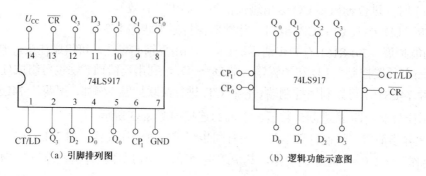

（a）引脚排列图　　　　　　（b）逻辑功能示意图

图 8.35 集成 4 位二进制同步加法计数器 74LS197

（2）74LS197 的状态表。表 8.13 是集成计数器 74LS197 的状态表。

表 8.13　集成计数器 74LS197 的状态表

输　入							输　出				备注
$\overline{CR}$	$CT/\overline{LD}$	CP	D_0	D_1	D_2	D_3	Q_0^{n+1}	Q_1^{n+1}	Q_2^{n+1}	Q_3^{n+1}	
0	×	×	×	×	×	×	0	0	0	0	清零
1	0	×	d_0	d_1	d_2	d_3	d_0	d_1	d_2	d_3	置数
1	1	↓	×	×	×	×	计数				$CP_0=CP$，$CP_1=Q_0$

（3）74LS197 的工作原理。

$\overline{CR}$ =0 时异步清零。

$\overline{CR}$ =1，$CT/\overline{LD}$ =0 时异步置数。

$\overline{CR}$ =1，$CT/\overline{LD}$ =1 时，异步加法计数。若将输入时钟脉冲 CP 加在 CP_0 端、把 Q_0 与 CP_1 连接起来，则构成 4 位二进制即十六进制异步加法计数器。若将 CP 加在 CP_1 端，则构成 3 位二进制即八进制计数器，FF_0 不工作。如果只将 CP 加在 CP_0 端，CP_1 接 0 或 1，则形成 1 位二进制即二进制计数器。

4．集成 4 位二-五-十进制异步加法计数器 74LS290

（1）74LS290 的引脚排列。74LS290 的引脚排列、逻辑功能示意如图 8.36 所示。

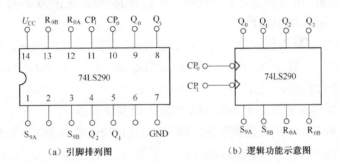

（a）引脚排列图　　　　　　　（b）逻辑功能示意图

图 8.36　集成 4 位二进制同步加法计数器 74LS290

（2）74LS290 的状态表。表 8.14 是集成计数器 74LS290 的状态表。

表 8.14　集成计数器 74LS290 的状态表

输　入				输　出			
$R_{0A}·R_{0B}$	$S_{9A}·S_{9B}$	CP_0	CP_1	Q_0^{n+1}	Q_1^{n+1}	Q_2^{n+1}	Q_3^{n+1}
1	0	×	×	0	0	0	0（清零）
×	1	×	×	1	0	0	1（置9）
0	0		0	二进制计数			
0	0	0	↓	五进制计数			
0	0	Q_0	0	8421 码十进制计数			

（3）74LS290 的工作原理。

① $R_{0A}·R_{0B}$=1，$S_{9A}·S_{9B}$=0 时计数器清零。

② $S_{9A}·S_{9B}$=1 时计数器置数为 1001，实现直接置"9"功能。

③ $R_{0A} \cdot R_{0B} = S_{9A} \cdot S_{9B} = CP_1 = 0$，若将输入时钟脉冲 CP 加在 CP_0 端则构成 1 位二进制计数器。

④ $R_{0A} \cdot R_{0B} = S_{9A} \cdot S_{9B} = CP_0 = 0$，若将输入时钟脉冲 CP 加在 CP_1 端则构成五进制计数器。

⑤ $R_{0A} \cdot R_{0B} = S_{9A} \cdot S_{9B} = CP_0 = 0$，若将输入时钟脉冲 CP 加在 CP_0 端，把 Q_0 与 CP_1 连接起来，则构成 8421 码十进制计数器。

⑥ 功能扩展。用少量逻辑门，通过对 74LS290 外部不同方式的连接，可以组成任意进制计数器。

8.5.4 计数器的应用举例

1. 用 74LS161 构成 N 进制计数器

（1）反馈归零法。反馈归零法是在计数的过程中，把输出反馈至芯片的清零端 $\overline{CR}$ 强迫计数器归零的一种方法。当计数器计到第 N 种状态后，它的下一个状态要通过门电路使 $\overline{CR} = 0$，即直接置 0，计数器的第 $N+1$ 种状态是计数器最初的状态。

例 8.6 采用反馈归零法，用 74LS161 构成十进制计数器。

解：图 8.37 所示为采用反馈归零法，用 74LS161 构成的十进制计数器。令 $\overline{LD} = CT_p = CT_T = 1$，因为 $N=10$，其对应的 $Q_3Q_2Q_1Q_0 = 1010$，将输出端 Q_3 和 Q_1 通过与非门接至 74LS161 的清零端 $\overline{CR}$，计数器复位清零。$\overline{CR}$ 是异步清零，无需 CP 脉冲，故输出 1010 时能使 $\overline{CR} = 0$，计数器即刻进入 0000，1010 只是计数过程中一个短暂的状态。输出为 0000 后，$\overline{CR}$ 由 0 变 1，计数器又开始一个新周期的计数。

（2）反馈预置法。反馈预置法是在计数的过程中，利用芯片的预置控制端 $\overline{LD}$ 和预置输入端 $D_0 \sim D_3$，给 $D_0 \sim D_3$ 首先预置 0000，当计数器计到第 $N-1$ 种状态时，使 $\overline{LD} = 0$，那么它在第 N 个 CP 到来时，计数器的状态便会回到 0000。

例 8.7 采用反馈预置法，用 74LS161 构成十进制计数器。

解：图 8.38 所示为采用反馈预置法，用 74LS161 构成的十进制计数器。令 $\overline{CR} = CT_p = CT_T = 1$，再令预置输入端 $D_0 \sim D_3 = 0000$（即预置数 0），以此为初态进行计数。$N-1=9$，其对应的 $Q_3Q_2Q_1Q_0 = 1001$，将输出端 Q_3 和 Q_0 通过与非门使 $\overline{LD} = 0$，因 $\overline{LD}$ 是同步置数，待下一个 CP 脉冲上升沿到来时，计数器输出状态才进行同步预置，使 $Q_3Q_2Q_1Q_0 = D_3D_2D_1D_0 = 0000$，故输出 1001 为有效状态，计数状态为 $0000 \rightarrow 0001 \rightarrow \cdots \rightarrow 1001$，共 10 个。待输出为 0000 时，$\overline{LD}$ 由 0 变 1，计数器又开始一个新周期的计数。

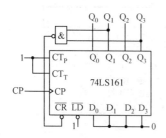

图 8.37　用反馈归零法构成的十进制计数器

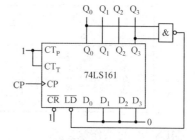

图 8.38　用反馈预置法构成的十进制计数器

（3）进位输出置最小数法。进位输出置最小数法是利用芯片的预置控制端 $\overline{LD}$ 和进位输出端CO，将CO端输出经非门送到$\overline{\text{LD}}$端，给预置输入端$D_3D_2D_1D_0$置一个最小数M，$M=16-N$。

例8.8 采用进位输出置最小数法，用74LS161构成十进制计数器。

解：图8.39为采用进位输出置最小数法，用74LS161构成的十进制计数器。

最小数$M=16-N=16-10=6$，对应的二进制数为0110，相应的预置端$D_3D_2D_1D_0=0110$，并且令$\overline{\text{CR}}=CT_P=CT_T=1$。当$Q_3Q_2Q_1Q_0=1111$时进位输出端CO经非门使$\overline{\text{LD}}=0$，计数器置数，使$Q_3Q_2Q_1Q_0=D_3D_2D_1D_0=0110$。这时计数器是以0110为起始状态开始计数的，计数顺序为$0110\rightarrow0111\rightarrow1000\rightarrow\cdots\rightarrow1111$，共十个状态，故称十进制计数器。待输出为0110时，$\overline{\text{LD}}$由0变1，计数器又开始新周期的计数。

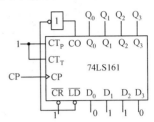

图8.39 用进位输出置最小数法
构成的十进制计数器

（4）级联法。一片74LS161可构成2～16进制间任意进制计数器，采用级联法可用两片74LS161构成2～256进制间任意进制计数器，依次类推。将低位芯片的进位输出端CO端和高位芯片的计数控制端CT_P和CT_T直接连接，外部计数脉冲同时从每片芯片的CP端输入，再根据要求，选取上述三种实现任意进制计数器的方法之一，完成对应电路的构建。

例8.9 试用两片74LS161构成六十进制计数器。

解：图8.40为用两片74LS161构成的六十进制计数器。两片计数器均采用反馈预置法，个位是十进制计数器，十位是六进制计数器。两片计数器的CP脉冲同步，计数范围是0～59。

当个位计数器计数到$Q_3Q_2Q_1Q_0=1001$时，Q_3、Q_0经与门、非门输出0送至个位$\overline{\text{LD}}$端，预置0；下一个CP脉冲到来时，个位计数器回归0000。同时与门输出的1送至十位计数器的CT_T端，使十位计数器加1计数。

当十位计数器计数到$Q_7Q_6Q_5Q_4=0101$时，个位计数器计数到$Q_3Q_2Q_1Q_0=1001$时，两个计数器的CT_P和CT_T均为1、$\overline{\text{LD}}$均为0，下一个CP脉冲到来时，个位计数器和十位计数器都回归为0000，完成计数器一个周期的计数。

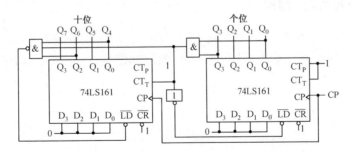

图8.40 用两片74LS161构成六十进制计数器

2. 用74LS290构成N进制计数器

例8.10 用74LS290构成七进制计数器。

解：图8.41（a）所示是用74LS290构成的七进制计数器。先将74LS290的CP_1端与Q_0端相接，使它组成8421BCD码十进制计数器。当计数器从初态0000开始计数到0111时，采用反馈归零法，将反馈信号由$Q_2Q_1Q_0$经与门送至R_0端，即$R_{0A}=R_{0B}=Q_2Q_1Q_0=1$。当清零信号有效时，计数器的状态 $Q_3Q_2Q_1Q_0$ 随即被异步清零。所以，当第 7 个脉冲下降沿到来时，状态由 0110→（0111）→0000，显然 0111 仅是由 0110→0000 的一个非常短暂的过渡状态。其波形图如图 8.41（b）所示。

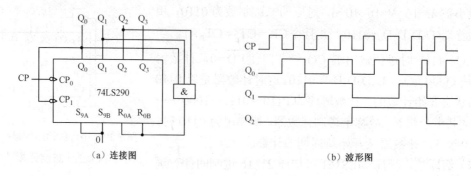

(a) 连接图　　　　　　　　　　　　　　　　(b) 波形图

图 8.41　用 74LS290 构成七进制计数器

8.6　寄存器

在数字电路中，用来存放二进制数据或代码的电路称为寄存器。寄存器是由具有存储功能的触发器组合构成的。一个触发器可以存储 1 位二进制代码，存放 n 位二进制代码的寄存器，需用 n 个触发器来构成。

按照功能的不同，可将寄存器分为数码寄存器和移位寄存器两大类。数码寄存器采用并行输入数据、并行输出数据。移位寄存器中的数据可以在移位脉冲作用下依次逐位右移或左移。数据常采用串行输入、串行输出，也可以有其他形式。

8.6.1　数码寄存器

1. 数码寄存器的电路组成

数码寄存器也称锁存器，如图 8.42 所示是采用 4 个 D 触发器构成的 4 位数码寄存器，其中 CP 作为接收并行输入数码 $D_0 \sim D_3$ 的控制信号，$Q_0 \sim Q_3$ 是数码寄存器的并行输出端。

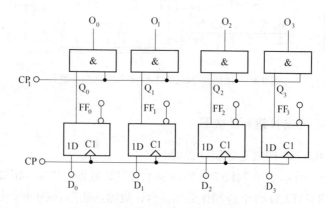

图 8.42　D 触发器构成的数码寄存器

2．数码寄存器的工作原理

（1）输入数据。无论寄存器中原来的内容是什么，只要送数控制时钟脉冲 CP 上升沿到来，加在并行数据输入端的数据 $D_0 \sim D_3$，就立即被送入寄存器中。

即：$Q_3^{n+1} Q_2^{n+1} Q_1^{n+1} Q_0^{n+1} = D_3 D_2 D_1 D_0$。

（2）保持。在 CP 上升沿以外的时间，寄存器内容将保持不变。

（3）输出数据。当 $CP_1 = 1$，各"与"门开启，输出数码寄存器保持的数据到 $O_3 O_2 O_1 O_0$。

3．集成 4 位数码寄存器 74LS175

集成 74LS175 是一个 4 位数码寄存器，它的内部是 4 个上升沿 D 触发器。

（1）74LS175 的引脚排列。74LS175 的引脚排列、逻辑功能示意图如图 8.43 所示。

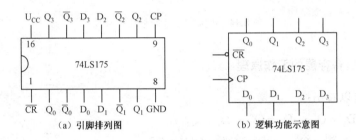

（a）引脚排列图　　　（b）逻辑功能示意图

图 8.43　集成 4 位数码寄存器 74LS175

（2）74LS175 的状态表。表 8.15 是集成数码寄存器 74LS175 的状态表。

表 8.15　集成数码寄存器 74LS175 的状态表

输　　入						输　　出			
$\overline{CR}$	CP	D_0	D_1	D_2	D_3	Q_0	Q_1	Q_2	Q_3
0	×	×	×	×	×	0	0	0	0
1	↑	d_0	d_1	d_2	d_3	d_0	d_1	d_2	d_3
1	0	×	×	×	×	保持			

（3）74LS175 的功能。

① $\overline{CR} = 0$ 时异步清零，此时，不管 CP 及其他输入信号如何，$Q_0 Q_1 Q_2 Q_3 = 0000$。

② $\overline{CR} = 1$，CP 上升沿时并行置数，将 $D_0 \sim D_3$ 数码端的数据 $d_0 \sim d_3$ 并行输入到寄存器中去，使 $Q_0 Q_1 Q_2 Q_3 = d_0 d_1 d_2 d_3$。4 位数码在 $Q_0 Q_1 Q_2 Q_3$ 可并行输出，故该寄存器又称为并行输入、并行输出寄存器。

③ $\overline{CR} = 1$ 且 CP=0 时保持，即没有 CP 脉冲作用时，寄存器保存数码不变。若要扩大寄存器位数，可将多片器件进行级联。

8.6.2　移位寄存器

移位寄存器具有数码寄存和移位两个功能。移位寄存器也是一种常用的寄存器，它能够实现输入数据的逐位向左或向右移动，通常分为单向移位寄存器（左或右移）和双向移位寄存器（左移和右移）两种。

1. 单向移位寄存器的电路组成

图 8.44 所示的是由 4 个边沿 D 触发器组成的 4 位右移移位寄存器。

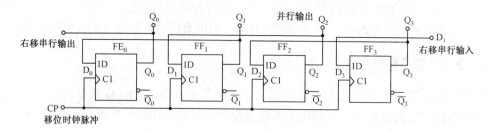

图 8.44　4 位右移单向移位寄存器

2. 单向移位寄存器的工作原理

从电路中可以看出：

$D_3 = D_i$，　$D_2 = Q_3^n$，　$D_1 = Q_2^n$，　$D_0 = Q_1^n$

$Q_3^{n+1} = D_i$，　$Q_2^{n+1} = Q_3^n$，　$Q_1^{n+1} = Q_2^n$，　$Q_0^{n+1} = Q_1^n$

假设移位寄存器的初始状态为 0000，现从输入端 D_i 依次输入信号 1101，可以得到真值表如表 8.16 所示。

表 8.16　单向右移移位寄存器真值表

输　入		现　态				次　态				移 位 过 程
D_i	CP	Q_0^n	Q_1^n	Q_2^n	Q_3^n	Q_3^{n+1}	Q_2^{n+1}	Q_1^{n+1}	Q_0^{n+1}	
1	↑	0	0	0	0	1	0	0	0	右移一位
1	↑	1	0	0	0	1	1	0	0	右移二位
0	↑	1	1	0	0	0	1	1	0	右移三位
1	↑	1	0	1	0	1	0	1	1	右移四位

从真值表中可以看出，在输入端依次输入 1101，经过 4 个时钟脉冲信号作用后，Q_3^{n+1} Q_2^{n+1} Q_1^{n+1} Q_0^{n+1} =1011。

单向左移移位寄存器与单向右移移位寄存器工作原理基本相同，如把单向左移移位寄存器与单向右移移位寄存器组合起来，加上相应的左移和右移控制信号，就构成了双向移位寄存器。

3. 集成移位寄存器

集成移位寄存器从结构上可分为 TTL 型和 CMOS 型；按寄存数据位数，可分为四位、八位、十六位等等；按移位方向，可分为单向和双向两种。

目前比较常见的集成移位寄存器有 8 位单向移位寄存器 74LS164 和 4 位双向移位寄存器 74LS194，下面分别介绍。

（1）8位单向移位寄存器 74LS164。

① 74LS164 引脚排列、逻辑功能示意如图 8.45 所示。图中，$D_i = D_{SA} \cdot D_{SB}$ 为数码的串行输入信号端，$\overline{CR}$ 为清零端，$Q_0 \sim Q_7$ 为数码输出端，为并行方式。

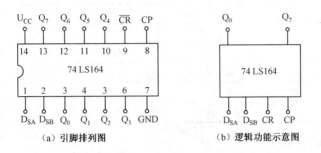

（a）引脚排列图　　　　　　（b）逻辑功能示意图

图 8.45　单向移位寄存器 74LS164

② 74LS164 的工作原理。74LS164 的工作原理可以用表 8.17 所示的功能表来描述，表中 "×" 表示取任意值。

表 8.17　74LS164 的功能表

输　　入			输　　　出								说　　明
$\overline{CR}$	D_i	CP	Q_7^{n+1}	Q_6^{n+1}	Q_5^{n+1}	Q_4^{n+1}	Q_3^{n+1}	Q_2^{n+1}	Q_1^{n+1}	Q_0^{n+1}	
0	×	×	0	0	0	0	0	0	0	0	清零
1	×	0	Q_7^n	Q_6^n	Q_5^n	Q_4^n	Q_3^n	Q_2^n	Q_1^n	Q_0^n	保持
1	D_i	↑	Q_6^n	Q_5^n	Q_4^n	Q_3^n	Q_2^n	Q_1^n	Q_0^n	D_i	左移

（2）4位双向移位寄存器 74LS194。74LS194 是双向四位 TTL 型集成移位寄存器，具有双向移位、并行输入、保持数据和清除数据等功能。

① 74LS194 引脚排列、逻辑功能示意如图 8.46 所示。

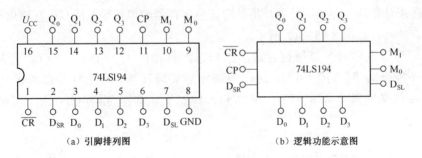

（a）引脚排列图　　　　　　（b）逻辑功能示意图

图 8.46　双向移位寄存器 74LS194

图中，D_{SL} 是左移串行数据输入端，D_{SR} 是右移串行数据输入端；$\overline{CR}$ 为清零端，优先级别最高；$M_1 M_0$ 为工作状态控制端，$M_1 M_0 = 01$，实现左移功能；$M_1 M_0 = 10$，实现右移功能；$Q_0 \sim Q_3$ 为数码输出端，为并行方式。

② 74LS194 的工作原理。74LS194 的工作原理可以用表 8.18 所示的功能表来描述，其工作时在电源 U_{CC} 和地之间应接入一只 $0.1 \mu F$ 的旁路电容。

表 8.18　74LS194 的功能表

输入										输出				说　明
$\overline{CR}$	M_1	M_0	D_{SR}	D_{SL}	CP	D_3	D_2	D_1	D_0	Q_3^{n+1}	Q_2^{n+1}	Q_1^{n+1}	Q_0^{n+1}	
0	×	×	×	×	×	×	×	×	×	0	0	0	0	清零
1	×	×	×	×	0	×	×	×	×	Q_3^n	Q_2^n	Q_1^n	Q_0^n	保持
1	0	0	×	×	×	×	×	×	×	Q_3^n	Q_2^n	Q_1^n	Q_0^n	保持
1	1	1	×	×	↑	d_3	d_2	d_1	d_0	d_3	d_2	d_1	d_0	置数
1	0	1	×	D_i	↑	×	×	×	×	Q_2^n	Q_1^n	Q_0^n	D_i	左移
1	1	0	D_i	×	↑	×	×	×	×	D_i	Q_3^n	Q_2^n	Q_1^n	右移

8.6.3　寄存器的应用

1. 实现数据传输方式的转换

数字电路中有串行和并行两种数据传送方式，利用移位寄存器可实现数据传送方式的转换。如图 8.24 所示，既可将串行输入转换为并行输出，也可将串行输入转换为串行输出。

例 8.11　试用 74LS194 实现数据传送方式的串-并行转换。

解： 利用 74LS194 实现数据传送方式的串-并行转换，如图 8.47 所示。

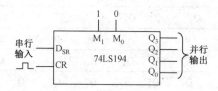

图 8.47　利用 74LS194 实现串-并行转换

2. 构成移位型计数器

（1）环形计数器。环形计数器是将单向移位寄存器的串行输入端和串行输出端相连，构成一个闭合的环，如图 8.48（a）所示。

实现环形计数器时，必须设置适当的初态，且输出 $Q_3Q_2Q_1Q_0$ 端初始状态不能完全一致（即不能全为"1"或"0"），这样电路才能实现计数，环形计数器的进制数 N 与移位寄存器内的触发器个数 n 相等，即 $N=n$，状态变化如图 8.48（b）所示（电路中初态为 0100）。

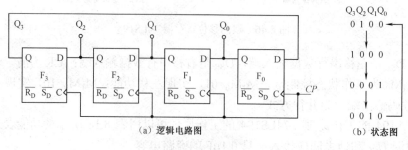

（a）逻辑电路图　　　　　　　　　　（b）状态图

图 8.48　环形计数器

如果在图 8.48 所示的环形计数器的每个输出端连接彩灯，则四组彩灯就按脉冲分配的顺序闪烁发光，给节日带来喜庆的气氛。

例 8.12 试用 74LS194 构成环形计数器。

解：图 8.49 所示为 74LS194 构成的环形计数器（左移），设起始状态为 $Q_3Q_2Q_1Q_0$=1000。

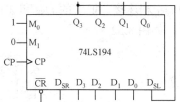

图 8.49 74LS194 构成环形计数器

首先置数，使 $\overline{CR}$=1，M_1M_0=11，寄存器 74LS194 处于并行输入工作方式。在数据输入端，使 D_3=1，D_2=D_1=D_0=0（接地），即 $D_3D_2D_1D_0$=1000，而后输入 CP 脉冲，当时钟脉冲上升沿出现时，寄存器把并行输入数据 1000 传输到输出端，使 $Q_3Q_2Q_1Q_0$=1000。工作时，要使 M_1M_0=01，使 74LS194C 处于左移工作方式，串行输入端 D_{SL} 的输入状态随 Q_3 的输出状态而串行变化，其状态迁移为 1000→0001→0010→0100→1000，相当于一个四进制计数器。0000 和 1111 是电路不能进入循环的状态。

（2）扭环形计数器。扭环形计数器是将单向移位寄存器的串行输入端和串行反相输出端相连，构成一个闭合的环，如图 8.50（a）所示。

实现扭环形计数器时，不必设置初态。扭环形计数器的进制数 N 与移位寄存器内的触发器个数 n 满足 $N=2n$ 的关系，状态变化如图 8.50（b）所示。

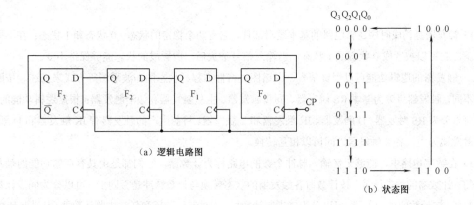

（a）逻辑电路图

（b）状态图

图 8.50 环形计数器

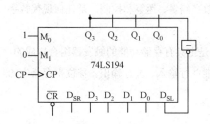

图 8.51 74LS194 构成的扭环形计数器

例 8.13 试用 74LS194 构成扭环计数器

解：图 8.51 所示为 74LS194 构成的扭环计数器。如起始状态为 $Q_3Q_2Q_1Q_0$=1000，首先使 $\overline{CR}$=1，M_1M_0=11 进行置数，$Q_3Q_2Q_1Q_0$=1000。工作时，M_1M_0=01 左移，串行输入端 D_{SL} 的输入状态随 Q_3 输出的反串行变化，其迁移状态为 1000→0000→0001→0011→0111→1111→1110→1100→1000，相当于一个八进制计数器。

3. 移位寄存器的扩展

如果要增加寄存器位数时，可用两片或多片 74LS194 级联。

例 8.14 试用两片 74LS194 扩展为 8 位双向移位寄存器

解： 把两片 74LS194 扩展为 8 位双向移位寄存器的连接十分简单，只要把 $1^{\#}$ 的 Q_3 和 $2^{\#}$ 的 D_{SL} 相连接，把 $1^{\#}$ 的 D_{SR} 和 $2^{\#}$ 的 Q_0 相连接，同时把两片的 CP、$\overline{CR}$、M_1、M_0 分别并接即可，如图 8.52 所示。

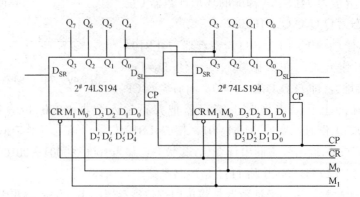

图 8.52 两片 74LS194 扩展为 8 位双向移位寄存器

本 章 小 结

（1）触发器是构成时序逻辑电路的基本逻辑部件，它有两个稳定的状态：0 状态和 1 状态；在不同的输入情况下，它可以被置成 0 状态或 1 状态，当输入信号消失后，所置成的状态能够保持不变。

（2）触发器的逻辑功能可以用真值表、卡诺图、特性方程、状态图和波形图等方式来描述。按照结构形式的不同，触发器可分为基本 RS 触发器、同步触发器、主从触发器和边沿触发器；根据逻辑功能的不同，触发器可以分为 RS 触发器、D 触发器、JK 触发器和 T 触发器。目前生产的触发器有 JK 触发器和 D 触发器，以边沿触发器为主，各类触发器之间可以相互转换。

（3）在数字电路中，能够记忆输入脉冲个数的电路称为计数器。它们都是由具有存储功能的触发器组合构成的。计数器的种类很多，按计数时各触发器的状态转换与计数脉冲是否同步，可以分为同步计数器和异步计数器；按计数的进制不同，可以分为二进制计数器、十进制计数器和任意进制计数器（N 进制计数器）；按计数过程中计数器的数值增减可分为加法计数器、减法计数器和可逆计数器。计数器是数字系统的重要组成部分，是一种应用十分广泛的时序电路，可以用于计数、分频、数字测量、运算和控制，是任何现代数字系统中不可缺少的组成部分。

（4）能用来存放二进制数据或代码的电路称为寄存器。寄存器是由具有存储功能的触发器组合构成的，按功能分为基本寄存器和移位寄存器两大类。基本寄存器的数据只能并行输入、并行输出。移位寄存器中的数据可以在移位脉冲作用下依次逐位右移或左移。

习 题 8

一、判断题（正确的打 √，错误的打 ×）

8.1 基本 RS 触发器只能由与非门组成。（ ）

8.2 基本 RS 触发器在触发信号同时作用期间，其输出状态不定。（ ）

8.3 与非门构成的 RS 触发器的状态方程是 $Q^{n+1} = R + \overline{S}Q^n$。（　　）

8.4 所谓下降沿触发，是指触发器的输出状态变化发生在 CP=0 期间。（　　）

8.5 JK 触发器当 $J = \overline{K}$ 时，相当于一个 D 触发器。（　　）

8.6 T'触发器只有翻转和保持两个功能（　　）

8.7 T 触发器的特性方程是 $Q^{n+1} = TQ^n$。（　　）

8.8 构成计数器电路的器件必须具有记忆功能。（　　）

8.9 8421 码十进制加法计数器处于 1001 状态时，应准备向高位发出进位信号。（　　）

8.10 按照计数器在计数过程中触发器翻转的次序，可以分为同步计数器和异步计数器。（　　）

8.11 同步计数器是指组成计数器的所有触发器的状态变化在同一个时钟脉冲控制下同时发生。（　　）

8.12 时序逻辑电路和组合逻辑电路一样具有记忆功能。（　　）

8.13 具有记忆功能的各类触发器是构成时序逻辑电路的基本单元。（　　）

8.14 在 74LS161 的应用时，反馈归零法和反馈预置法的作用完全相同。（　　）

8.15 74LS290 计数器有独立的二进制和六进制计数功能。（　　）

8.16 寄存器是用于暂存二进制代码的电路。（　　）

8.17 移位寄存器具有将数据依次向左或向右移动的功能，但不具有暂存数据的功能。（　　）

8.18 74LS194 双向移位寄存器在作环形移位时也是一个计数器。（　　）

二、选择题（单选）

8.19 时序逻辑电路输出状态的改变与_____有关。

　　A．输入信号此刻状态　　　　B．电路原状态　　　C．电路原状态与输入信号此刻状态

8.20 触发器是一种_____。

　　A．单稳态触发器　　　　　　B．双稳态触发器　　　C．无稳态触发器

8.21 在基本 RS 触发器电路中，当触发电平信号消失后，其输出状态（　　）。

　　A．保持现在的状态　　　　B．恢复原来的状态

　　C．0 状态　　　　　　　　D．1 状态

8.22 具有"置 0、置 1、保持、翻转"功能的触发器是_____。

　　A．RS 触发器　　　　B．JK 触发器　　　　C．D 触发器　　　　D．T 触发器

8.23 下列器件中，属于时序逻辑电路的有（　　）。

　　A．计数器和全加器　　　　B．寄存器和数值比较器

　　C．全加器和数据分配器　　　D．计数器和寄存器

8.24 构成计数器的基本单元是（　　）。

　　A．与非门　　　　　　B．触发器　　　　　C．或非门　　　　　D．以上都不对

8.25 触发器具有（　　）个稳定状态。

　　A．0　　　　　　　　B．1　　　　　　　　C．2　　　　　　　　D．3

8.26 触发器符号图中 CP 端有">"、无"○"表示触发器采用_____触发。

　　A．低电平　　　　B．上升沿　　　　C．下降沿　　　　D．主从

8.27 在如图 8.53 所示电路的 $Q^{n+1} =$（　　）。

　　A．$A + \overline{Q^n}$　　　　B．$\overline{A} + Q^n$　　　　C．$A + Q^n$　　　　D．$\overline{A} + \overline{Q^n}$

8.28 在图 8.54 所示电路中，只有（　　）不能实现 $Q^{n+1} = \overline{Q^n}$。

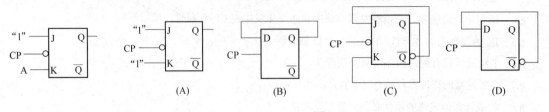

(A)	(B)	(C)	(D)

图 8.53   图 8.54

8.29 边沿 JK 触发器的特性方程是_____。

    A. $Q^{n+1} = \bar{J}Q^n + K\bar{Q}^n$ B. $Q^{n+1} = J\bar{Q}^n + \bar{K}Q^n$ C. $Q^{n+1} = \bar{J}Q^n + \bar{K}Q^n$

8.30 仅具有"置 0"、"置 1"功能的触发器叫_____。

    A. JK 触发器   B. RS 触发器   C. D 触发器   D. T 触发器

8.31 T 触发器的特性方程是（   ）。

    A. $Q^{n+1} = TQ^n + \bar{T} \cdot \bar{Q}^n$ B. $Q^{n+1} = T\bar{Q}^n$

    C. $Q^{n+1} = T\bar{Q}^n + \bar{T}Q^n$ D. $Q^{n+1} = \bar{T}Q^n$

8.32 4 位同步二进制加法计数器现时的内容为 0111,当下一个时钟脉冲到来之际,其内容变为（   ）。

    A. 0111   B. 0110   C. 1000   D. 1110

8.33 设计一个能存放 8 位二进制代码的寄存器需要（   ）个触发器。

    A. 8   B. 4   C. 3   D. 2

8.34 为实现 D 触发器转换成 T 触发器,如图 8.55 所示的虚线框内应是（   ）。

    A. 或非门   B. 与非门   C. 异或门   D. 同或门

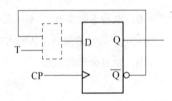

图 8.55

8.35 D 触发器输出端 $\bar{Q}$ 与输入端 D 连接,则 D 触发器将转变成_____。

    A. T 触发器   B. T′触发器   C. JK 触发器   D. RS 触发器

8.36 74LS290 计数器的异步置 9 和清 0 端的优先级为_____。

    A. 置 9 高于清 0   B. 清 0 高于置 9   C. 置 9 和清 0 一样

8.37 74LS194 是一个_____寄存器。

    A. 左移位   B. 右移位   C. 双向移位

三、填空题

8.38 由与非门构成的基本 RS 触发器的约束条件是_____。

8.39 JK 触发器的特性方程为_____。

8.40 根据在 CP 控制下,逻辑功能的不同,常把同步触发器分为_____、_____、_____、
_____4 种类型。

8.41 移位寄存器的功能是_____。

8.42　在单向右移移位寄存器中，并行输出为 $Q_3Q_2Q_1Q_0$，串行输入端为 D，若起始状态 $Q_3Q_2Q_1Q_0$=1001，而且在任何时刻总有D=1，则经过 3 个 CP 后，$Q_3Q_2Q_1Q_0$=＿＿＿＿。

8.43　对于由与非门组成的基本 RS 触发器，当 R=＿＿＿，S=＿＿＿时，触发器保持原有状态不变。

8.44　D 触发器，要使 $Q^{n+1}=Q^n$，则输入 D=＿＿＿＿＿＿＿＿。

8.45　电路如图 8.56 所示，其次态 Q^{n+1}=＿＿＿＿。

8.46　存储 8 个二进制信息要＿＿＿个触发器。

8.47　假设 T 触发器的现态为 0，要使其次态为 1，则输入 T=＿＿＿＿＿＿＿＿。

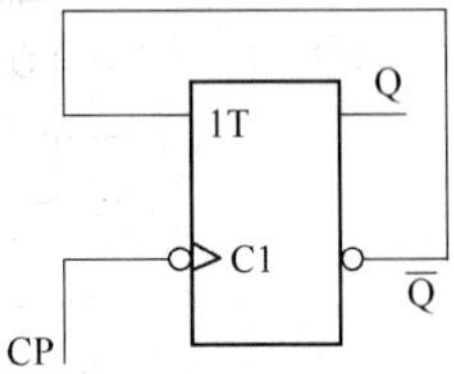

8.48　一个四位二进制加法计数器起始状态为 1001，当最低位接收到 4 个脉冲时，各输出端的状态依次是 Q_3=＿＿＿＿，Q_2=＿＿＿＿，Q_1=＿＿＿＿，Q_0=＿＿＿＿。

图 8.56

8.49　电路如图 8.57 所示，该电路的名称是＿＿＿＿＿＿＿＿＿＿＿＿＿＿＿；设各触发器的起始状态均为 0，当频率为 1600Hz 的计数脉冲从 CP 端输入，各触发器输出端状态波形的频率分别是 f_0=＿＿＿＿＿＿ Hz，f_1=＿＿＿＿＿＿ Hz，f_2=＿＿＿＿＿＿ Hz，f_3=＿＿＿＿＿＿ Hz。

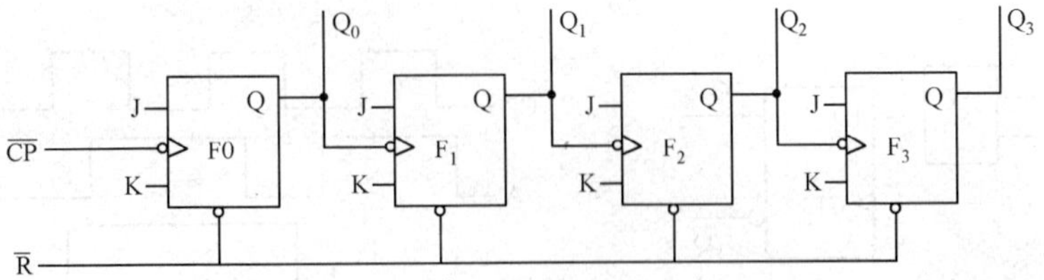

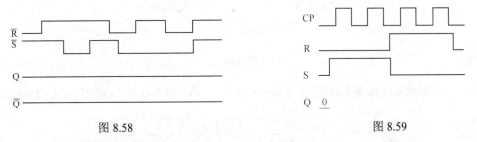

图 8.57

四、解析题

8.50　基本 RS 触发器的 $\overline{R}$ 和 $\overline{S}$ 端的波形如图 8.58 所示，试画出 Q 和 $\overline{Q}$ 端的波形。

8.51　已知同步 RS 触发器 R，S，CP 的输入波形如图 8.59 所示，画出输出 Q 的波形。假设触发器初态为 0。

图 8.58

图 8.59

8.52　已知边沿 D 触发器的输入端 D 和时钟信号 CP 的波形如图 8.60 所示，试画出输出 Q 的波形。假设触发的初始状态为 0。

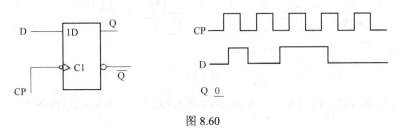

图 8.60

8.53 D 触发器接成图 8.61 所示形式，试根据图示的 CP 波形画出触发器 Q_a、Q_b、Q_c、Q_d 的波形。假设各触发器的初始状态为 0。

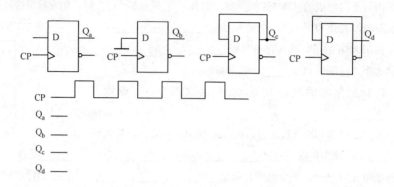

图 8.61

8.54 已知图 8.62 所示的电路和波形，试画出输出 Q 的波形。假设触发器的初始状态为 0。

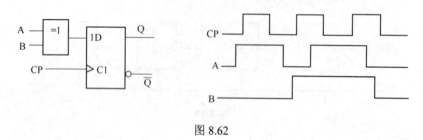

图 8.62

8.55 JK 触发器的状态转换图如图 8.63 所示，试在有向线段上标出其转换所需的条件。

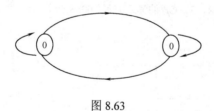

图 8.63

8.56 下降沿触发的 JK 触发器输入波形如图 8.64 所示，画出输出 Q 相应的波形。设触发器初态为 0。

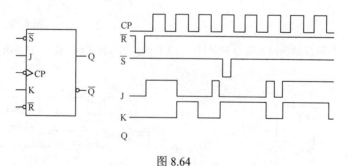

图 8.64

8.57 主从 JK 触发器在 CP 作用下 J、K 端的波形如图 8.65 所示。设触发器的初态为 0，试画出触发器 Q 端的波形。

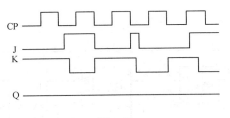

图 8.65

8.58　JK 触发器接成图 8.66 所示形式，试画出在 CP 作用下各触发器 Q 端的波形。假设各触发器的初始状态为 0。

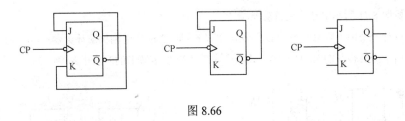

图 8.66

8.59　分析图 8.67 所示电路的逻辑功能。

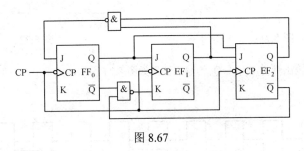

图 8.67

8.60　分析图 8.68 所示电路的逻辑功能。

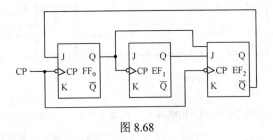

图 8.68

8.61　分析图 8.69 所示电路的逻辑功能。

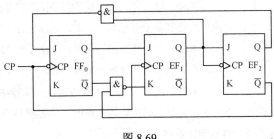

图 8.69

8.62 分析图 8.70 所示电路的逻辑功能。

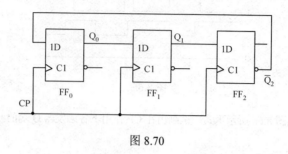

图 8.70

8.63 分析图 8.71 所示电路的逻辑功能。

8.64 试设计一个由下降沿触发的 D 触发器实现的同步 3 位二进制加法计数器。

8.65 试用下降沿触发的 JK 触发器设计能产生图 8.72 所示波形的时序电路。

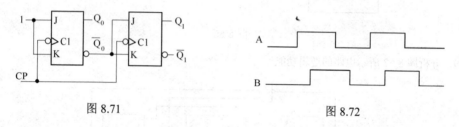

图 8.71   图 8.72

8.66 已知计数器输出端 Q_2、Q_1、Q_0 的输出波形如图 8.73 所示,试画出对应的状态图,并分析该计数器的进位制。

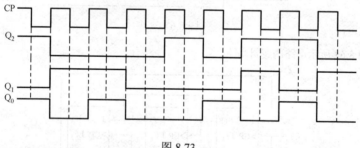

图 8.73

8.67 利用集成移位寄存器 74LS194,构成环形计数器电路如图 8.74 所示,若电路初态 $Q_3Q_2Q_1Q_0$ 预置为 1001,随着 CP 脉冲的输入,试分析其输出状态的变化,并画出对应的状态图。

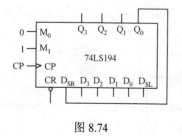

图 8.74

8.68 试分别采用"反馈归零法"和"反馈预置法",用 74LS161 构成八进制和十三进制计数器,要求输出 8421BCD 码。

8.69 试分别采用"反馈归零法"和"反馈预置法",用 74LS160 构成八进制和十三进制计数器,要求输出 8421BCD 码。

8.70 用两片 74LS160 通过反馈预置法构成二十四进制计数器。

8.71 分析如图 8.75(a)、(b)所示电路,画出状态转换图,并说明是几进制计数器。

8.72 用两片 74LS290 构成一百进制计数器。

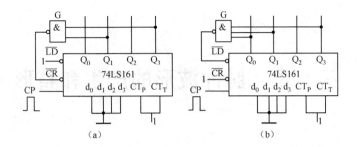

图 8.75

8.73 在图 8.76 电路中，设 Q_1Q_0 的初态为 00，试画出在 CP 作用下 Q_1Q_0 的波形。

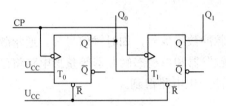
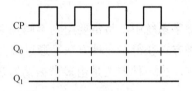

图 8.76

8.74 图 8.77 所示触发器的原状态为 0，CP 脉冲及 A 端波形如图所示，试画出 Q 的波形。

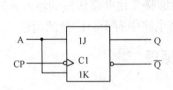
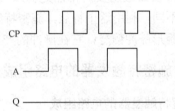

图 8.77

第 9 章　脉冲波形的产生和整形

内容提要

本章主要介绍 3 种脉冲波形的产生、变换与整形电路，即，施密特触发器、单稳态触发器和多谐振荡器；着重介绍了由分立元件构成，由门电路及 555 定时器构成的各种电路的结构、工作原理及其应用。

在数字系统中，常常要用到不同频率的脉冲数字信号，如时钟信号等。通常脉冲信号可以由两种方式获得，一种方法是通过施密特触发器和单稳态触发器等整形电路将已有的波形整形得到，另一种方法是由多谐振荡器等脉冲产生电路得到。

9.1　施密特触发器

施密特触发器最重要的特点是输入信号从低电平上升时的转换电平和从高电平下降时的转换电平不同，利用这个特点，施密特触发器能够将变化非常缓慢的输入脉冲波形，整形为所需要的矩形脉冲信号，它在脉冲的产生和整形电路中有十分广泛的用途。

9.1.1　施密特触发器的电路组成及工作原理

1. 施密特触发器的电路组成

如图 9.1（a）所示为由一个非门、两个与非门和一个二极管组成的施密特触发器电路。显然，与门 G_2 和 G_3 构成了一个基本 RS 触发器。

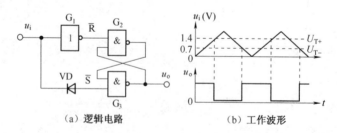

（a）逻辑电路　　　　　　　（b）工作波形

图 9.1　施密特触发器

2. 施密特触发器的工作原理

设输入信号 u_i 是三角波信号，如图 9.1（b）上方的波形所示。

（1）当 $u_i=0$ 时，$\overline{S}=0.7V$，即：$\overline{R}=1$，$\overline{S}=0$，则根据基本 RS 触发器的功能原理可知，输出 u_o 为高电平，如图 9.1（b）下方的波形所示，这是第一种稳态。

（2）当 $u_i=U_D=0.7V$ 时，$\overline{S}$ 端电压为 1.4V，即：$\overline{R}=1$，$\overline{S}=1$，基本 RS 触发器处于保持

功能，这样，输出 u_o 仍为高电平，电路仍维持在第一种稳态。

（3）若 u_i 继续上升到 $u_i=1.4V$ 时，由于非门的作用，$\overline{R}=0$，$\overline{S}$ 端电压为 2.1V，即：$\overline{S}=1$，RS 触发器翻转，输出 u_o 为低电平，这是第二种稳态。之后 u_i 再上升，电路状态不变。

（4）当 u_i 上升到最大值后下降时，若 u_i 下降到 1.4V 之前，电路都将保持不变，$\overline{R}=0$，$\overline{S}=1$，若 u_i 下降到低于 1.4V，高于 0.7V 时，由于非门的作用，$\overline{R}=1$，$\overline{S}$ 端电位大于 1.4V，即：$\overline{S}=1$，RS 触发器继续保持原来状态，电路仍维持在第二种稳态不变。

（5）u_i 继续下降到 $u_i=U_D=0.7V$ 时，则有：$\overline{R}=1$，$\overline{S}=0$，RS 触发器翻转，u_o 为高电平，电路返回到第一种稳态。

如图 9.1（b）所示下方的波形就是其相应的工作波形。

3. 施密特触发器的传输特性

由施密特触发器工作原理可以看到，当 u_i 在上升过程中，在上升至 1.4V 之前，输出 u_o 一直为高电平，电路维持在这种稳态。当上升到 1.4V 时，施密特触发器才翻转到第二种稳态（低电位），并且一直保持到其下降到 0.7V 才重新翻转到第一种稳态。我们把 1.4V 称为上限阈值电压，把 0.7V 称为下限阈值电压，分别用 U_{T+} 和 U_{T-} 表示，并把两次触发电压之差定义为回差电压（滞后电压），即：

$\Delta U_T=U_{T+}-U_{T-}$。这样，施密特触发器的回差电压为：

$\Delta U_T=U_{T+}-U_{T-}=U_T-(U_T-U_D)=U_D=0.7V$。通常情况，把这种特性称为施密特触发器的传输特性，它是施密特触发器的固有特性。如图 9.2（a）所示的是施密特触发器的传输特性曲线示意图；图 9.2（b）是其逻辑符号。

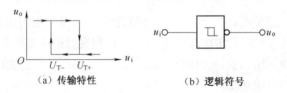

（a）传输特性　　　　　　　（b）逻辑符号

图 9.2　施密特触发器的传输特性和逻辑符号

9.1.2　由 555 集成定时器组成的施密特触发器

555 集成定时器是一种模拟-数字混合式中规模集成电路，只要在外部配上适当的元器件，就可以方便地构成脉冲产生和整形电路，如施密特触发器、单稳态触发器、多谐振荡器等，它在工业控制、自动定时、电子仿声、安全报警等方面获得了广泛的应用。

555 定时器的产品有 TTL 型和 CMOS 型两类，虽然它们的工作电压和输出电流不同，但它们的功能和外引线排列完全相同，只是 TTL 型号最后三位数码是 555（典型产品有 NE555、5G1555 等），CMOS 型号最后四位数码是 7555（典型产品有 CC7555、CC7556 等）。下面我们先介绍双极型 555 集成定时器的电路组成和工作原理。

1. 555 集成定时器的电路组成和基本功能

（1）电路组成。如图 9.3 所示是 555 集成定时器电路，其中 C_1 和 C_2 构成电压比较器，G_1 和 G_2 构成基本 RS 触发器，晶体管 VT 构成开关，非门 G_3 构成输出缓冲器，由 3 个 5kΩ 的电阻构成分压器，555 集成定时器也由此命名；CO,TH,$\overline{\text{TR}}$,$\overline{\text{R}}$,D 分别为电压控制端、高电平触发端、低电平触发端、复位端和放电端。图 9.4 所示为 555 定时器的外引线排列。

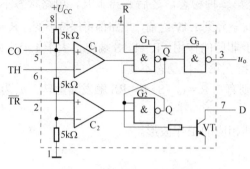
图 9.3　555 集成定时器电路

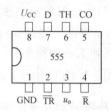
图 9.4　555 定时器的外引线排列

（2）基本功能。555 集成定时器的基本功能列于表 9.1。

表 9.1　555 集成定时器的基本功能

高触发端 U_{TH}	低触发端 $U_{\overline{\text{TR}}}$	复位端 $\overline{\text{R}}$	输出 U_o	放电管 VT
×	×	0	0	导通
$>\dfrac{2}{3}U_{\text{cc}}$	$>\dfrac{1}{3}U_{\text{cc}}$	1	0	导通
$<\dfrac{2}{3}U_{\text{cc}}$	$>\dfrac{1}{3}U_{\text{cc}}$	1	保持	保持
×	$<\dfrac{1}{3}U_{\text{cc}}$	1	1	截止

表中"×"表示任意情况，"保持"表示 555 定时器保持原来的状态，"导通"和"截止"指 555 定时器内晶体管 VT 的工作状态。VT 的集电极和发射极分别接在 7 脚和 1 脚间，VT"导通"意味着 7 脚和 1 脚间相当于开关闭合，VT"截止"意味着 7 脚和 1 脚间相当于开关断开。

表 9.1 逻辑功能表说明如下：

复位端 $\overline{\text{R}}$ =0 时，不论 U_{TH}、$U_{\overline{\text{TR}}}$ 取什么值，定时器输出为 0，VT 饱和导通。

当 $\overline{\text{R}}$ =1 时，若 $U_{\text{TH}} > \dfrac{2}{3}U_{\text{cc}}$，$U_{\overline{\text{TR}}} > \dfrac{1}{3}U_{\text{cc}}$，则定时器输出为 0，VT 饱和导通。

当 $\overline{\text{R}}$ =1 时，若 $U_{\text{TH}} < \dfrac{2}{3}U_{\text{cc}}$，$U_{\overline{\text{TR}}} > \dfrac{1}{3}U_{\text{cc}}$，则定时器输出和 VT 继续保持原来状态。

当 $\overline{\text{R}}$ =1 时，若 $U_{\overline{\text{TR}}} < \dfrac{1}{3}U_{\text{cc}}$，则定时器输出为 1，VT 截止。

555 定时器有以下特点：

（1）电源电压范围宽。TTL 型的 U_{cc}=4.5～18V，CMOS 型的 U_{DD}=3～18V。

（2）输出电流大。TTL 型的输出电流 I_{OL}=100～200mA，能直接驱动继电器等负载。CMOS 型输出电流较小，最大负载电流在 4mA 以下，功耗低。

（3）能提供与 TI'L、CMOS 电路相兼容的逻辑电平。

2．由 555 集成定时器构成的施密特触发器

（1）电路组成。图 9.5（a）示出了由 555 定时器构成的施密特触发器，6 端和 2 端连在一起，作为输入端，5 端经 0.01μF 的电容接地。

（2）工作原理。若输入信号 u_i 如图 9.5（b）所示，结合定时器的功能表可知，当 $u_i < \frac{1}{3}U_{CC}$ 时，定时器输出为高电平；随着 u_i 上升，当 $\frac{2}{3}U_{CC} > u_i > \frac{1}{3}U_{CC}$ 时，定时器保持原状态不变，输出仍为高电平；当 $u_i > \frac{2}{3}U_{CC}$ 时，定时器状态改变，输出变为低电平。随着 u_i 下降，当 $\frac{2}{3}U_{CC} > u_i > \frac{1}{3}U_{CC}$ 时，定时器保持原状态不变，输出仍为低电平；当 $u_i < \frac{1}{3}U_{CC}$ 时，定时器状态改变，输出变为高电平。

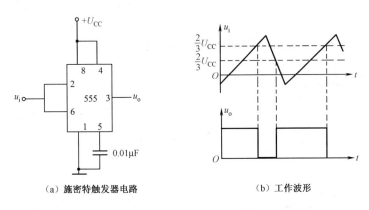

（a）施密特触发器电路　　　　　　　（b）工作波形

图 9.5　555 定时器构成的施密特触发器及工作波形

9.1.3　施密特触发器的应用

施密特触发器的应用很广，主要有以下几个方面的应用。

1. 波形变换及整形

利用施密特触发器可以将正弦波、三角波等各种周期性的不规则输入波形变换成为边沿陡峭的矩形脉冲信号，如时钟脉冲信号。如图 9.6（a）所示的是利用施密特触发器将正弦信号转换为矩形脉冲信号的工作波形示意图。如图 9.6（b）所示的是将畸形的波形整形成为规则的矩形波的工作波形示意图。其工作原理与前面介绍的由与非门组成的施密特触发器的工作原理相似。

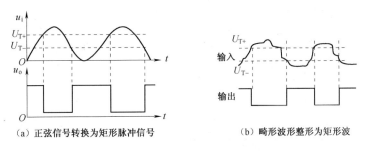

（a）正弦信号转换为矩形脉冲信号　　　　（b）畸形波形整形为矩形波

图 9.6　施密特触发器的波形变换及整形

2. 脉冲幅度鉴别

在信号的传输过程中，有时会受到噪声信号的干扰，为达到去除噪声信号的目的，使施密特触发器的上限阈值电压U_{T+}等于规定的鉴幅电压，只有大于U_{T+}的电压才能使电路翻转，从而有相应的低电平脉冲输出，达到通过鉴别信号幅度大小而去除噪声的目的。如图9.7所示的是其工作波形示意图。

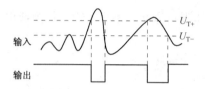

图9.7 施密特触发器的脉冲幅度鉴别工作波形示意图

3. 构成单稳态触发器和多谐振荡器

利用施密特触发器可以构成单稳态触发器（如图9.8所示）和多谐振荡器（如图9.9所示）。具体工作原理同学们在学完后续内容后可自己分析。

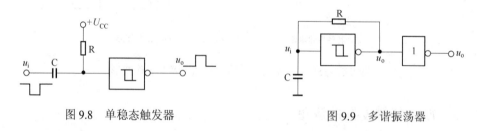

图9.8 单稳态触发器　　　　　　图9.9 多谐振荡器

4. 路灯自动控制电路

图9.10所示为路灯自动控制电路，R_G为光敏电阻。此电路输出的是开关量，只需要根据环境的暗亮来控制路灯的开与关，而不必考虑调光。白天受到光照，光敏电阻阻值变小，555定时器输出为低电平，不足以使继电器动作，路灯不亮；夜间无光照或光照减弱，光敏电阻阻值增大，$u_i < \dfrac{1}{3}U_{CC}$，555定时器输出高电平，VT饱和导通，继电器吸合，开关接通，路灯亮。

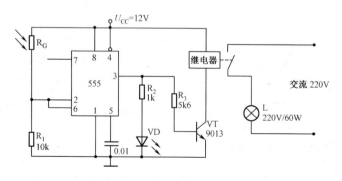

图9.10 路灯自动控制电路

9.2 单稳态触发器

9.2.1 单稳态触发器的电路组成及工作原理

单稳态触发器是具有一个稳定状态（稳态）和一个暂稳状态的电路，在触发信号没加入之前，电路处于稳定状态；在外加触发脉冲作用下，电路转换为一个只能暂时维持的状态（暂态），经过一定时间后，电路将自动返回到稳态。

1．单稳态触发器的电路组成

如图 9.11（a）所示的是由与非门组成的单稳态触发器，由于 RC 电路组成的是微分电路，故又称微分型单稳态触发器。

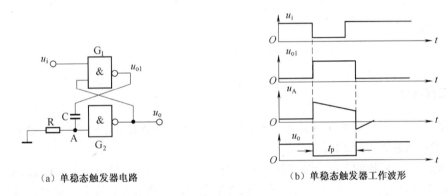

（a）单稳态触发器电路　　　　　　　　（b）单稳态触发器工作波形

图 9.11　单稳态触发器

2．单稳态触发器的工作原理

（1）没有触发信号时电路工作在稳态。当没有触发信号时，u_i 悬空，为高电平。因为 G_2 门的输入端 A 经电阻 R 接至地，U_A 为低电平，因此 u_o 为高电平；G_1 门的两个输入均为 1，其输出 u_{o1} 为低电平，电容 C 两端的电压接近于 0。这是电路的稳态，在触发信号到来之前，电路一直处于这个状态：$u_{o1}=0$，$u_o=1$。如图 9.11（b）所示的是其对应的工作波形。

（2）外加触发信号使电路由稳态翻转到暂态。当负触发脉冲 u_i 到来时，G_1 门输出 u_{o1} 由 0 变为 1。由于电容的耦合作用，u_A 也随之跳变到高电平，使 G_2 门的输出 u_o 变为 0。但是电路的这种状态是不能长久保持的，所以称为暂态。暂态时，$u_{o1}=1$，$u_o=0$。

（3）电容充电使电路由暂态自动返回到稳态。在暂态期间，u_{o1} 经 R 对 C 充电，随着充电的进行，C 上的电荷逐渐增多，使充电电流变小，导致电阻 R 上的电压逐步降低，当降到阈值电压 U_T 时，u_A 也随之跳变到低电平，$u_o=1$，并反馈到 G_1，由于 u_i 已经变为高电平，所以 G_1 又返回到稳定的低电平输出。这样，使电路退出暂态而进入稳态，此时 $u_{o1}=0$，$u_o=1$。这个状态将一直保持到下一个负脉冲 u_i 到来。

在上述的单稳态触发器中，其输出脉冲宽度：$t_p \approx 0.7RC$。

9.2.2 由 555 集成定时器组成的单稳态触发器

1. 电路组成

如图 9.12（a）所示的是用 555 定时器组成的单稳态触发器，其中 R，C 是定时元件，u_i 是输入触发信号，下降沿有效，u_o 是输出信号。

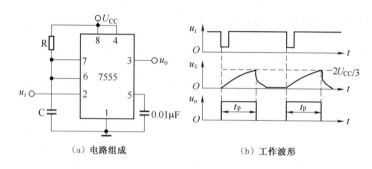

（a）电路组成　　　　（b）工作波形

图 9.12　555 定时器组成的单稳态触发器

2. 工作原理

（1）没有触发信号时，即 u_i 为高电平时，由 555 定时器电路的工作原理可知，$Q=0$，$\overline{Q}=1$，u_o 为低电平，电路工作在稳态。

（2）接通 U_{CC} 后瞬间，U_{CC} 通过 R 对 C 充电，当 u_C 上升到 $2U_{CC}/3$ 时，比较器 C_1 输出为 0，将触发器置 0，$u_o=0$。这时 $\overline{Q}=1$，放电管 VT 导通，C 通过 VT 放电，电路保持稳态。

（3）当 u_i 下降沿到来时，因为 $u_i < U_{CC}/3$，使 C_2 输出为 0，触发器置 1，u_o 又由 0 变为 1，电路进入暂态。由于此时 $\overline{Q}=0$，放电管 VT 截止，U_{CC} 经 R 对 C 充电。虽然此时触发脉冲已消失，比较器 C_2 的输出变为 1，但充电继续进行，直到 u_C 上升到 $2U_{CC}/3$ 时，比较器 C_1 输出为 0，将触发器置 0，电路输出 $u_o=0$，VT 导通，C 放电，电路恢复到稳定状态。

（4）恢复过程结束后，电路返回到稳定状态，单稳态触发器又可以接收新的触发信号。

如图 9.12（b）所示的是单稳态触发器的工作波形，输出脉冲宽度 $t_p \approx 1.1RC$。

9.2.3 单稳态触发器的应用

单稳态触发器不能自动地产生矩形脉冲，但却可以把其他形状的信号变换整形成为矩形波，同时也常用于延时和定时，用途很广。

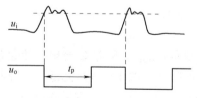

图 9.13　单稳态触发器用于整形

1. 整形

单稳态触发器能把不规则的波形变换成为幅度和宽度都相等的脉冲波形。如图 9.13 所示的是输入波形 u_i 经过单稳态触发器后输出 u_o 的波形，可用于整形。

2. 延时和定时

如图 9.14（a）所示，由于单稳态触发器能产生一定脉宽 t_p 的脉冲波形，所以，用此脉冲去控制与非门，那么只有在 t_p 期间输入 A 信号才有效，才有正常的输出，显然，这起到了延时和定时作用。如图 9.14（b）所示为工作波形。

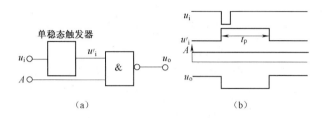

（a）　　　　　　　　（b）

图 9.14　单稳态触发器用于延时和定时

9.3　多谐振荡器

多谐振荡器又称为无稳态触发器，它没有稳定状态，是一种自激振荡电路，当电路接好后，只要接通电源，在其相应的输出端就会输出一定频率和幅度的矩形脉冲信号。由于矩形脉冲中除了基波之外还含有高次谐波，故称为多谐振荡器。前面讨论触发器和时序逻辑电路时的 CP 时钟信号可以由它产生。

9.3.1　多谐振荡器的电路组成及工作原理

1．电路组成

如图 9.15（a）所示的是用 3 个非门和 2 个电阻构成的多谐振荡器，电路形成了一个闭环。其中 R，C 为定时元件，决定多谐振荡器的振荡周期和频率；R_s 具有限流作用。

2．工作原理

（1）第一暂态及自动翻转的工作过程。设接通电源后，输出端 u_o 为低电平，它直接送到输入端 u_{i1} 使 u_{i2} 为高电平，这样，一方面使 u_{o2} 为低电平，另一方面通过 C 的耦合，使 u_{i3} 为高电平，从而保证输出 u_o 为低电平。这是第一暂态，如图 9.15（b）所示。

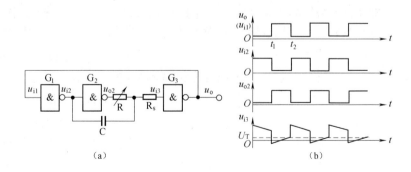

（a）　　　　　　　　（b）

图 9.15　多谐振荡器

在这个暂稳态期间，u_{i2}（高电平）通过电阻 R 对电容 C 充电，使 u_{i3} 逐渐下降。在 t_1 时刻，u_{i3} 下降到门电路的阈值电压 U_T，使 u_o（u_{i1}）由 0 变为 1，u_{i2} 由 1 变为 0，u_{o2} 由 0 变为 1。同样由于电容电压不能跃变，故 u_{i3} 发生跳变，使 u_o 保持为 1。至此，第一个暂稳态结束，电路进入第二个暂稳态。

（2）第二暂态及其自动翻转的工作过程。在第二暂态期间，u_{o2} 的高电位通过 R，C 对电容 C 反向充电为低电平，随着放电的进行，u_{i3} 逐渐升高。在 t_2 时刻，u_{i3} 升高到 U_T，使 u_o（u_{i1}）又由 1 变为 0，第二个暂稳态结束，电路返回到第一个暂稳态，又开始重复前面的过程。

在上述电路中，振荡周期为：$T \approx 2.2RC$，显然，通过调节 R，C 的数值，可以达到改变振荡频率的目的。通常电容 C 用于粗调，而电阻 R 用于细调。

9.3.2 由 555 定时器构成的多谐振荡器

1. 电路组成

如图 9.16（a）所示的是用 555 定时器构成的多谐振荡器，其中电阻 R_1 和 R_2 以及 C 作为振荡器的定时元件，决定输出矩形波正、负脉冲的宽度。

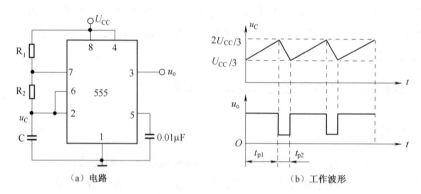

图 9.16　由 555 定时器构成的多谐振荡器

2. 工作原理

由 555 定时器构成的多谐振荡器的工作波形如图 9.16（b）所示。下面分析其具体工作原理。

（1）第一暂态及自动翻转的工作过程。接通电源前，电容 C 上无电荷，故接通电源的一瞬间，C 来不及充电，使得 $u_C = 0$，比较器 C_1 的输出为 1，C_2 的输出为 0，基本 RS 触发器 $Q = 1$，$\overline{Q} = 0$，u_o 为高电平，VT 截止。这是电路的第一暂态。接通 U_{CC} 后，U_{CC} 经 R_1 和 R_2 对 C 充电。当 U_{CC} 上升到 $2U_{CC}/3$ 时，比较器 C_1 的输出变为 0；基本 RS 触发器自动翻转为 $Q = 0$，$\overline{Q} = 1$，u_o 为低电平，VT 导通。u_C 从 $U_{CC}/3$ 充电上升到 $2U_{CC}/3$ 所需的时间，即第一个暂稳态的脉冲宽度 $t_{p1} \approx 0.7(R_1 + R_2)C$。

（2）第二暂态及其自动翻转的工作过程。第一暂态翻转后，电容 C 通过 R_2 和 VT 放电，u_C 逐渐下降。当 u_C 下降到 $U_{CC}/3$ 时，比较器 C_2 输出跳变为 0，基本 RS 触发器立即翻转到 1 状态，$Q = 1$，$\overline{Q} = 0$，u_o 又由 0 变为 1，VT 截止，返回到第一暂态。之后，U_{CC} 又经 R_1 和 R_2 对 C 充电，如此重复上述过程，在输出端 u_o 产生了连续的矩形脉冲。第二个暂稳态的脉冲宽度 t_{p2}，即 u_C 从 $2U_{CC}/3$ 放电下降到 $U_{CC}/3$ 所需的时间：$t_{p2} \approx 0.7R_2C$。这样，电路的振荡周期为：$T=t_{p1}+t_{p2} \approx 0.7(R_1+2R_2)C$，脉冲宽度与重复周期之比（占空比）为：

$$q = \frac{t_{p1}}{T} = \frac{R_1 + R_2}{R_1 + 2R_2}。$$

9.3.3　多谐振荡器的应用

1. 分频电路

如图 9.17 所示的是多谐振荡器用作分频电路的示意图，多谐振荡器产生频率为 $f_0=$ 32768Hz 的基准信号，经触发器构成的 15 级异步计数器分频后，便可以得到稳定度很高的频率为 1Hz 的信号。

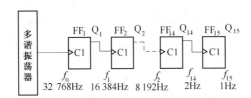

图 9.17　分频电路示意图

2. 模拟声响电路

如图 9.18（a）所示的是采用两个由 555 定时器组成的多谐振荡器构成的模拟声响电路。如图 9.18（b）所示的是其工作波形图。

适当调节振荡器 555 I 的振荡频率为 1Hz，振荡器 555 II 的振荡频率为 1kHz，当 u_{o1} 为高电平时，振荡器 555 II 振荡，有 1kHz 的音频信号输出，可以从扬声器中听到间隙的"呜呜"声，而当 u_{o1} 为低电平时，由于振荡器 555 I 的输出电压 u_{o1} 接到振荡器 555 II 中 555 定时器的复位端（4 脚），555 定时器复位，振荡器 555 II 停止振荡。

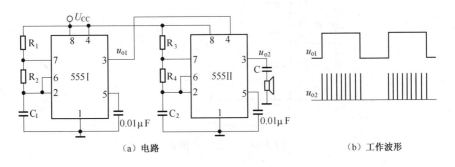

（a）电路　　　　　　　　　　　　　　　（b）工作波形

图 9.18　模拟声响电路

3. 防盗报警电路

图 9.19 所示是防盗报警电路，图中 a、b 两端被一细铜丝接通，此细铜丝置于盗窃者必经之处，如门、窗等。

接通开关时，由于 a、b 间的细铜丝接在复位端 4 与"地"之间，555 定时器被强制复位，输出为低电平，扬声器不发声。当细铜丝被盗贼触断时，4 端获高电平，555 定时器构成的多谐振荡器开始工作，由 3 端输出一个一定频率的矩形波电压，经隔直电容后供给扬声器，扬声器发出报警信号。

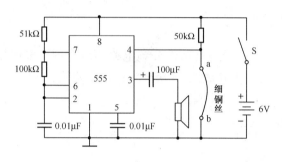

图 9.19 防盗报警电路

4. 简易门铃电路

图 9.20 所示为简易门铃电路，虚线框内为控制电路。当按钮 S 未被按下时，复位端 4 通过电阻 R_4 接地，555 定时器输出低电平，扬声器不发声。当按下 S 时，电源 U_{CC} 经 R_3 给电容 C_2 充电，使复位端 4 接高电平（$R_3 < R_4$），电路便成为多谐波发生器，产生振荡，驱动扬声器发声。松开按钮 S 后 u_{C2} 仍可为 4 端维持一段时间的高电平，使扬声器继续发声，直至 C_2 放电使 4 端变为低电平，扬声器停止发声。

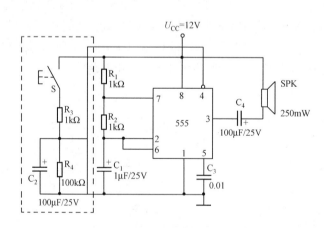

图 9.20 简易门铃电路

5. 液位控制器

图 9.21 所示为液位控制器电路，C_1 两端接探测电极浸入要控制的液体中。当液位正常时，探测电极之间导通，C_1 被短路而没有电压，555 多谐振荡器停振，扬声器不发声。当液位下降到探测电极以下时，探测电极之间开路，C_1 进行充放电，多谐振荡器工作，扬声器便发出报警声。

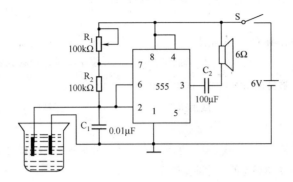

图 9.21　液位控制器

本 章 小 结

（1）施密特触发器能够将变化非常缓慢的输入脉冲波形，整形为所需要的矩形脉冲信号，它在脉冲的产生和整形电路中有十分广泛的用途，常用于波形变换及整形、脉冲幅度鉴别，构成单稳态触发器和多谐振荡器等，而且由于具有滞回特性，所以抗干扰能力也很强。

（2）单稳态触发器具有一个稳定状态（稳态）和一个暂稳状态的电路。单稳态触发器不能自动地产生矩形脉冲，但却可以把其他形状的信号变换成矩形波，也常用于延时和定时，用途很广。

（3）多谐振荡器是一种自激振荡电路，不需要外加输入信号，就可以自动地产生矩形脉冲，常用于分频电路和模拟声响电路等。

习　题　9

一、判断题（正确的打√，错误的打×）

9.1　555 集成定时器在未考虑控制端作用时，其回差电压值是 $\frac{2}{3}U_{CC}$。（　　）

9.2　应用 555 定时器构成多谐振荡器等多种电路时，其复位端必须接"1"。（　　）

9.3　施密特触发器可以将边沿缓慢的输入信号变换成矩形脉冲输出。（　　）

9.4　555 集成定时器构成的施密特触发器的回差电压 ΔU_T 是固定不变的。（　　）

9.5　回差是施密特触发器的主要特性参数。（　　）

9.6　555 定时器的电源电压为+5V。（　　）

9.7　555 定时器的复位端接低电平时，定时器输出低电平，输入信号不起作用。（　　）

9.8　欲将三角波变换为矩形波，可以采用单稳态电路。（　　）

9.9　单稳态触发器的输出脉冲宽度只取决于电路本身参数，与输入触发信号无关。（　　）

9.10　施密特触发器有 2 个稳定状态。（　　）

9.11　多谐振荡器有 2 个稳定状态。（　　）

9.12　多谐振荡器和单稳态电路都是常用的整形电路。（　　）

9.13　555 集成定时器构成的多谐振荡器，其输出信号是一个正弦波。（　　）

9.14　多谐振荡器的振荡频率与电路中的 R, C 等参数无关。（　　）

9.15 多谐振荡器的两个输出状态都是暂态，可以自动转换。（　　）

二、选择题（单选）

9.16 555集成定时器由（　　）组成。

　　A. 数字器件　　　　　B. 模拟器件　　　　　　　C. 模拟与数字混合器件

9.17 555集成定时器复位端为0时，放电管处于（　　）。

　　A. 导通状态　　　　　B. 截止状态　　　　　　　C. 保持状态

9.18 只有暂稳态的电路是（　　）。

　　A. 多谐振荡器　　　　B. 单稳电路　　　　C. 施密特触发器　　　　D. 定时器

9.19 一个普通的555单稳态的正脉冲宽度为（　　）。

　　A. $0.7RC$　　　　　B. RC　　　　　C. $1.1RC$　　　　　D. $1.4RC$

9.20 回差是（　　）电路的主要特性参数。

　　A. 单稳态电路　　　　B. 施密特触发器　　　C. 多谐振荡器　　　D. 以上都不对

9.21 单稳态电路可以用于（　　）。

　　A. 产生矩形波　　　　B. 作存储器　　　C. 把缓慢信号变为矩形波　　D. 以上都不对

9.22 施密特触发器的电压传输特性如图9.22所示，则回路的回差电压为（　　）。

　　A. 1V　　　　　B. 0.6V　　　　　C. 1.6V　　　　　D. 2.6V

9.23 由555定时器构成的单稳态触发器电路如图9.23所示，其暂稳态持续时间为（　　）。

　　A. $1.1RC$　　　　　B. RC　　　　　C. $0.7RC$　　　　　D. $RC\ln2$

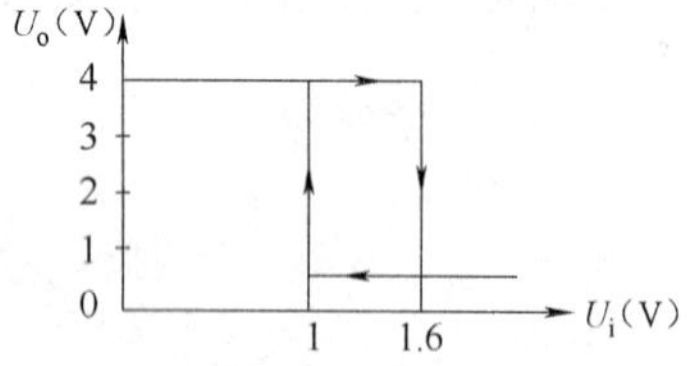

图9.22 施密特触发器的电压传输特性 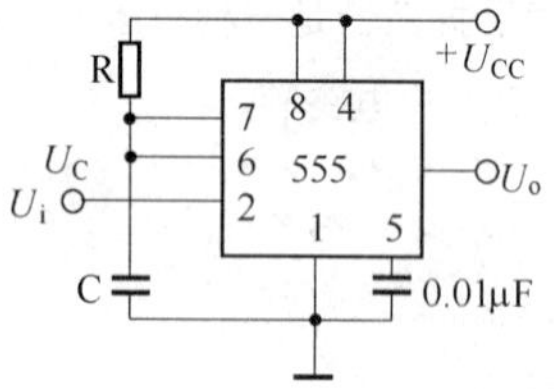　　　　　图9.23 由555定时器构成的单稳态触发器

9.24 由555定时器构成的电路如图9.24所示，此电路是一个（　　）。

　　A. 单稳态电路　　　　B. 施密特电路　　　C. 多谐振荡器　　　D. 以上都不对

9.25 施密特触发器是一个（　　）。

　　A. 单稳态触发器　　　　B. 双稳态触发器　　　C. 无稳态触发器

9.26 欲将三角波变换成矩形波，可以应用的电路是（　　）。

　　A. RS触发器　　　　　　B. 555定时器

　　C. 施密特触发器　　　　D. 以上都不对

9.27 下列各表述中，施密特触发器电路不具有的是（　　）。

　　A. 两个稳定状态　　　　B. 回差特性

　　C. 电平触发　　　　　　D. 无正确答案

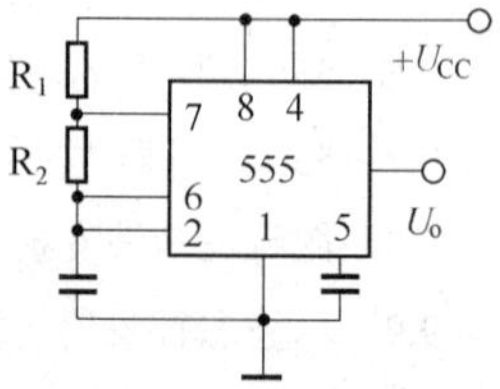

图9.24 由555定时器
构成的电路

9.28 555集成定时器构成的多谐振荡器，其输出信号的振荡周期为（　　）。

　　A. $0.7(R_1+R_2)C$　　　　B. $0.7(2R_1+R_2)C$　　　　C. $0.7(R_1+2R_2)C$

三、填空题

9.29 若需要将缓慢变化的三角波信号转换成矩形波，则采用_____电路。

9.30 单稳态触发器有一个_____态和一个_____态，其输出脉冲宽度为_____。

9.31 欲把输入的正弦信号转换成同频率的矩形信号，可以采用_____电路。

9.32 常用的脉冲整形电路有_____和_____两种。

9.33 施密特触发器电路有_____个稳定状态，多谐振荡器有_____个稳定状态。

9.34 对由与非门组成的基本 RS 触发器，当 R=_____，S=_____时，触发器保持原有状态不变。

9.35 D 触发器，要使 $Q^{n+1}= Q^n$，则输入 D=_____。

9.36 555 定时器有_____个触发器输入端。

9.37 多谐振荡器又称为_____，它的两个状态是_____。

9.38 多谐振荡器输出脉冲的振荡周期为 T=_____。

四、解析题

9.39 电路如图 9.25 所示，试问：（1）555 定时器构成的是什么电路？（2）在给定的 U_i 作用下，画出 U_o 的输出波形。

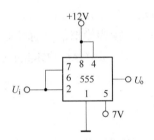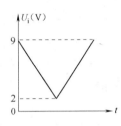

图 9.25

9.40 用 555 构成的单稳态触发器如图 9.26 所示。求：（1）若 $R=1M\Omega$，$C=10\mu F$，试估算脉冲宽度 t_p。（2）此电路对输入脉冲宽度有何要求？

9.41 用 555 定时器构成单稳态触发器，电源电压 $U_{CC}=10V$，定时电阻 $R=11k\Omega$，要使单稳态触发器输出脉冲宽度为 1s，试计算定时电容 C 的值。

9.42 用 555 定时器构成单稳态触发器，电源电压 $U_{CC}=10V$，定时电容 $C=6200pF$，要求单稳态触发器输出脉冲宽度为 150μs，试计算定时电阻的值。

9.43 用 555 定时器构成的多谐振荡器电路，如图 9.27 所示，求：（1）已知 $R_1=R_2=5.1k\Omega$，$C=0.01\mu F$，$U_{CC}=12V$，试计算电路的振荡频率。（2）若 $R_1=1k\Omega$，$R_2=8.2 k\Omega$，$C=0.1\mu F$，试求电路的脉冲宽度 t_{p1}，振荡频率 f 和占空比 q。

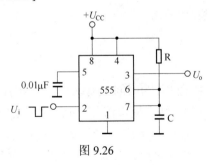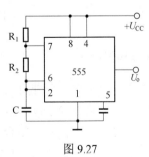

图 9.26

图 9.27

第 10 章　模拟量和数字量的转换

内容提要

本章讨论数/模和模/数转换的基本原理以及几种常用的典型转换电路，并就主要的应用和技术指标进行介绍。

由传感器、放大电路输出的信号是连续变化的模拟信号，它们不能直接送入数字系统进行处理，为此，需要把模拟信号转换为数字信号，这个过程称为模、数转换，实现模、数转换的电路称为模/数转换器，简称为 A/D 转换器，即 ADC（Analog Digital Converrter）。有时还需要把处理后的数字信号再转换成模拟信号。把数字信号转换为模拟信号的过程称为数模转换，实现数模转换的电路称为数/模转换器，简称为 D/A 转换器，即 DAC（Digital Analog Converrter）。

10.1　A/D 转换器

A/D 转换器的种类很多，就位数来分，有 8 位、10 位、12 位和 16 位等。位数越高，其分辨率就越高，与 D/A 转换器一样，其型号很多，在精度、速度和价格上也千差万别。就 A/D 转换器的变换原理可分为两大类：逐次逼近型和双积分型，这里介绍逐次逼近型 A/D 转换器。

10.1.1　A/D 转换器的基本原理

A/D 转换器要实现将连续变化的模拟量变为离散的数字量，通常要经过 4 个步骤：采样、保持、量化和编码，如图 10.1 所示。一般前两步由采样保持电路完成，量化和编码由 A/D 完成。

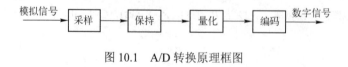

图 10.1　A/D 转换原理框图

1. 采样和保持

所谓采样，就是将一个时间上连续变化的模拟量转化为时间上离散变化的数字量。模拟信号的采样过程如图 10.2（a）、（b）所示，其中 $u_i(t)$ 为输入模拟信号，$u_o(t)$ 为输出模拟信号。它相当于每隔时间 T 采样开关闭合 τ 时间，一般 T 远远大于 τ，若 $\tau \approx 0$，称为理想采样。

采样的宽度往往是很窄的，而每次把采样电压转换为相应的数字量都需要一定的时间，所以在每次采样以后，必须把采样电压保持一段时间以保证采样过程的实施。通常将需要的采样结果存储起来，直到下次采样到来，这个过程称为保持。保持信号波形 $u_s(t)$ 如图 10.2（c）所示。

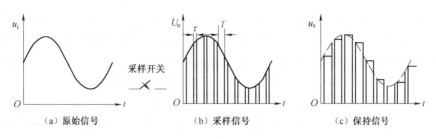

图 10.2　信号的采样和保持过程

2. 量化和编码

所谓量化，就是把采样电压转化为某个最小单位电压 Δ 的整数倍的过程。分成的等级叫做量化级，Δ 称为量化单位。所谓编码，就是用二进制代码来表示量化后的量化电平。显然，数字信号最低有效位（LSB）的 1 所代表的数量大小就等于Δ。采样后的数值不可能刚好是某个量化基准值，总有些偏差，这个偏差称为量化误差。显然，量化级越细，量化误差就越小，但所用的二进制代码的位数就越多。同时，采用不同的量化等级进行量化时，可能产生不同的量化误差。

例如，把 0～+1V 的模拟电压转换成 3 位二进制代码，则最简单的方法是取Δ=1/8V，并规定凡数值在 0～1/8V 之间的模拟电压量化时都当作 0·Δ，用二进制数 000 表示；凡数值在 1/8～2/8V 之间的模拟电压都当做 1·Δ 对待，用二进制数 001 表示，依此类推，7/8～1V 之间的模拟电压则当做 7·Δ，如图 10.3 所示。不难看出，这种量化方法可能带来的最大量化误差可达Δ，即 1/8V。这样，采样的模拟电压经过量化编码电路后就转换成一组 n 位的二进制数输出，这个二进制数就是 A/D 转换的输出结果。

图 10.3　量化电平及量化误差

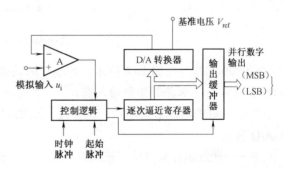

图 10.4　逐次逼近比较式 A/D 转换原理框图

10.1.2　逐次逼近型 A/D 转换器

逐次逼近比较式 A/D 转换器可以用图 10.4 所示的原理框图来描述。其基本工作原理叙述为：转换开始前先将所有寄存器清零。开始转换以后，时钟脉冲首先将寄存器最高位置成 1，使输出数字为 100…0。这个数码被 D/A 转换器转换成相应的模拟电压 u_o，送到比较器中与 u_i 进行比较。若 $u_i<u_o$，说明数字过大了，故将最高位的 1 清除；若 $u_i>u_o$，说明数字还不够大，应将这一位保留。然后，再按同样的方式将次高位置成 1，并且经过比较确定这个 1 是否应该保留。这样逐位比较下去，一直到最低位为止。比较完毕后，寄存器中的状态就是所要求的数字量输出。显然，其工作过程可与天平称重物类比，并得到解释。图中的电压比较器相当于天平，被测模拟电压输入 u_i 相当于重物，基准电压 V_{ref} 相当于电压砝码，且电压砝码具有按 8421 编码递进的各种规格。根据 $u_i < V_{ref}$ 或 $u_i > V_{ref}$，比较器有不同的高低电平输出，从而输出由大到小的基准电压砝码，与被测模拟输入电压 u_i 比较，并逐次减小其差值，使之逼近平衡。当 $u_i = V_{ref}$，比较器输出为零，相当于天平平衡，最后以数字显示的平衡值即为被测电压值。

10.1.3 集成 ADC0809 简介

ADC0809 是一种采用 CMOS 工艺制成的 8 路模拟输入的 8 位逐次逼近型 ADC，它由单一+5V 供电，片内带有锁存功能的 8 路模拟开关，可对 8 路 0～5V 的输入模拟电压分时进行转换，完成一次转换约需 100μs，其原理框图如图 10.5 所示。

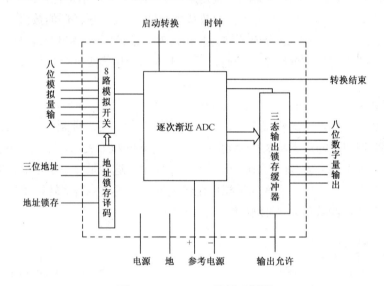

图 10.5 ADC0809 的原理框图

ADC0809 的符号图如 10.6 所示，各端子的功能如下：

IN-0～IN-7——8 路模拟量输入端。

ADD-C，ADD-B，ADD-A——地址线，ADD-C 为最高位，根据其值选择一路输入信号进行 A/D 转换。

ALE——地址锁存允许信号输入端，高电平有效。

START——A/D 转换启动信号输入端，当其为高电平时，开始转换。

EOC——转换结束信号输出端，开始转换时为低电平，转换结束时为高电平。

REF（+）——基准电压正极，为 5V。

REF（−）——基准电压负极，为 0V。

D_0～D_7——8 位数字输出端。

CLOCK——时钟信号输入端，时钟频率不应高于 100kHz。

ENABLE——输出允许端，它控制 ADC 内部三态输出缓冲器。当其为 0 时，输出为高阻态，当其为 1 时，允许缓冲器中的数据输出。

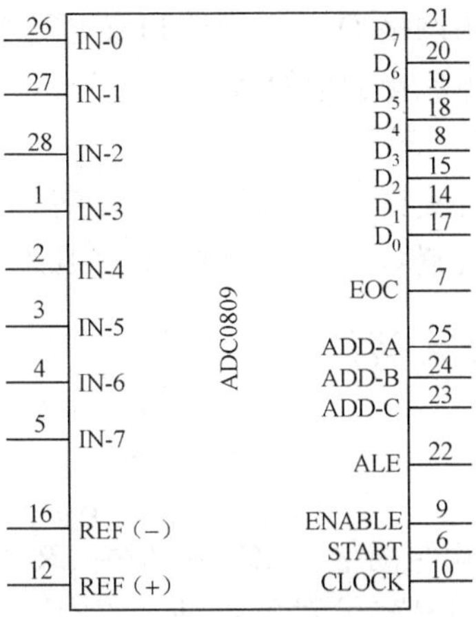

图 10.6　ADC0809 符号图

10.1.4　A/D 转换器的主要技术指标

1．分辨率与量化误差

A/D 转换器的分辨率用输出二进制数的位数表示，位数越多，误差越小，转换精度越高。例如，输入模拟电压的变化范围为 0～5V，输出 8 位二进制数可以分辨的最小模拟电压为 $5V \times 2^{-8} = 20mV$；而输出 12 位二进制数可以分辨的最小模拟电压为 $5V \times 2^{-12} \approx 1.22mV$。

量化误差则是由于 A/D 转换器分辨率有限而引起的误差，其大小通常规定为 $\pm(1/2)LSB$。该量反映了 A/D 转换器所能辨认的最小输入量，因而量化误差与分辨率是统一的，提高分辨率可减小量化误差。LSB 是指最低一位数字量变化所带来的幅度变化。

2．线性误差

线性误差是指实际的输出特性曲线偏离理想直线的最大偏移值。

3．转换精度

A/D 转换器的精度可用绝对精度和相对精度来描述。绝对精度是指转换器在其整个工作区间理想值与实际值之间的最大偏差。它包括量化误差、偏移误差和线性误差等所有误差。相对误差是指绝对误差与满刻度值之比，一般用百分数（%）表示。

4．转换速度

转换速度是指完成一次转换所需的时间。转换时间是指从接到转换控制信号开始，到输出端得到稳定的数字输出信号所经过的时间。这是一项重要的技术指标。产品手册一般给出转换速度。一般情况下，转换速度越高，价格越贵，在应用时应根据实际需要和价格来选择器件。

10.2　D/A 转换器

D/A 转换器的功能是将数字信号转换为模拟信号（电压或电流信号）。D/A 转换器种类很

227 · · 227 ·

多，按工作原理可分为 T 型电阻网络 D/A 转换器和权电阻网络 D/A 转换器；按工作方式可分为电压相加型 D/A 转换器及电流相加型 D/A 转换器；按输出电压极性又可分为单极性 D/A 转换器和双极性 D/A 转换器。

虽然 D/A 转换器的芯片和种类很多，但根据工作原理，其总体结构基本相同。在这里通过介绍常用的 T 型电阻网络 D/A 转换器来说明 DAC 的基本工作原理。

10.2.1　T 型电阻网络 D/A 转换器

1. 电路组成

图 10.7 所示的是 4 位 T 型电阻网络 DAC，它是由 2R 和 R 两种规格的电阻组成，故常称为 R-2R T 型电阻网络 D/A 转换器。它的特点是，网络中任何一个节点（A, B, C, D）向左、向右、向下看进去的等效电阻都为 2R（注意 N 点为虚地）。S_0, S_1, S_2, S_3 是 4 个模拟开关，用于表示数字信号 d_0, d_1, d_2, d_3 情况，当开关接到电源上，表示对应的数字信号 d_i 为"1"；当开关接地，表示对应的数字信号 d_i 为"0"。

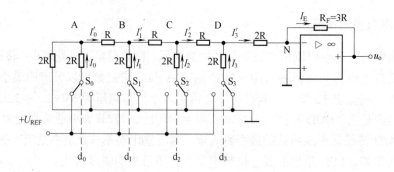

图 10.7　4 位 T 型电阻网络 DAC

2. 工作原理

当 S_0 单独接电源+U_{REF} 时，即：$d_0 =1$，$d_1 =0$，$d_2 =0$，$d_3 =0$，根据电路的特点，可以得到相应的等效电路如图 10.8 所示。

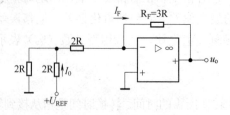

图 10.8　S_0 单独接电源的等效电路

根据电路中每个节点向右看进去的等效电阻为 2R，具有均分电流的作用，同时，由虚地概念，从等效电路可以看出，$I_0 = \dfrac{U_{REF}}{3R}$，这样可以得到，$I_F = \dfrac{1}{2^4} \dfrac{U_{REF}}{3R}$，从而有

$$u_o = -\frac{1}{2^4}\frac{U_{REF}}{3R}3R = -\frac{U_{REF}}{2^4}。$$

同理可以得到，当 S_1, S_2, S_3 分别单独接电源 $+U_{REF}$ 时，DAC 的相应输出为：

$$u_{o1} = -\frac{U_{REF}}{2^3}, \qquad u_{o2} = -\frac{U_{REF}}{2^2}, \qquad u_{o3} = -\frac{U_{REF}}{2^1}$$

由于当 S_i 开关接电源表示"1"，接地表示"0"，也就是 $d_i=$ "1" 或 "0"，当所有开关接"1"或"0"时，根据叠加原理，D/A 的输出电压可以表示：

$$u_o = u_{o0} \times S_0 \text{的开关状态} + u_{o1} \times S_1 \text{的开关状态} + u_{o2} \times S_2 \text{的开关状态} + u_{o3} \times S_3 \text{的开关状态}$$

即

$$u_o = u_{o0} \times d_0 + u_{o1} \times d_1 + u_{o2} \times d_2 + u_{o3} \times d_3$$

$$= -\frac{U_{REF}}{2^4}(2^3 d_3 + 2^2 d_2 + 2^1 d_1 + 2^0 d_0)$$

假设有 N 位 T 型网络电阻 D/A，则相应的输出为：

$$u_o = -\frac{U_{REF}}{2^n}(d_{n-1} \cdot 2^{n-1} + d_{n-2} \cdot 2^{n-2} + \cdots + d_1 \cdot 2^1 + d_0 \cdot 2^0)$$

$$u_o = -\frac{U_{REF}}{2^n}\sum_{i=0}^{n-1} d_i \cdot 2^i$$

显然，输出的模拟电压与输入数字量成正比，实现了数字量与模拟量的转换。

3. 集成 DAC0832 简介

DAC0832 是用 CMOS 工艺制成的双列直插式 8 位 DAC 芯片，可直接与 8080、8084、8085 及其他微处理器接口。它有两级缓冲寄存器（简称缓存），能方便地应用于多个 DAC 同时工作的场合，其原理框图如图 10.9 所示。

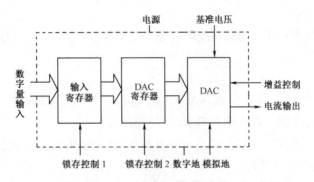

图 10.9　DAC0832 原理框图

（1）引线端子功能。DAC0832 的符号如图 10.10 所示，各端子的功能如下：

$D_{I0} \sim D_{I7}$——8 位数字输入端。

$\overline{CS}$——片选端，输入寄存器选通信号，低电平有效。

$\overline{WR_1}$——写选通端，输入寄存器写信号，低电平有效。

ILE——允许锁存端，输入寄存器锁存信号，高电平有效。

ILE 与 $\overline{CS}$ 和 $\overline{WR_1}$ 共同控制输入寄存器选通，当 $\overline{CS}=0$，ILE=1 时，$\overline{WR_1}$ 才能将数据线上的数据写入寄存器中，否则寄存器锁存数据。

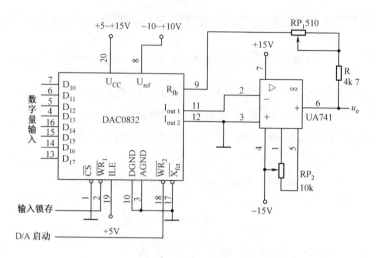

图 10.10　DAC0832 的简单应用电路

$\overline{X}_{fer}$——数据传送控制端，低电平有效，控制 $\overline{WR}_2$ 选通 DAC 寄存器。

$\overline{WR}_2$——写选通端，即 DAC 寄存器写信号，低电平有效，当 $\overline{X}_{fer}$ 和 $\overline{WR}_2$ 同时有效时，将输入寄存器中的数据写入 DAC 寄存器。

U_{ref}——基准电压输入端（-10～+10V）。

R_{fb}——外接反馈电阻端。

I_{out1}——DAC 模拟电流输出 1。

I_{out2}——DAC 模拟电流输出 2，$I_{out1} + I_{out2}$=常数。

U_{CC}——电源输入端（+5～+15V）。

AGND——模拟地。

DGND——数字地。

使用时，将系统所有模拟地和系统所有数字地，分别接 AGND 和 DGND 后，再就近接到电源地。

（2）工作方式。

① 直通方式。当 $\overline{CS} = \overline{WR}_2 = \overline{X}_{fer} = \overline{WR}_1$ =0，ILE=1 时，寄存器处于"直通"状态，数据同时直接写入两级寄存器，直接输入 DAC 转换输出。

② 单缓冲方式。当 $\overline{CS} = \overline{WR}_2 = \overline{X}_{fer}$ =0，ILE=1 时，若 $\overline{WR}_1$ =1，数据锁存，模拟输出不变；若 $\overline{WR}_1$ =0，模拟输出更新。

③ 双缓冲方式。分别控制两级寄存器，实现两次锁存缓冲，可以同时接收两组数据，以提高转换速度。

（3）典型应用。DAC0832 转换用的是倒 T 型电阻网络，如图 10.7 所示，而 DAC0832 芯片中无运算放大器，因此需外接运算放大器。图 10.10 所示是一个 DAC0832 的简单应用电路。

当 $\overline{CS}$ =0，ILE=1 时，在输入锁存控制端（$\overline{WR}_1$）加一个负脉冲，输入寄存器就可接收并锁存输入数据。

当 $\overline{X}_{fer}$ =0，在 D/A 启动控制端（$\overline{WR}_2$）加一个负脉冲，输入寄存器的数据就传送到 DAC 寄存器，同时启动 D/A 转换。

运算放大器 A 将 DAC 的输出电流转换为电压，RP 则是用来调节这个转换系数（即互阻增益）的，具体调节时，是在输入最大时输出电压达到满度，所以又叫满度调节。

10.2.2 D/A 转换器的主要技术指标

不同制造厂家给出的 D/A 转换器的技术参数以及对某些参数的定义有所不同，本节介绍一些共同采用的主要参数。

1．分辨率

分辨率指的是最小输出电压与最大输出电压之比。它反映了数字量在最低位上变化 1 时输出模拟量的最小变化量。其中最小输出电压对应的输入数字量只有最低有效位为"1"，最大输出电压对应的输入数字信号为所有有效位全为 "1"。对于 8 位 D/A 转换器来说，分辨率为最大输出幅度的 0.39%，即为 1/255；在 10 位 D/A 转换器中，分辨率可以提高到 0.1%，即

$$\frac{1}{2^{10}-1} = \frac{1}{1\,023} \approx 0.001$$

另外，由于输出电压是根据转换器输入数字量的位数按位权决定，故常用输入数字量的位数来表示分辨率，如 8 位、10 位等。因此，分辨率表示 D/A 转换器在理论上可以达到的精度。

然而，由于 D/A 转换器的各个环节在参数、性能和理论值之间不可避免地存在差异，所以实际能达到的转换精度低于理论值，由各种因素引起的转换误差决定转换精度。

2．线性误差

与 A/D 一样，线性误差是指 D/A 转换器的实际转移特性与理想直线之间的最大误差或最大偏移。一般情况下，偏差值应小于 ±1/2 LSB。

3．转换精度

转换精度以最大静态转换误差的形式给出。这个转换误差应包含非线性误差、比例系数误差以及漂移误差等综合误差。

4．转换速度

转换速度指的是每秒钟可以转换的次数，其倒数为转换时间。通常用建立时间 t_{set} 来描述 D/A 转换器的转换速度。

建立时间 t_{set} 的定义。从输入数字量发生突变开始，到输出电压进入与稳态值相差 $\pm\frac{1}{2}$ LSB 范围内的时间。在外加运放组成完整的 D/A 转换器时，完成一次转换的全部时间应包括建立时间和运放的上升时间（或下降时间）两部分。若运放输出电压的转换速率为 S_R，则完成一次 D/A 转换的最大转换时间为：

$$T_{TR\,max} = t_{set} + \frac{U_{o\,max}}{S_R}$$

其中 $U_{o\,max}$ 为模拟电压的最大值。

*10.2.3 阶梯波发生器

D/A 转换器除了它本身具有的功能外，还有很多其他的用途。阶梯波发生器就是其中一例，它是在 D/A 基础上接入计数器构成的，其原理框图如图 10.11（a）所示。

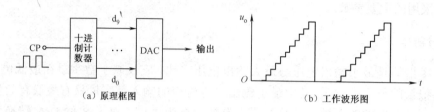

图 10.11　阶梯波发生器

阶梯波的波幅成梯级做周期性变化。当在图 10.11（a）所示的电路中连续输入 CP 脉冲信号时，十进制计数器将有从 0000→1001 的周而复始反复变化的输出，只要选择 CP 脉冲信号的周期大于 A/D 的转换时间，就将在 D/A 的输出端输出如图 10.11（b）所示的阶梯波。

本 章 小 结

（1）A/D 转换器的功能是将输入的模拟信号转换成一组多位的二进制数字输出。A/D 转换器根据工作原理分为并联比较型 A/D 转换器、双积分型 A/D 转换器和逐次逼近型 A/D 转换器。后者分辨率较高、误差较低、转换速度较快，在一定程度上兼顾了前两种转换器的优点，因此得到普遍应用。

（2）D/A 转换器的功能是将输入的二进制数字信号转换成相对应的模拟信号输出。D/A 转换器根据工作原理基本上可分为二进制权电阻网络 D/A 转换器和 T 型电阻网络 D/A 转换器两大类。这里主要介绍了 T 型电阻网络 D/A 转换器，由于它只要求两种阻值的电阻，因此最适合于集成工艺，集成 D/A 转换器普遍采用这种电路结构。

习 题 10

一、判断题（正确的打 √，错误的打 ×）

10.1　D/A 转换器按变换原理可分为逐次逼近型和双积分型。（　　）

10.2　A/D 转换器的位数越多，误差越小，转换精度越高。（　　）

10.3　D/A 转换器的功能是将数字信号转换为模拟信号。（　　）

10.4　8 位 D/A 转换器的分辨率为 1/256。（　　）

10.5　阶梯波发生器可以在 A/D 转换器的基础上接入计数器来构成。（　　）

10.6　数/模转换器的精度是指转换器的理论值与实际值之差。（　　）

10.7　数/模转换器的精度是指转换器的理论值与实际值之比。（　　）

10.8　转换精度与输入数字量的位数有关。（　　）

10.9　D/A 转换器的转换速度与输出电压建立时间无关。（　　）

10.10　D/A 转换器输出电压建立时间的大小可决定转换速度。（　　）

10.11　由于模拟电压不能被量化单位整除，所以量化误差不可避免。（　　）

10.12 在 A/D 转换器中,采样信号的频率要求足够高。（　　）

10.13 把量化后的结果用代码表示出来,这就是编码。（　　）

10.14 不同的 A/D 转换其采样-保持电路工作原理有所不同。（　　）

二、选择题（单选）

10.15 衡量 A/D 和 D/A 转换器的性能优劣的主要指标是（　　）。

    A．分辨率　　　B．线性度　　　　　C．功率消耗　　　　　D．转换精度和转换速度

10.16 一个 8 位 D/A 转换器,当输入为 10000000 时,输出电压 U_o=5V,当输入为 01000000 时,输出电压 U_o=（　　）。

    A．5V　　　　B．3.125V　　　C．2.5V　　　　　D．1.25V

10.17 在 10 位 D/A 转换器中,其分辨率为（　　）。

    A．1/10　　　　　B．1/1024　　　　C．1/1023　　　　D．以上都不对

10.18 在逐次逼近型 A/D 转换器的组成部分中（　　）。

    A．不包含 D/A 转换器　　　　　B．不包含比较器

    C．包含 D/A 转换器　　　　　　D．不包含参考电源

10.19 下列 4 个过程中,不是 A/D 转换所需要的过程是（　　）。

    A．采样　　　B．保持　　　　　C．量化　　　　　D．译码

10.20 A/D 转换器的分辨率以输出二进制代码的位数表示,位数越多,转换精度（　　）。

    A．越低　　　B．越高　　　　　C．无关

10.21 在模/数转换过程中引起量化误差的原因是（　　）。

    A．采样不够准确　　　B．输入的模拟电量不均匀　　　C．模拟电量不是量化单位的整数倍

10.22 A/D 转换器的绝对精度是指对应某个数字量的理论模拟输入值与实际输入值两者（　　）。

    A．之和　　　　B．之差　　　　　C．之比

10.23 如果要将一个最大幅值为 5.1V 的模拟信号转换为数字信号,要求模拟信号每变化 20mA 能使数字信号最低位（LBS）发生变化,应选用转换器的位数是（　　）。

    A．10 位　　　　　B．4 位　　　　　C．8 位

10.24 为了保证能从采样信号中恢复原来采样信号,必须满足（　　）。

    A．$f_{imax} \geqslant 2f_s$　　　B．$f_s \geqslant 2f_{imax}$　　　C．$f_s \geqslant 3f_{imax}$

10.25 在 R-2RT 型 D/A 转换器中,从任意输入端 S_K 看进去（其他输入端接地）的电阻均为（　　）。

    A．R　　　　　B．$2R$　　　C．$3R$　　　　　D．$R/2^n$

10.26 D/A 转换器输出电压的建立时间是指如下过程所需要的时间（　　）。

    A．从输入数字信号时起到有电压输出

    B．从输入数字信号时起到输出电压达到稳定输出值

    C．从输入数字信号时起到输出过程结束

三、填空题

10.27 一个 8 位 D/A 转换器的分辨率为_____。

10.28 一个 8 位 D/A 转换器,当输入为 10000000 时输出电压为 5V,则当输入为 01010000 时,输出电压为_____V。

10.29 一个 10 位 D/A 转换器的每个量化单位为 0.025V,则它最大能表示_____V 电压。

10.30 以输出二进制代码的位数表示分辨率的好坏,位数越多,说明量化误差_____,转换精

度_____。

10.31 一个 8 位 A/D 转换器，若参考电压为–10V，则当输入 3.75V 时，二进制的结果为_____。

10.32 一般 A/D 转换过程包含 4 个方面_____、_____、_____、_____。

10.33 逐次逼近型 A/D 转换器由_____、_____、_____以及逐次逼近型寄存器与控制逻辑、时钟信号等组成。

10.34 有一个 5 位 T 型电阻网络 D/A 转换器，U_{REF}=+5V，R_f = 3R，则当 D = 01001 时，对应的输出电压 U_o=_____V。

10.35 有一个 6 位的 D/A 转换器，设满度输出为 6.3V，当输入数字量为 110010 时，则输出模拟电压为_____V。

10.36 一个 8 位 D/A 转换器的每个量化单位为 0.1V，当输入数字量为 110010 时，则输出模拟电压为_____V。

10.37 A/D 转换器是实现将输入的_____信号转换为_____信号输出，并使两种量成正比例的功能电路，简写为_____。

10.38 采用逐次逼近法将待测量 U_i=13V 输入比较器的同相端，若将基准电压 8V、4V、2V、1V 依次输入比较器比较，则比较器输出数字量为_____；同样的电路，要求输出数字量为 1001，对应的输入电压为_____。

10.39 模/数转换器的绝对精度是指对应某个数字量的理论模拟输入值与实际输入值之_____。

10.40 模/数转换器的主要技术指标有_____、_____、_____和_____。

10.41 D/A 转换器是实现将输入的_____信号转换为_____信号输出，并使两种量成正比例的功能电路，简写为_____。

10.42 D/A 转换器的分辨率与位数有关，位数越_____，能够分辨的最小_____就越小。

10.43 DAC 的转换精度是指其输入端加有_____时，实际输出_____与理论输出模拟量的_____。

10.44 D/A 转换器其分辨率表示为_____。n=4、输出模拟电压满量程为 1V 的 D/A 转换器，其分辨率为_____；n=8、输出模拟电压满量程为 10V 时，其分辨率为_____，能分辨的最小电压变化量约为_____V。

10.45 一个 T 型电阻网络的 10 位 D/A 转换器，U_{REF} = +5V，R_f = 2R，则当 D = 0101010100 时，计算对应的输出电压 U_o。

10.46 设满度输出电压为+5V，试计算 T 型电阻网络 D/A 转换器的位数为多少时才能达到 1mV 的分辨率。

10.47 已知 10 位 D/A 转换器满度输出为 10V，试计算其分辨率和对应一个最低位的电压的大小。

10.48 设逐次逼近型 A/D 转换器的参考电压为 10V，当输入的模拟电压为 2.55V 时，求 A/D 转换器输出的 4 位二进制代码和 6 位二进制代码分别为多少？

10.49 某一控制系统中有一个 D/A 转换器，若系统要求该 D/A 转换器的精度要小于 0.25%，试问应选多少位的 D/A 转换器？

10.50 如果希望 DAC 的分辨率优于 0.025%，应选几位的 DAC？

《电子技术（第3版）》读者意见反馈表

尊敬的读者：

感谢您购买本书。为了能为您提供更优秀的教材，请您抽出宝贵的时间，将您的意见以下表的方式（可从 http://www.huaxin.edu.cn 下载本调查表）及时告知我们，以改进我们的服务。对采用您的意见进行修订的教材，我们将在该书的前言中进行说明并赠送您样书。

姓名：_____　　电话：_____

职业：_____　　E-mail：_____

邮编：_____　　通信地址：_____

1. 您对本书的总体看法是：
   □很满意　　□比较满意　　□尚可　　□不太满意　　□不满意

2. 您对本书的结构（章节）：□满意　□不满意　改进意见_____
_____
_____

3. 您对本书的例题：□满意　□不满意　改进意见_____
_____
_____

4. 您对本书的习题：□满意　□不满意　改进意见_____
_____
_____

5. 您对本书的实训：□满意　□不满意　改进意见_____
_____
_____

6. 您对本书其他的改进意见：
_____
_____
_____
_____

7. 您感兴趣或希望增加的教材选题是：
_____
_____
_____

请寄：100036　北京市海淀区万寿路173信箱职业教育分社　陈晓明　收
电话：010-88254575　　E-mail：chenxm@phei.com.cn

反侵权盗版声明

电子工业出版社依法对本作品享有专有出版权。任何未经权利人书面许可，复制、销售或通过信息网络传播本作品的行为；歪曲、篡改、剽窃本作品的行为，均违反《中华人民共和国著作权法》，其行为人应承担相应的民事责任和行政责任，构成犯罪的，将被依法追究刑事责任。

为了维护市场秩序，保护权利人的合法权益，我社将依法查处和打击侵权盗版的单位和个人。欢迎社会各界人士积极举报侵权盗版行为，本社将奖励举报有功人员，并保证举报人的信息不被泄露。

举报电话：（010）88254396；（010）88258888

传　　真：（010）88254397

E - m a i l：dbqq@phei.com.cn

通信地址：北京市海淀区万寿路 173 信箱
　　　　　电子工业出版社总编办公室

邮　　编：100036